新基建

数据中心创新之路

郭 亮◎主编

王峰 陈刚 王超 衣斌 颜小云◎副主编

人民邮电出版社

北京

图书在版编目（CIP）数据

新基建 ： 数据中心创新之路 / 郭亮主编. -- 北京 ：
人民邮电出版社，2020.9（2024.7重印）
ISBN 978-7-115-54569-5

Ⅰ. ①新… Ⅱ. ①郭… Ⅲ. ①计算机中心－基础设施
建设－研究 Ⅳ. ①TP308

中国版本图书馆CIP数据核字(2020)第136535号

内容提要

本书通过洞察行业需求，从数据中心的基础设施、网络、服务器等多个技术领域发掘了一批经过实践检验的创新技术，给出了新基建：数据中心创新之路的技术发展与参考，并把 ODCC 的部分优秀成果集结成册，留下技术专家们对数据中心建设的足迹，也希望能给更多的数据中心从业者以启发，有力支撑政府监管和引导产业发展，帮助读者深入了解行业和技术趋势，推动科研院所对新技术、新业务的研究，促进厂商更好地把握市场需求和技术方向。

本书适合数据中心行业的从业者，在校的本科高年级学生、硕士、博士，以及对新基建、新技术感兴趣的相关人士阅读。

◆ 主　　编　郭　亮
　副 主 编　王　峰　陈　刚　王　超　衣　斌　颜小云
　责任编辑　赵　娟
　责任印制　彭志环

◆ 人民邮电出版社出版发行　　北京市丰台区成寿寺路 11 号
　邮编　100164　　电子邮件　315@ptpress.com.cn
　网址　https://www.ptpress.com.cn
　固安县铭成印刷有限公司印刷

◆ 开本：700×1000　1/16
　印张：17　　　　　　2020 年 9 月第 1 版
　字数：259 千字　　　2024 年 7 月河北第 5 次印刷

定价：118.00 元

读者服务热线：(010)53913866　印装质量热线：(010)81055316
反盗版热线：(010)81055315
广告经营许可证：京东市监广登字 20170147 号

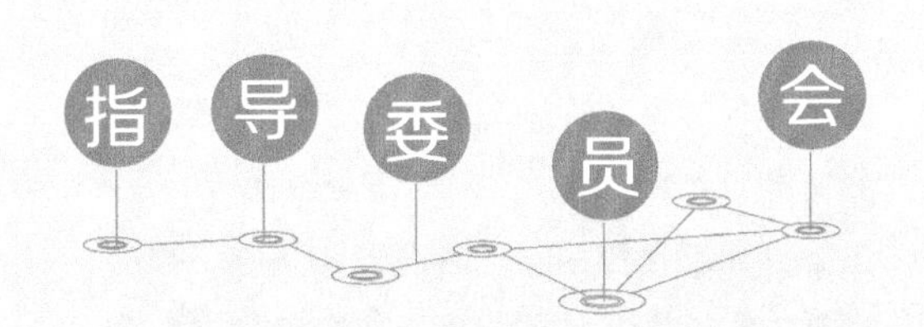
指
导
委
员
会

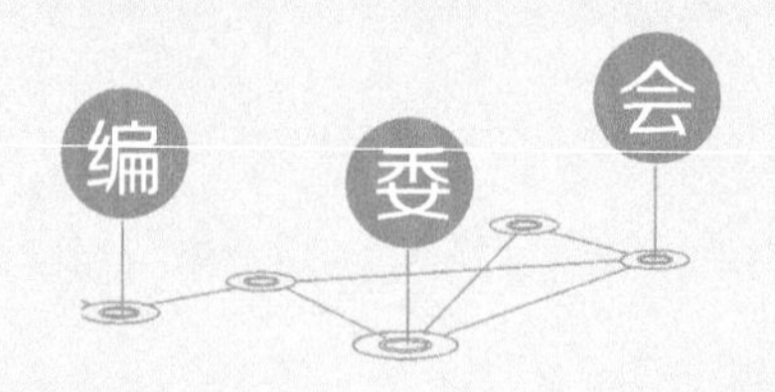

主　编　郭　亮　新技术与测试工作组组长　中国信息通信研究院云大所副总工程师

副主编　王　峰　服务器工作组组长　中国电信研究院 AI 研发中心总监

陈　刚　边缘计算工作组组长　百度资深系统工程师

王　超　网络工作组组长　阿里巴巴资深网络专家

衣　斌　数据中心工作组组长　百度资深系统架构师

颜小云　基础设施管理工作组组长　腾讯数据中心资深系统工程师

编　委（以姓氏拼音为序）

高从文　中国移动通信集团有限公司信息技术中心研发创新中心项目经理

顾　戎　中国移动通信集团有限公司信息技术中心基础平台部项目经理

鞠昌斌　阿里巴巴集团技术专家

李代程　百度在线网络技术（北京）有限公司资深系统工程师

李　欣　腾讯高级产品经理

刘灵丰　腾讯数据中心高级架构师

刘水旺　阿里巴巴集团高级技术专家

盛　凯　中国信息通信研究院云大所数据中心部高级技术经理

孙黎阳　华为技术有限公司中央研究院数据中心产业与标准总监

覃　杰　中国移动通信研究院网络与 IT 技术研究所项目经理

唐广明　美团点评资深网络架构师

王瑞雪　中国移动通信研究院网络与 IT 技术研究所项目经理

王少鹏　中国信息通信研究院云大所数据中心部高级技术经理

王　月　中国信息通信研究院云大所数据中心部副主任

吴美希　中国信息通信研究院云大所数据中心部高级技术经理

谢丽娜　中国信息通信研究院云大所数据中心部高级技术经理

张贺纯　百度智能云资深系统架构师

张佳斌　腾讯数据中心架构师

张　璋　美团点评高级网络工程师

赵继壮　中国电信研究院 AI 研发中心 AI 赋能平台研究部总监

人类正在迈入数字时代。根据中国信息通信研究院的报告，2019年，我国数字经济的总体规模达 35.89 万亿元，占 GDP 比重的 36.2%。科学技术是第一生产力，驱动数字经济高速增长的核心引擎是广义的各类互联网技术，例如，5G、数据中心、云计算、大数据、AI（人工智能）、物联网等。30 多年来，互联网从窄带走向了宽带，从固定走向了移动，从个人计算机走向了智能手机，从文字走向了视频，从通信服务走向了内容服务，从信息互联网走向了价值互联网。变化的背后是永恒，核心部分的永恒才可能支持外部的不断演变。互联网技术和应用沧桑巨变的背后是其基本的设计理念。

数据中心就是计算机，就是网络版的大型计算机，是云计算的骨骼，用物理身躯支持着云计算的发展。数据中心主要由两个部分组成：一是围绕建筑的土地、配电、制冷和安防等；二是机架、服务器、交换机和防火墙等 IT（互联网技术）设备。而从基建的角度来看，数据中心位于新旧基建的交叉口上，它像传统基建中做 IT 的，又像 IT 行业里做传统基建的，是数字基础设施的基础设施。

早期的机房主要是用来存放计算机的，就像一个存放计算机的专用仓库，没有多少技术含量。到了互联网时代，机房 / 数据中心的技术含量开始上升，但基本上也是直接引进，例如，从计算机、电信、电力和制冷等行业直接引进，再做些配置，几乎不会针对数据中心环境做一些更多的创新和优化，因为专门针对数据中心场景做一些更多的优化成本较高。

互联网的设计初衷是用于计算机之间的通信。但到了 20 世纪 90 年代中后期，万维网 (World Wide Web，WWW）的发明直接改变了互联网的业务流量模型，占主导地位的流量从通信类的对等（Peer to Peer，P2P）模式变成浏览、购物等的客户机 / 服务器流量模式，这也导致了互联网上的服务器从通信服务的配角变为内容服务的主角，从后台变为直接与用户面对面，于是服务器的服务地和资源管理就越来越重要了，让提供资源的数据中心和管理资源的云计算从“配角”慢慢走到了“舞台中央”。

互联网业务和流量的变化催生了云计算，云计算改变了数据中心，数据中心变成资源密集型、资本密集型聚集地，也正在向技术密集型演变，必然会发展为技术创新的新高地。

以开放数据中心委员会（Open Data Center Committee，ODCC）正在开展的项目为例，ODCC 早期的工作重点是 IT 领域，例如，计算方面的天蝎整机柜 / 多节点 / 开发电信 IT 基础设施（Open Telecom IT Infrastructure，OTII）服务器等，网络方面的软件定义网络（Software Define Network，SDN）/ 智能网卡 / 无损网络，以及存储方面的企业级硬盘等，现在越来越多的新项目围绕数据中心的非 IT 领域展开，例如，供配电预制化一体化的巴拿马项目以及液冷技术等。

数据中心正在从技术输入方，转变为技术创新的高地，正在形成自己的新技术、新生态，未来必将应用到更多场景，成为技术的输出方。

ODCC 名誉主席

中国信息通信研究院云计算与大数据研究所所长

何宝宏

2020 年 7 月 15 日

春暖花开，万物复苏。岁月不居，时节如流。新冠疫情给云计算产业带来了前所未有的新机会；“新基建”给数据中心产业带来了千载难逢的发展新机遇。数据中心是“基础设施的基础设施”；是数字基础设施的重要载体；是数据存储的中心、算力承载的中心、网络连接的中心；是融合人工智能的中心；是边缘计算的核心节点。

数据中心是云计算、5G、人工智能、工业互联网等产业链必不可少的“基础底座”，作为国家重要的基础设施，是支撑数字经济发展的“底盘”，是保障全民信息消费的“基石”。需求的增长推动数据中心基础技术不断创新和迭代，公有云、私有云、混合云业务蓬勃发展，对云网融合、按需部署、按量计费、弹性可扩展等提出了更快、更高的要求。数据中心业态逐步呈现以下 4 个趋势。

趋势一，布局规模化与边缘化。一方面，数据中心逐步从分散走向区域集中，从核心城市逐渐迁移到核心城市周边进行大型化、规模化的建设；另一方面，结合 5G 与物联网的发展，边缘计算逐渐兴起，边缘数据中心靠近用户，满足用户低时延、大带宽的各种场景的需求。

趋势二，算力大幅提升，功耗不断攀升。随着云计算、大数据和人工智能技术的发展，对算力的要求越来越高。摩尔定律逐渐放缓，单位算力密度提升遭遇瓶颈，通过计算堆核提升算力，GPU 等异构计算的占比大幅提升，机柜功率密度远远不能满足用户实际使用需求，机架供电和冷却领域面临极大的挑战。

趋势三，冷却模式演进，改变产业生态。数据中心从传统的风冷系统到水冷系统再到液体冷却：一方面，可支持更高的功率密度冷却，冷却越来越高效；另一方面，服务器、数据中心的设计，以及数据中心的上下游生态也在改变。

产业生态在逐渐形成，推动上游资源与下游需求协同研发，产业链融合打通。

趋势四，架构化繁为简，备电由总到分。供电架构从双总线系统演进到分布式冗余系统，从不间断电源（Uninterrupted Power Supply，UPS）、高压直流（High Voltage Direct Current，HVDC）、市电直供，再到巴拿马电源；备电从集中式铅酸蓄电池到分布式锂电池，逐渐使“去UPS”“去工程化”标准化、模块化、预制化、规模化、智能化成为主流。

云计算是智能世界的“大脑”，5G是智能世界的“神经”，物联网是智能世界的沟通桥梁，从连接万物到唤醒万物，将提供无限可能。21世纪将是智能革命的世纪，技术融合正逐渐开启新的大航海时代。本书汇集了ODCC的部分优秀成果，期待这些成果的出版能为“新基建”赋能，引导产业健康发展；给从业者以启迪，洞察行业技术新趋势；助力厂商把握市场方向，推动新技术研发落地。

ODCC名誉主席

百度系统部总监/IDC总经理

张炳华

2020年5月1日于北京

2020 年，国家政策多次提到“新基建”，强调加快 5G 网络、数据中心等的建设进度，ODCC 作为数据中心行业组织，致力于研究数据中心基础设施、服务器、网络等前沿技术，制订及落地推动行业标准。本书凝聚了 ODCC 多项研究成果，立足数据中心技术发展的新方向，在《数据中心热点技术剖析》一书的基础上，深度解读数据中心制冷、网络、AI 服务器等技术发展的新趋势，分析边缘数据中心等产业发展的新形态。产业技术的未来发展方向是什么？相信读者在本书中能够找到答案。

ODCC 主席

腾讯网络平台部总经理

邹贤能

“新型基础设施建设”的概念已经成为国家战略，其中，数据中心是“新基建”的重要组成部分，是支撑未来创新和经济发展的信息基础设施。数据中心必将迎来大的发展热潮。数据中心技术的发展如何适应发展热潮并成为真正的“新基建”呢？我认为一定要以技术创新为驱动，要有新模式、新技术作为支撑！《新基建：数据中心创新之路》一书洞察行业需求，从数据中心基础设施、网络、服务器等多个技术领域发掘了一批经过实践检验的创新技术，给出了“新基建”数据中心的技术发展参考，希望本书能够给数据中心的从业者带来帮助。

ODCC 副主席

阿里巴巴集团基础设施事业群首席架构师兼 IDC 研发总经理

康伯（高山渊）

我国信息通信业的跨越式发展促进了数字经济繁荣，支撑了经济社会数字化转型，也推动了作为基础设施的数据中心产业的蓬勃发展。随着5G、物联网、工业互联网的推进，互联网产生的数据将会迎来新一轮爆发式增长，数据中心行业将迎来新一轮发展机遇。数据中心作为“新型基础设施”中“信息基础设施”的重要部分，其产业规模将会持续扩大，在国家经济体系中的重要性将大幅提升。因此，通过开放合作共享，不断推动数据中心技术的持续创新尤为重要。中国电信作为ODCC的创始会员，始终坚持推动数据中心领域的技术开源，持续将数据中心基础设施、服务器、网络等相关研究成果贡献给ODCC，以推动行业共同进步。希望每位读者都能从此书中有所收获。

ODCC副主席

中国电信股份有限公司战略与创新研究院副院长

杨明川

本书是《数据中心热点技术剖析》的姊妹篇。在总结之前的数据中心热点技术之后，对最新出现的创新技术继续进行探究。在数据中心领域，每年都会陆续推出一些新技术，特别是互联网和通信行业走在技术创新的前列。开放数据中心委员会成立多年以来，一直在创新的道路上努力奋斗。借此机会向所有参与编写本书的专家致敬，向所有参与过ODCC工作的专家致敬。在“新基建”的创新道路上，期待我们携手共进；同时期待ODCC能以市场需求推动技术创新，以技术创新推动产业发展！

ODCC副主席

中国信息通信研究院云计算与大数据研究所副所长

李洁

2020年是不平凡的一年，一场突如其来的疫情让公众更加认识到网络、互联网、云计算的重要价值。作为信息通信核心基础设施的数据中心，也成为国家“新基建”的重要组成部分。本书从基础设施、网络、服务器等视角全面解

读数据中心热点技术，汇聚各行业各领域专家在技术创新、产业发展和应用实践过程中的大量经验和思考，其中不乏业界最新的技术成果和颇具启发性的观点，相信数据中心的从业者、观察者、使用者都能从中获益。

ODCC 决策委员

中国移动研究院网络与 IT 技术研究所

电信云交付技术研究验证中心主任

唐华斌

传统的公路、铁路、港口等基础设施建设可以推动人员和物资的流动，促进了社会的进步。当前信息通信产业的发展，进一步把物理世界信息化，加速了传统产业的升级换代，信息化的基础设施就是数据中心。百度作为全球领先的搜索引擎和人工智能平台，早在 2010 年就开始自建数据中心，先后采用了高压直流离线供电、零功耗顶置空调末端、分布式锂电池、整机柜服务器等技术，阳泉数据中心的年均电源使用效率（Power Usage Effectiveness，PUE）在 2019 年达到 1.08，可以说，正是这些创新技术显著降低了计算成本，支持了百度搜索、AI 等业务的发展。我们欣喜地看到，技术的发展并没有停滞，间接蒸发冷却、巴拿马电源等创新技术不断涌现，ODCC 组织编写的《新基建：数据中心创新之路》将这些最新的技术收集整理成书，必将提升整个行业的能源和资源效率，助力国家“新基建”的高速发展。

ODCC 决策委员

百度主任架构师 / 百度系统部技术委员会主席

李孝众

伴随着云计算、大数据以及人工智能等技术的发展，数据中心计算、存储和网络的规模呈爆发式增长，传统的设计思路和运维方法已经无法满足未来的技术需求。《新基建：数据中心创新之路》一书结合宏观方面“新基建”的政策与标准，深度剖析微观层面数据中心领域的关键热点技术，重点围绕数据中心、

网络、服务器、边缘计算等为我们提供了全面的技术剖析和趋势分析。

ODCC技术委员会副主任

美团系统平台中心高级经理

胡湘涛

在“新基建”背景下，数据中心作为5G、人工智能、工业互联网、云计算等新一代信息技术发展的数据中枢和算力载体，承载着海量、异构、多样化的数据，俨然成为数字经济时代重要的战略资源。作为行业组织的标杆，ODCC汇聚数据中心行业中各领域的专家和学者，共同推动数据中心领域新技术的创新与进步。本书集结了ODCC在数据中心领域的最新优秀成果，涵盖基础设施、网络、服务器、云网边缘融合等多方向的创新技术结晶，并结合国家政策导向对数据中心未来的发展趋势进行重点解读，诚意之作，诚心推荐。

中移动信息技术有限公司基础平台部副总经理

滕滨

作为国家“新基建”七大战略方向之一，数据中心不再只是一个托管设备设施的场所。AI、5G、区块链等场景化应用，为数据中心的发展打开了新的成长空间。工业计算需求旺盛，成为未来数据中心发展的新动力。数据资源已成为关键生产要素，是数字经济发展的“新能源”。未来数据中心必将成为企业数字化转型的基石，成为国民生产智能经济的信息基础设施。ODCC在数据中心领域已持续了数年不懈地研究与探索，包括华为在内的许多业界同行都在此领域做了大量的工作。本书从新基建政策解读到相关标准先行布局，再到各领域技术的研究成果，是相关领域成果的一次集中展示，内容丰富，部分技术已经处于国内领先、国际一流的水平。在当前国家大力发展“新基建”的背景下，本书对国内外数据中心技术的发展具有里程碑式的指导意义。

华为技术有限公司2012实验室

韩磊

随着数据中心被纳入新基建的范畴，各方关注度陡然上升，2020 年必定是数据中心大热的一年。

ODCC 成立于 2014 年 8 月，汇聚了一批互联网、通信、金融等行业的数据中心领域的专家，每年都在进行新技术的研究和应用尝试，出版了《冷板式液冷》《液冷革命》《数据中心热点技术剖析》等图书，也发布了诸如整机柜服务器、微模块数据中心、开源网络软硬件、下一代大带宽等近百项成果。

本书将基于我国数据中心的现状，重点探讨数据中心政策标准、基础设施、服务器、网络和管理等方面的最新进展，解析新基建对数据中心的新要求。期望从数据中心各个方面的技术研究来促使更多创新技术的落地，推动我国数据中心产业向高密度、高能效和高质量的方向发展。

由于编者水平有限，书中不足之处在所难免，希望广大读者批评指正。

编者

2020 年 7 月 3 日

目 录

第一部分　解析新基建

P a r t I

第一章 新基建

2020 年 3 月 4 日，中共中央政治局常务委员会召开会议，会上明确指出，要加大公共卫生服务、应急物资保障领域投入，加快 5G 网络、数据中心等新型基础设施建设进度。这是近年来，在中共中央政治局常务委员会上，数据中心首次被列入加快建设的条目，数据中心作为“新型基础设施”的一员，获得了业界的高度关注。

“新基建”并不是一个新概念，早在 2018 年 12 月 29 日召开的中央经济工作会议上就明确了 5G、人工智能、工业互联网、物联网等“新型基础设施建设”的定位，随后“加强新一代信息基础设施建设”被列入《2019 年政府工作报告》，并数次在中央会议和各部委的政策中被提到。

1.1 市场和技术现状

根据中国信息通信研究院发布的“数据中心白皮书”，从市场规模的角度来看，我国数据中心市场一直保持稳定增长，近三年市场规模增速在 30% 左右，2019 年，中国的数据中心市场规模超过 1000 亿元。

同时，数据中心作为技术密集型产业，技术创新步伐也在加快，在供电架构、制冷方案、网络部署、软硬件设备水平等方面均有突破。例如，供电架构逐步简化，液冷成为制冷新风尚，白盒交换机促使网络架构加快开源进程，无损网络成为网络创新的重点，模块化、定制化和智能化是数据中心设备的新研发方向等。

1.2 数据中心为何会被纳入新基建

以前提到基础设施建设，大部分人映入脑海的是交通运输、机场、港口、桥梁、通信、水利、供电等；而新基建层面，国家提到的是 5G、数据中心、人工智能、工业互联网等内容。可以看到，新基建与传统基建相比，信息化、数字化、智能化的特征更明显，对科技创新的要求更高。

作为基础设施的基础设施，数据中心一直在底层默默无闻。随着数字化日益普及，无论上层应用如何创新都离不开数据的计算、存储和传输，因而数据中心的重要性不言而喻。另外，数据中心更能体现新基建“基建 + 科技”的内涵。从基建的角度来看，数据中心可以看作是一种特殊的建筑，需要做好风、火、水、电的设施配套；从科技的角度来看，数据中心更是数字经济的支撑实体，发挥了数据计算、存储、传输的作用。因此，对于数据中心而言，如何搭建好建筑固然重要，但更重要的是如何进行技术创新，以便更好地存储和处理数据，满足其他应用的需求，发挥促进数字经济增长的作用。

1.3 国家和地方关于数据中心的政策

在国家层面，国务院、工业和信息化部、国家发展和改革委员会、国家机关事务管理局等国家部委陆续出台了《“十三五”国家信息化规划》《国务院关于印发“十三五”国家战略性新兴产业发展规划的通知》《工业和信息化部关于加强“十三五”信息通信业节能减排工作的指导意见》《产业结构调整指导目录（2019 年本）》《工业和信息化部 国家机关事务管理局 国际能源局关于加强绿色数据中心建设的指导意见》等一系列政策，引导数据中心产业健康、有序、绿色发展。同时，工业和信息化部滚动发布《全国数据中心应用发展指引》，发布全国数据中心的发展情况并引导供需对接。自 2017 年开始，工业和信息化部每两年会印发《关于组织申报年度国家新型工业化产业示范基地的通知》，将数据中心纳入国家新型工业化产业示范基地创建的范畴，评选出在节能环保、安全可靠、服务能力、应用水平等方面具有示范作用、走在全国前列的大型、超大型数据中心集聚区，以及达到较高标准的中小型数据中心，以示范评优的方式引领数据中心产业进步。

随着数据中心的需求和规模持续增长，北京、上海、深圳等城市出现电力资源紧缺的局面，随着政策的即时推出，缓解了当地电力资源紧缺和市场需求旺盛之间的矛盾。2015 年，北京市发布《北京市新增产业的禁止和限制目录》禁止新建和扩建数据中心，电源使用效率（PUE，即 PUE= 数据中心总设备能耗 /IT 设备能耗）在 1.4 以下的云计算数据中心除外，且仅能建在城六区以外区域；上海市发布《上海市推进新一代信息基础设施建设助力提升城市能级和核心竞争力三年行动计划（2018—2020年）》《上海市互联网数据中心建设导则》，这些文件指出要严格控制新建数据中心，确实有必要建设的必须确保绿色节能，并制订了PUE指标、建设功能、规模体量、选址区域等方面的要求；深圳市发布《深圳市发展和改革委员会关于数据中心节能审查有关事项的通知》，该文件指出建立完善能源管理体系，实施减量替代，强化技术引导。

内蒙古自治区、贵州省、甘肃省也陆续出台《内蒙古自治区大数据发展总体规划（2017—2020年）》《贵州省关于进一步科学规划布局数据中心大力发展大数据应用的通知》《关于支持丝绸之路信息港建设的意见》等一系列政策，吸引数据中心向气温低、电力能源充足的西部地区建设。

1.4 新基建对数据中心产业发展带来的影响

数据中心建设带动产业发展主要体现在两个方面。一方面，数据中心上游的用户可以得到更好的基础设施服务，有更大的空间发展自身业务。以互联网产业为例，它们是对外服务型数据中心最大的客户群体，它们的业务发展和应用品质很大程度上依赖数据中心。只有推动和提升数据中心的建设，互联网业务发展才能得到更好的支撑，其业务发展才有更大的发展前景。同样的情况还适用于其他数据中心用户，例如，金融、制造、交通运输、医疗健康、教育、农业、文化等产业。另一方面，服务商包括电信运营商及第三方互联网数据中心（Internet Data Center，IDC）供应商，系统集成商包括数据中心内软硬件各层面的供应商，它们均是数据中心的生产建造者。相关政策的出台会加快数据中心的市场增长，国家投资和民间资本会大量涌入，数据中心的服务商和系统集成商会获得更多的投资资本，对市场起到一定的激励作用。

数据中心作为基础设施的基础设施，新基建的相关政策促进数据中心的发展，同时也会直接和间接地对社会发展起到积极的推动作用：一是完善数据中心产业自身格局，推动其更好更快发展；二是促进科技创新，推动科技人才培养；三是带动投资，促进经济稳定增长；四是加强各产业的数字化水平，促进数字经济增长；五是推动信息化进程，提升我国信息科技实力。

第二章　发展建议

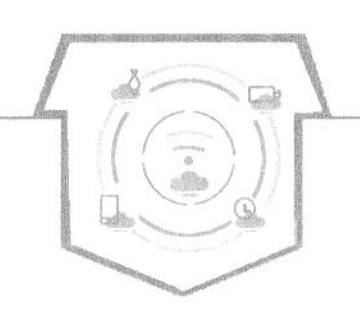

2.1　有序建设，政策为导向

虽然关于数据中心的建设有政策的引导，但是我们仍需要正确对待数据中心发展面临的问题和挑战，特别是北京、上海、广州、深圳等人员密集地区，仍需要平衡好数据中心产业发展与能源合理分配之间的关系。在数据中心技术不断发展、能源使用效率不断提升的情况下，各个地区需要不同的发展思路。云计算的大客户多处于一线城市，考虑到服务响应的及时性，北京、上海、广州、深圳的数据中心上架率明显高于其他地区，且供需缺口有扩大的趋势。但是热点地区的能耗指标比较紧张，如何在有限的指标内提供更多的计算能力是业界需要考虑的问题，这也会驱使数据中心的设计方和建设方去尝试譬如液冷等新技术。对于西部城市来说，更需要规范数据中心产业的合理发展，最大限度地避免投资过热产生的资源浪费。根据工业和信息化部发布的《全国数据中心应用发展指引（2018）》，西部地区数据中心的上架率普遍较低，如何利用好存量的数据中心，并适度建设高质量的数据中心是西部地区亟须解决的问题。中国信息通信研究院云计算与大数据研究所（以下简称“信通院云大所”）数据中心支撑国家部委和地方政府出台了一系列的政策和措施，在引导数据中心产业合理有序发展方面起到了显著效果。

2.2　标准先行，技术创新为支撑

数据中心产业的良性发展和技术的有序进步离不开标准的规范和引导。2013 年，工业和信息化部发布了 4 项数据中心通信行业标准：YD/T 2441-2013、YD/T 2442-2013、YD/T 2542-2013 和 YD/T 2543-2013。这 4 项标准对数据中心的技术要求、分级分类以及能耗测评方法等进行了详细的规范，开创了数据中心等级在通信行业标准领域的先河。

2017 年，工业和信息化部陆续发布了一体化微型模块化和数据中心预制模块的相关技术要求（YDT 3290-2017、YDT 3291-2017），迅速推动了模块化数据中心的推广和应用。模块化数据中心作为一种新型的标准化建设的数据中心形式，在行业内的应用越来越多。在互联网业务的快速发展下，服务器的需求规模快速增长，特别是在云计算技术的推动下，更加经济高效、快速部署的新型服务节点解决方案成为产业的共同追求。2017 年，工业和信息化部发布了整机柜服务器系列标准（YDT 3292-2017 等），在降低数据中心的运行成本、缩短上线时间、降低能耗等方面具有重要的意义。

2019 年 12 月，中国通信标准化协会（China Communications Standards Association，CCSA）发布了 12 项数据中心相关的团体标准，内容涵盖液冷系列、无损网络、企业级硬盘、微模块数据中心测试、分布式块存储等。ODCC 一直密切关注数据中心的新技术，在聚合行业力量进行技术研究的同时，也在积极参与并推进技术的标准化工作。此次正式发布的团体标准均是由 ODCC 支撑的行业先行标准，这些标准快速响应了产业需求、填补了相关领域的空白。ODCC 秉承“开放、创新、合作、共赢”的宗旨，以市场和用户需求推动技术革新，已发布 100 余项研究成果，发挥了重要的力量。

2.3 能力评测，公正权威为基石

十多年来，PUE 已成为国内外广泛认可的考量数据中心能效水平的指标。基于已经发布的《互联网数据中心技术及分级分类标准》等行业标准，信通院云大所推动 ODCC 和绿色网格（The Green Grid China，TGGC）开展了“数据中心绿色等级评估”工作，这对我国数据中心行业的绿色发展起到了很大的推动作用。在 2012—2020 年，众多数据中心参评了绿色等级，其中，获得 5A 级别的数据中心屈指可数，由此可见，我国数据中心的整体绿色水平仍有较大的提升空间。此外，对于数据中心整体的服务能力、安全可靠性能的评测以及 L1 层的设备，L2 层的服务器及关键部件、网络设备及关键部件、存储设备及部件的能效和性能评测，以及这些部件之间的兼容性评测也至关重要。数据中心是一个整体工程，需要确认任何一个组成部分的稳定可靠以及绿色节能，加上合理的运维程序和高水平的技术人员，才能确保数据中心安全高效地运行。

第二部分　政策与标准

P a r t 2

政策和标准是行业发展的先导。

数据中心作为国家重要的信息技术基础设施，近年来，国家和地方出台了各种相关政策指导数据中心产业的发展；国家标准和行业标准主管部门也制定了各类相关的标准来规范数据中心行业的具体技术的落地与部署。

本书的参编单位长期从事数据中心先进技术的研究，一直支撑中央各部委及地方政府制定政策，并对通信、互联网、金融、电力等行业进行标准化输出，汇集了大量的成果。

本部分将重点介绍这些参编单位在政策和标准方面所做的工作。

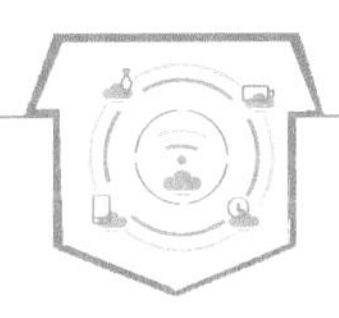

第三章　标准方面

3.1　2013 年的 4 项数据中心通信行业标准

2013 年，工业和信息化部发布了 4 项数据中心通信行业标准，这 4 项标准详细地规范了数据中心的技术要求、分级分类以及能耗测评方法等，开创了数据中心在通信行业标准领域的先河。4 项数据中心通信行业标准见表 3-1。

表 3-1　4 项数据中心通信行业标准

序号	标准号	名称
1	YD/T 2441-2013	互联网数据中心技术及分级分类标准
2	YD/T 2442-2013	互联网数据中心资源占用、能效及排放技术要求和评测方法
3	YD/T 2542-2013	电信互联网数据中心（IDC）总体技术要求
4	YD/T 2543-2013	电信互联网数据中心（IDC）的能耗评测方法

3.1.1　互联网数据中心技术及分级分类标准

该标准从绿色节能、可靠性和安全性 3 个方面提出了对 IDC 分级分类的技术要求。绿色节能部分按照能源效率、节能技术和绿色管理 3 个方面的具体项目进行打分，并根据总分得到该 IDC 对应的等级（G1～G5）。其中，G1 为最低等级，G5 为最高等级。可靠性部分按照机房位置选择、环境要求、建筑与结构、空气调节、电气技术、电子信息设备供电电源质量要求、机房布线、环境和设备监控系统、安全防范系统、给排水、消防、网络结构、机架要求和服务质量 14 个方面的具体指标和要求，得出 IDC 的可靠性方面的等级（R1～R3）。其中，R1 为最低等级，R3 为最高等级。根据 YDB 116-2012 和 YDB 117-2012 要求，IDC 的安全等级为 S1～S5。其中，S1 为最低等级，S5 为最高等级。通过对 IDC 在绿色节能、可靠性和安全性 3 个方面的分级分类，IDC 最后得到的级别：GxRySz（x=1、2、3、4、5；y=1、2、3；z=1、2、3、4、5）。

3.1.2 互联网数据中心资源占用、能效及排放技术要求和评测方法

该标准从建筑和布局、设备节能、绿色管理 3 个层次对绿色数据中心提出技术要求，绿色数据中心体系架构如图 3-1 所示。在建筑和布局层面，从基础设计角度为绿色数据中心提供选址、机房楼建筑布局、建筑节能设计、维护结构及其材料、机房规划与布局等的技术要求；在设备节能层面，从设备角度为绿色数据中心提供各类耗电设备，包括 IT 设备、制冷设备、供电设备等的选型、使用、节能优化等的技术要求；在绿色管理层面，从管理角度为绿色数据中心提供管理制度、工作人员、配套工具等的技术要求。

绿色管理
管理制度、工作人员、配套工具等

设备节能
IT设备、制冷设备、供电设备等

建筑和布局
选址、机房楼建设布局、建筑节能设计、维护结构及其材料、机房规划与布局等

图 3-1 绿色数据中心体系架构

3.1.3 电信互联网数据中心（IDC）总体技术要求

该标准规定了互联网数据中心的系统组成，以及服务、资源、网络、机房设施、管理和安全 6 个子系统的功能要求，并对电信互联网数据中心网络与信息安全、编址、服务质量、绿色节能等方面提出了要求。IDC 应包含服务子系统、资源子系统、网络子系统、机房基础设施子系统、管理子系统和安全子系统 6 个逻辑功能部分。IDC 系统组成如图 3-2 所示。

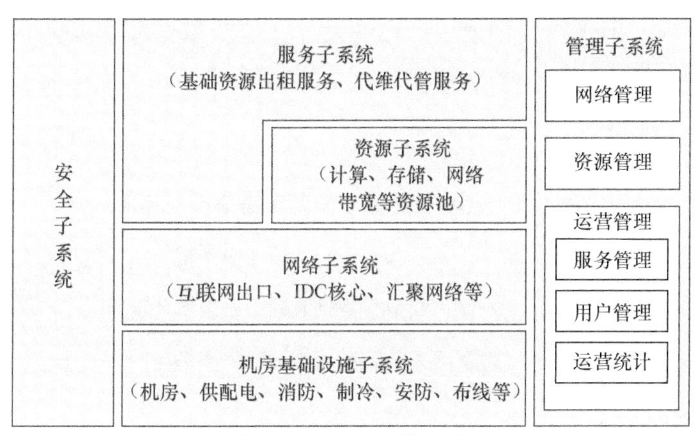

图 3-2 IDC 系统组成

3.1.4 电信互联网数据中心（IDC）的能耗评测方法

该标准分析了互联网数据中心的能耗结构，定义了数据中心的能效指标 PUE、局部 PUE、制冷 / 供电负载系数以及可再生能源的使用率，提出数据中心的能耗测量方法和能效数据发布要求。该标准主要规定了数据中心直接消耗的电能，不包括油、水等其他能源或资源的消耗。

3.2 2017—2018 年的模块化数据中心与整机柜服务器系列通信行业标准

2017 年，工业和信息化部陆续发布了一体化微型模块化和数据中心预制模块的相关技术要求，迅速推动了模块化数据中心产业的发展。制定《一体化微型模块化数据中心技术要求》的目的在于明确微型模块化数据中心的范畴，规范微型模块化数据中心设计、制造的主要技术要求、设计要点以及必要的注意事项，从而使设计、制造、使用的安全性、标准化程度、建设速度、可用性得到保证，减少社会资源浪费、提升模块化数据中心的安全性。

建设传统的数据中心存在现场施工工程量大、工期及施工质量难以控制等问题，《数据中心预制模块总体技术要求》基于“预先设计、工厂生产、现场拼装”的建设理念，提出满足机房内 ICT 设备供电和冷却需要的预制模块化数据中心单元技术要求，用于指导预模块产品的设计、生产和交付，实现数据中心快速部署、质量可控、节能高效的建设目标。模块化数据中心两项通信行业标准见表 3-2。

表 3-2 模块化数据中心两项通信行业标准

序号	标准号	名称
1	YDT 3290-2017	一体化微型模块化数据中心技术要求
2	YDT 3291-2017	数据中心预制模块总体技术要求

2017—2018 年，工业和信息化部陆续发布整机柜服务器系列标准，迅速推动了产业的发展。在互联网业务的快速发展下，服务器的需求规模快速增长，特别是在云计算技术的推动下，更加经济高效的新型服务节点解决方案成为产业的共同追求。其中，整机柜服务器经过快速发展，已被证实能有效实现节能减排，提高运维效率，降低运营成本。整机柜服务器解决方案按照集中供电、集中散热、集中管理、高密度设计的思路，能实现平均每个节点节能 10% 以上，可大幅降低运营成本；上架密度最大可提高一倍，提高数据中心的利用率，降低总体拥有成本（Total Cost of Ownership，TCO）；采用模块化设计思路，能有效延长部分服务节点模块的生命周期。因此，研究整机柜服务器系列标准，提供一种经济高效的服务器解决方案，对于降低数据中心的运行成本，推动数据中心及云计算的产业发展，乃至促进我国信息产业的节能减排都具有重要意义。整机柜服务器系列 5 项通信行业标准见表 3-3。

表 3-3 整机柜服务器系列 5 项通信行业标准

序号	标准号	名称
1	YDT 3292-2017	整机柜服务器总体技术要求
2	YDT 3293-2017	整机柜服务器供电子系统技术要求
3	YDT 3294-2017	整机柜服务器管理子系统技术要求
4	YDT 3295-2017	整机柜服务器节点子系统技术要求
5	YDT 3398-2018	整机柜服务器机柜子系统技术要求

3.3 CCSA 2019 年发布的 12 项数据中心团体标准

数据中心产业的良性发展和技术的有序进步均离不开数据中心相关标准的规范和引导。ODCC 一直密切关注与数据中心相关的新技术，在聚合行业力量进行技术研究的同时，也在积极参与并推进与数据中心相关技术的标准化工作。

2019 年 12 月，CCSA 发布了 12 项数据中心团体标准。此次正式发布的数据中心液冷、无损网络和企业级硬盘等均是由 ODCC 支撑的行业先行标准，快速响应了产业需求，填补了相关领域的空白。CCSA 2019 年发布的 12 项数据中心团体标准见表 3-4。

表 3-4 CCSA 2019 年发布的 12 项数据中心团体标准

序号	标准号	名称
1	T/CCSA 263-2019	分布式块存储总体技术要求
2	T/CCSA 264-2019	数据中心无损网络典型场景技术要求和测试方法
3	T/CCSA 265-2019	数据中心用机械硬盘测试规范
4	T/CCSA 266-2019	数据中心用固态硬盘测试规范
5	T/CCSA 267-2019	微型模块化数据中心测试规范
6	T/CCSA 268-2019	微模块数据中心能效比（PUE）测试规范
7	T/CCSA 269-2019	数据中心液冷服务器系统总体技术要求和测试方法
8	T/CCSA 270-2019	数据中心冷板式液冷服务器系统技术要求和测试方法
9	T/CCSA 271-2019	数据中心喷淋式液冷服务器系统技术要求和测试方法
10	T/CCSA 272-2019	数据中心浸没式液冷服务器系统技术要求和测试方法
11	T/CCSA 273-2019	数据中心液冷服务器系统能源使用效率技术要求和测试方法
12	T/CCSA 274-2019	数据中心液冷系统冷却液体技术要求和测试方法

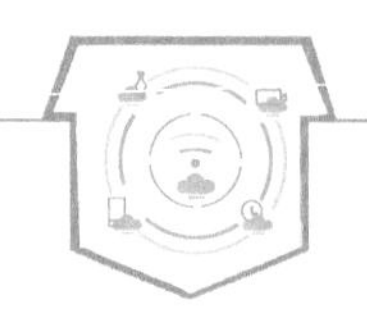

第四章　政策方面

4.1　2013年的《关于数据中心建设布局的指导意见》

在2013年之前，多地出台数据中心规划并支持数据中心园区建设，在推动数据中心规模化发展、绿色、节能方向发展的同时，也存在过热、盲目和重复建设问题；同时，全国大部分数据中心布局在东南沿海地区且规模较小，规模以及布局不合理，全国大部分数据中心的能效水平较低，PUE在2.5左右。

在此背景下，工业和信息化部、国家发展和改革委员会、国土资源部、国家电力监管委员会、国家能源局五部委在2013年1月印发了《关于数据中心建设布局的指导意见》（以下简称《指导意见》），数据中心的建设和布局应以科学发展为主题，以加快转变发展方式为主线，以提升可持续发展能力为目标，以市场为导向，以节约资源和保障安全为着力点，遵循产业发展规律，发挥区域比较优势，《指导意见》从五大原则、三大规模、四类地区划分、四个导向、五大保障措施几个角度引导市场主体合理选址、长远规划、按需设计、按标建设，以期逐渐形成技术先进、结构合理、协调发展的数据中心新格局。

《指导意见》提出了市场需求导向、资源环境优先、区域统筹协调、多方要素兼顾、发展与安全并重五大基本原则。五大基本原则的具体内容见表4-1。

表4-1　五大基本原则的具体内容

原则	市场需求导向	资源环境优先	区域统筹协调	多方要素兼顾	发展与安全并重
具体内容	以应用为牵引，从市场需求出发，合理规划建设数据中心	充分考虑资源环境条件，引导大型数据中心优先在能源相对集中、气候条件良好、自然灾害较少的地区建设，推进“绿色数据中心”建设	统筹考虑建设规模和应用定位，结合不同区域优势，分工协调、因地制宜建设各类数据中心	在重点考虑市场需求、能源供给和自然环境的基础上，兼顾用地保障、产业环境、人才支撑等多方因素，紧密结合基础网络布局，采用绿色节能等先进技术合理规划建设数据中心	数据中心选址要避开地质灾害多发地区，在同一城市不宜集中建设过多的超大型数据中心；在数据中心设计、建设和运营等环节，要满足相关行业主管部门的安全管理要求

以2.5kW为一个标准机架，数据中心按照机架规模可分为超大型数据中心、大型数据中心、中小型数据中心3类。数据中心的3种规模划分见表4-2。

表4-2 数据中心的3种规模划分

分类	超大型数据中心	大型数据中心	中小型数据中心
分类标准	规模≥10000个标准机架的数据中心	规模在3000个标准机架与10000个标准机架之间的数据中心	规模<3000个标准机架的数据中心

按照气候、能源、地质灾害等情况，《关于数据中心建设布局的指导意见》将全国划分为四类地区。全国四类地区划分见表4-3。

表4-3 全国四类地区划分

一类地区	气候寒冷（最冷月平均温度≤-10℃，日平均温度小于5℃的天数≥145天）、能源充足（发电量大于用电量）、地质灾害较少	新疆（北部）、甘肃（西北部）、内蒙古、宁夏（北部）、吉林、辽宁（北部）、黑龙江、陕西（北部）、山西（北部）、西藏、青海
二类地区	气候适宜（最冷月平均温度在-10℃～0℃，日平均温度小于5℃的天数在90～145天；或最冷月平均温度在-13℃～0℃，最热月平均温度在18℃～25℃，日平均温度小于5℃的天数在0～90天）、能源充足（发电量大于用电量）、地质灾害较少	新疆（南部）、甘肃（东南部）、宁夏（南部）、陕西（中南部）、山西(中南部)、四川(西部局部)、云南（局部）、贵州（局部）
三类地区	气候适宜、靠近能源（紧邻能源丰富集中的地区）、地质灾害较少	河北(南部)、北京、天津、河南、山东
其他地区	除上述三类以外的地区	

对于新建的超大型数据中心，需要重点考虑气候环境、能源供给等要素。鼓励超大型数据中心，特别是以灾备等实时性要求不高的应用为主的超大型数据中心，优先在气候寒冷、能源充足的一类地区建设，也可以在气候适宜、能源充足的二类地区建设。对于新建的大型数据中心，重点考虑气候环境、能源供给等要素。鼓励大型数据中心，特别是以灾备等实时性要求不高的应用为主的大型数据中心，优先在一类和二类地区建设，也可以在气候适宜、靠近能源丰富集中的三类地区建设。对于新建的中小型数据中心，重点考虑市场需求、

能源供给等要素。鼓励中小型数据中心，特别是面向当地、以实时应用为主的中小型数据中心，在靠近用户所在地、能源获取便利的地区，依照市场需求灵活部署。针对已建的数据中心，鼓励企业利用云计算、绿色节能等先进技术对已建的数据中心进行整合、改造和升级。

4.2 2017 年的国家新型工业化产业示范基地（数据中心）案例

2017 年 8 月 8 日，工业和信息化部办公厅印发《关于组织申报 2017 年度国家新型工业化产业示范基地的通知》，首次将数据中心纳入国家新型工业化产业示范基地创建的范畴，并提出本年度优先支持数据中心的建设。

数据中心示范基地评价包含约束性指标和引导性指标。对于通过约束性指标筛选的数据中心，通过合法合规、规模及利用率、节能环保、安全可靠性、服务能力、应用特色六大方面对数据中心进行综合评价。国家新型工业化产业示范基地（数据中心）综合评价如图 4-1 所示。

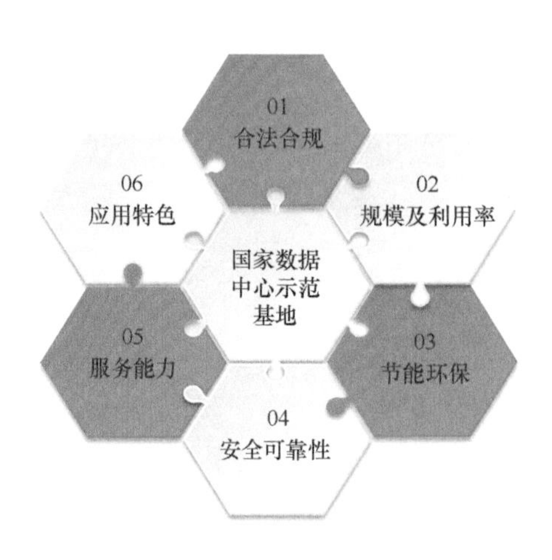

图 4-1　国家新型工业化产业示范基地（数据中心）综合评价

2017 年，全国有 3 个园区获得国家新型工业化产业示范基地（数据中心）评选，它们是河北张北云计算产业基地、江苏南通国际数据中心产业园和贵州贵安综合保税区（贵安电子信息产业园）。2017 年国家新型工业化产业示范基地（数据中心）评选结果见表 4-4。

表 4-4　2017 年国家新型工业化产业示范基地（数据中心）评选结果

主管单位	园区名称	申报系列
河北省通管局	大型数据中心（大数据类）·河北张北云计算产业基地	特色
江苏通管局	大型数据中心（实时应用类）·江苏南通国际数据中心产业园	特色
贵州省通管局	南方数据中心（大数据类）·贵州贵安综合保税区（贵安电子信息产业园）	特色

4.3　2018 年的《全国数据中心应用发展指引（2017）》

随着移动互联网、云计算、大数据的蓬勃发展，数据中心作为其重要的基础设施，从规模到数量快速增长。从全国总体情况来看，截至 2016 年年底，我国在用的数据中心达到 1641 个，总体装机的服务器规模达到 995.2 万台，规划在建的数据中心共计 437 个，规划装机规模的服务器约 1000 万台，与在用规模基本相当。从分区情况来看，国内有 27 个省、自治区、直辖市均建有大型或超大型数据中心。北京、上海、广州、深圳等城市的数据中心最为集中，但资源相对紧张、租用价格较高，部分应用需求可逐步向外转移。上述城市周边地区的数据中心资源相对充足，成本较低，具备承接外溢需求的能力。中西部及东北地区的数据中心资源更为丰富，成本优势明显，具备承接北京、上海、广州、深圳等城市对时延要求不高的业务的条件。

为引导各区域的数据中心供需对接、提升应用水平，方便用户从全国数据中心资源中合理选择，工业和信息化部信息通信发展司在 2018 年出版了《全国数据中心应用发展指引（2017）》（以下简称《发展指引》）。各区域可根据《发展指引》提供的供需情况，主动做好相关应用需求的转移和承接。用户可根据业务需求，结合《发展指引》提供的重点考虑因素及相关选择方法和参考数据，科学合理地选择数据中心资源。

4.4　2019 年的《全国数据中心应用发展指引（2018）》

为引导各区域数据中心的供需对接、提升应用水平，方便用户从全国数据中心资源中合理选择，2019 年，工业和信息化部信息通信发展司继续滚动更新出版了《全国数据中心应用发展指引（2018）》。

从全国总体情况来看，截至 2017 年年底，我国在用的数据中心达 1844 个，机架规模超过 166 万架，规划在建的数据中心共计 463 个，机架规模达到 107 万架。从分区情况来看，国内有 28 个省、自治区、直辖市均建有大型或超大型数据中心。

4.5　2019 年的《上海市互联网数据中心建设导则（2019）》

为落实《上海市推进新一代信息基础设施建设助力提升城市能级和核心竞争力三年行动计划（2018—2020 年）》关于加强互联网数据中心合理布局和统筹建设的相关要求，按照“满足必需，总量最小”的调控方向，坚持“应用服务高端、新增规模严控、资源利用高效”的导向，在规划与选址、建筑与配套、规模与功能、安全、节能、营运主体以及论证、评估与监测等方面规范上海市互联网数据中心建设，上海市经济和信息化委员会于 2019 年发布了《上海市互联网数据中心建设导则（2019 版）》（以下简称《建设导则》）。

《建设导则》指出，在上海市开展互联网数据中心建设，应有明确的中长期发展规划，具备专业的管理和运营团队，具有大规模数据中心运营经验和优质、长期、稳定的运营服务能力。互联网数据中心建设单位要依据《建设导则》的具体要求，加强可行性研究，认真制订项目方案和建设计划，科学设定或选取项目选址规模、功能定位、技术方案、耗能工艺、服务对象等，顺应上海市对互联网数据中心全生命周期管理的要求。

4.6　2019 年的《公共机构数据中心绿色测评工作指南》

为提高公共机构数据中心能源资源的利用效率，2019 年 12 月，国家机关事务管理局发布了《公共机构数据中心绿色测评工作指南》（以下简称《工作指南》）。《工作指南》要求各地区组织各公共机构数据中心依据《电信互联网数据中心（IDC）的能耗测评方法》（YD/T 2543-2013）等标准开展数据中心测评工作，数据中心电能使用效率在必要时可聘请有资质的第三方服务机构进行测量或咨询，依据测评结果，查找不足，推动公共机构绿色数据中心创建、运维和改造，促进公共机构数据中心实现高效、清洁、集约、循环的绿色发展，充分发挥公共机构特别是党政机关在绿色数据中心建设中的示范引领作用。

4.7 2019年的国家新型工业化产业示范基地（数据中心）案例

2019年，全国5个园区成为第二批国家新型工业化产业示范基地（数据中心），它们是河北怀来、上海外高桥自贸区、江苏昆山花桥经济开发区、江西抚州高新技术产业开发区、山东枣庄高新技术产业开发区。2019年国家新型工业化产业示范基地（数据中心）名单见表4-5。

表4-5 2019年国家新型工业化产业示范基地（数据中心）名单

主管单位	园区名称	申报系列
河北省通管局	数据中心·河北怀来	特色
上海市通管局	数据中心·上海外高桥自贸区	特色
江苏省通管局	数据中心·江苏昆山花桥经济开发区	特色
江西省通管局	数据中心·江西抚州高新技术产业开发区	特色
山东省通管局	数据中心·山东枣庄高新技术产业开发区	特色

4.8 2020年的《全国数据中心应用发展指引（2019年）》

为引导各区域数据中心的供需对接、提升应用水平，方便用户从全国数据中心资源中合理选择，2020年，工业和信息化部信息通信发展司继续滚动更新出版《全国数据中心应用发展指引（2019）》。

近年来，随着5G、移动互联网、云计算、大数据的蓬勃发展，数据中心作为其重要的基础设施，产业总体发展快速，技术创新不断涌现，“大型数据中心＋边缘数据中心”将成为产业新形态。从全国总体情况来看，截至2018年年底，我国在用的数据中心机架数达到226万，规划在建的数据中心机架规模超过180万架。从分区情况来看，国内有29个省、自治区、直辖市均建有大型或超大型数据中心。

第三部分　基础设施

Part 3

基础设施部分是为IT服务的重要基础设施，该部分最重要的是供配电和制冷散热两个部分。

对于很多老旧小型数据中心来说，气流组织优化是提升其能效的最快途径之一。通过分析当前气流的热点，对其进行优化，提升制冷效率。

对于很多大型数据中心，间接蒸发制冷是一种比较新颖的部署方式。与一般机械制冷相比，间接蒸发冷却在炎热干燥的地区可节能80%～90%，在炎热潮湿的地区可节能20%～25%，在中等湿度的地区可节能40%，从而降低空调的制冷能耗。

1914年，巴拿马运河开通，纽约至旧金山的航程缩短16%，利物浦至旧金山的航程缩短43%。2019年，巴拿马电源诞生，颠覆了传统IDC的供电架构，从中压10kV AC直转为240V DC，减少了转换次数、缩短了电流旅程，相比传统双U架构配电投资节省了44%，IDC整体投资节省达7%以上，最快可实现一周内完成相关设备的部署调试。

随着数据中心对于末端用电高负载和低损耗、降本与趋于零运维的需求越发迫切，数据中心末端母线系统逐步演变为末端供配电的主流产品。这种产品实现了模块化、硬连接、可重复利用保护投资、供配电设计分离的新型高安全性末端供配电目的，可以满足用户产品化、快速部署、降低成本、便于扩容及弹性调整的需求。

第五章 气流组织优化

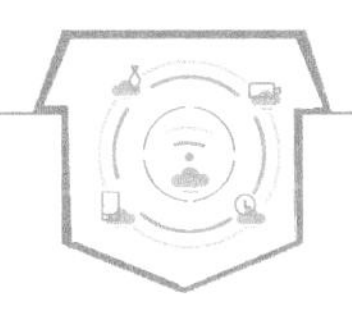

数据中心诞生至今已超过半个世纪，随着智能时代叩门声的响起，巨大的能源消耗量也给能源管理部门发出了预警，全国各地纷纷出台了严格的能源管理政策，对数据中心的能耗指标进一步明确了要求，PUE 高于 1.4 的数据中心将被部分限制使用和禁止新建。如今，在新的政策下，数据中心该如何应对能耗指标要求？本章提供了一种气流组织优化的方案，可有效提升数据中心的能源利用效率，助力数据中心提升新政策下的生命力。

5.1 引言

1946 年，数据中心诞生于美国，至今已经历了 4 个阶段 70 余年的发展历程。数据中心从最初仅用于存储的巨型机，逐渐发展为集多功能、模块化、产品化、绿色化和智能化为一体的新型园区。随着云计算、大数据的兴起，5G 商用时代的到来，数据井喷式增长导致数据中心规模、数量急速膨胀，随之而来的，是耗电量惊人的增长趋势。

据统计，2018 年，中国的数据中心消耗了 1608.89 亿 kw・h 电量，占中国全社会用电量的 2.35%。预计全国数据中心的总机架数将在 2022 年突破 400 万。同时，随着机架数的快速增长，全国数据中心总能耗也将在 2020—2021 年突破 2000 亿 kw・h，并在随后的几年快速增长，预计在 2023 年突破 2500 亿 kw・h。与 2018 年相比，未来 5 年数据中心的总能耗增长 65.82%，年均增长率为 10.64%。

如此高速的增长和需求引起了国家的关注和重视，各级政府纷纷出台了新政策以限制数据中心的扩张。对于数据中心的规划设计，不能仅停留在可用性和可靠性等功能这一基本的要求上，现在的数据中心我们会看到更多关于节能环保及工程、绿色等设计理念。绿色程度是数据中心勇于承担社会责任的最好诠释。在如此严格的能耗指标管理政策下，除了采用新型节能技术和设备以外，数据中心如何提升自身能效，本章提供了一种有效提升数据中心能效的思路——

气流组织优化。

5.2 计算流体动力学（CFD）实例

下面结合具体事例阐述气流组织优化合理设计配置的重要意义。

某机房自 2012 年 7 月投入使用以来已运行了两年，为评估目前机房的散热性能是否与初始设计一致，需要对机房内的热物理参数进行分析。但是气流具有不可视且流动性强的特点，若直接采集数据，工作量极大，且分析工作难度很大。本部分采用计算流体动力学（Computational Fluid Dynamics，CFD）仿真模拟，计算出机房的温度场、压力场、速度场等数据，直观地展示了关键热物理参数，降低了分析气流与传热过程的难度，给气流组织优化设计配置工作带来极大便利。

5.2.1 机房基本信息及建模

某运营商合建机房位于中国南方热带地区（该地区普通数据中心的 PUE 为 1.7～2.0），由物流仓储改造而成，面积约为数百平方米，部署了 10 列机柜，数千台服务器，每个机柜设计的电流为 20A。机柜采用冷暖通道布置且冷通道封闭。制冷采用 11 台某品牌某型号空调，按照“7 用 4 备”的运行方式为机房提供制冷。根据机房的建筑结构、IT 设备、制冷设备、配电设备等实际布局建立物理模型。某机房布局仿真模型如图 5-1 所示。

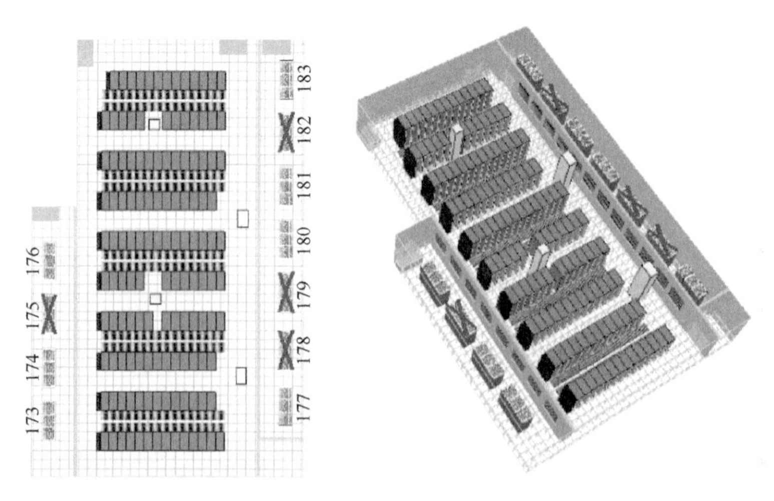

图 5-1　某机房布局仿真模型

5.2.2 机房初始状态现象描述

以现场实际采集电、冷、风的相关数据作为输入条件，模拟出机房目前的运行状态。静压箱中热参数如图 5-2 所示，机房中的热参数如图 5-3 所示。这两张图所示的参数是通过计算得到的机房静压箱内压力温度分布和机房空间内压力温度分布情况。

从静压箱的压力分布情况［图 5-2（a）］来看，静压箱下压力分布并不均匀。在房间中部出现了绿色区域，表明机房中部存在低气压甚至负压现象，负压会使气流倒流，影响冷热空气的正常循环，应尽量避免。

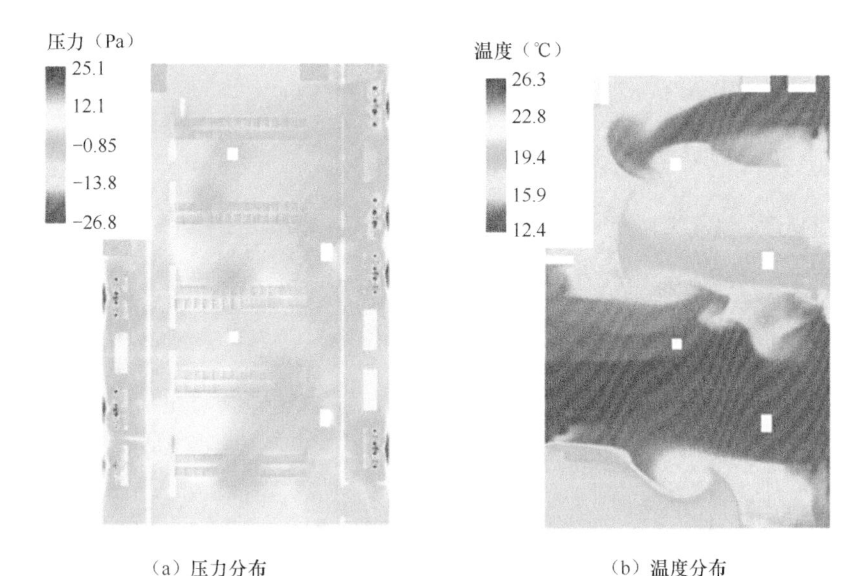

（a）压力分布　　（b）温度分布

图 5-2　静压箱中热参数

从图 5-2（b）中的静压箱的温度分布情况可以看出，机房地板下的冷空气出现了 2 个局部温度偏高的区域（绿色），如果不及时处理，这部分有“问题”的冷空气可能会进入机柜。由于这部分冷空气的温度与设计值不一致，将无法按设计要求带走相应的热量，从而影响后续一系列换热过程。此外，该高温区域的气流还会对静压箱中其他部位的冷空气造成“污染”，消耗一部分由其他空调产生的冷量。

从图 5-3 中可以看出，机房区域的温度场分布不均匀，底部第一个冷通道内左右两侧存在温差。机房整体呈现中部较冷，上下部偏热的情况。

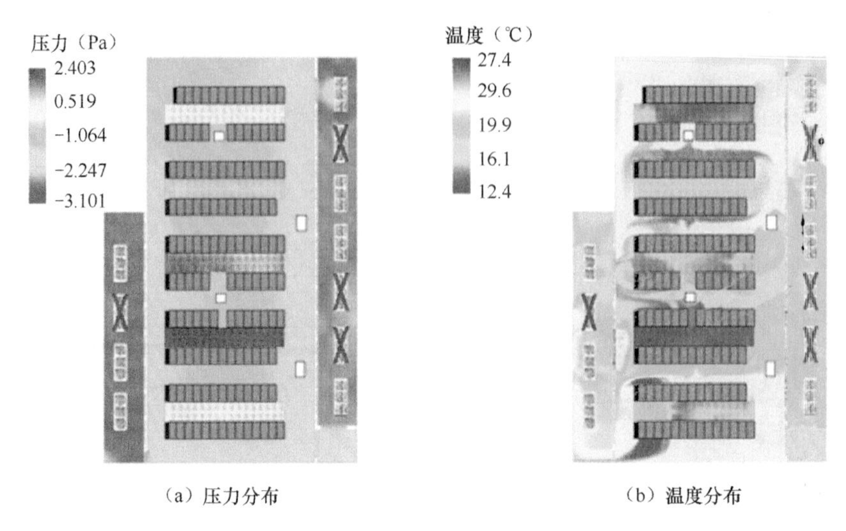

（a）压力分布　　（b）温度分布

图 5-3　机房中的热参数

5.2.3　原因分析

空调运行参数如图 5-4 所示，根据静压箱中温度不均匀的现象，结合调取空调运行参数综合分析，发现空调送风温度不均匀、水阀开度差别很大，风机基本维持在高速运转的区域，能耗较大。

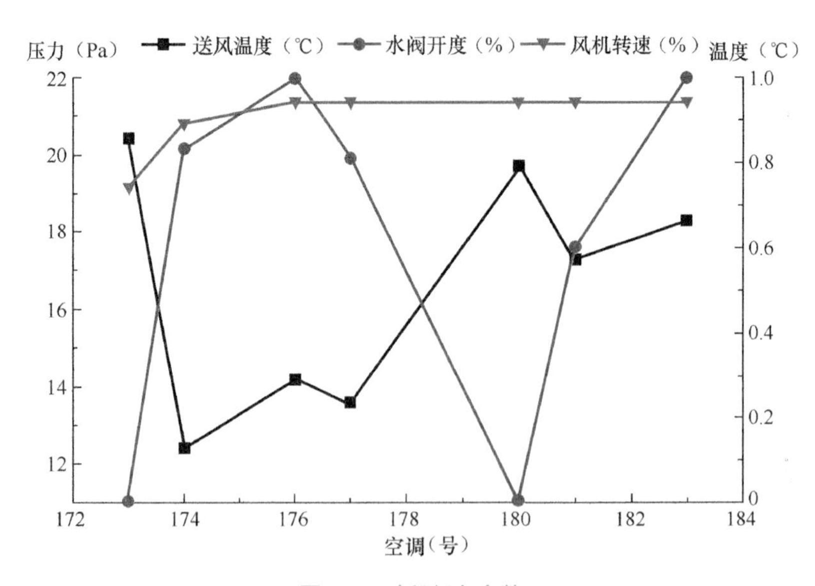

图 5-4　空调运行参数

图 5-4 中显示的 173 号、180 号两台空调水阀开度为 0，表明它们并未开

启。也就是说，这两台空调没有起到制冷作用，仅仅作为风扇将热通道的回风未加任何冷处理直接送入地板下，这才出现了 173 号、180 号两台空调送风温度偏高的现象，从而使与之对应的冷通道出现温度偏高的情况［如图 5-3（b）所示］。173 号空调输送的热风与其对面的 177 号空调输送的冷风进入同一个冷通道，导致给该通道机柜送风的冷通道出现了左热右冷的情况。自动调节模式关闭了 173 号、180 号两台空调的水阀，客观上证明了机房空间开启的 5 台空调所产生的冷量已能够满足机房内所有设备的散热需求。如果再增加新的空调设备，不但不会减轻其他空调的负担，反而会使机房的负荷增加，这既影响了机房内所有设备的散热，又加大了数据中心的运行成本，因此我们建议关停部分空调。

5.2.4　解决方案

关停 173 号空调前后的静压箱下温度分布如图 5-5 所示。关停 173 号空调前后的静压箱下压力分布如图 5-6 所示。图 5-5（a）显示的空调 173 号附近的静压箱温度偏高，冷通道温度分布不均匀的情况，建议先关停 173 号空调。为保证机房的安全运营，我们先采用 CFD 模拟关停 173 号空调后机房的运行状况，并与关停前的情况进行对比。

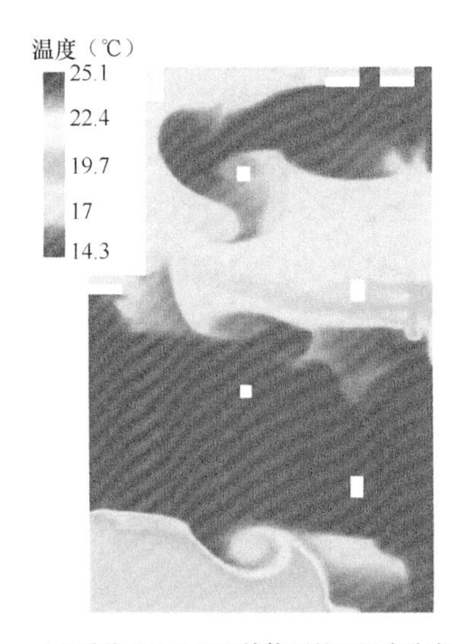

（a）关停 173 号空调前静压箱下温度分布

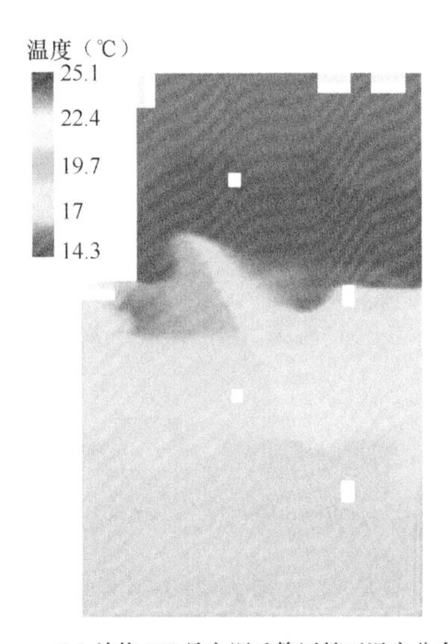

（b）关停 173 号空调后静压箱下温度分布

图 5-5　关停 173 号空调前后的静压箱下温度分布

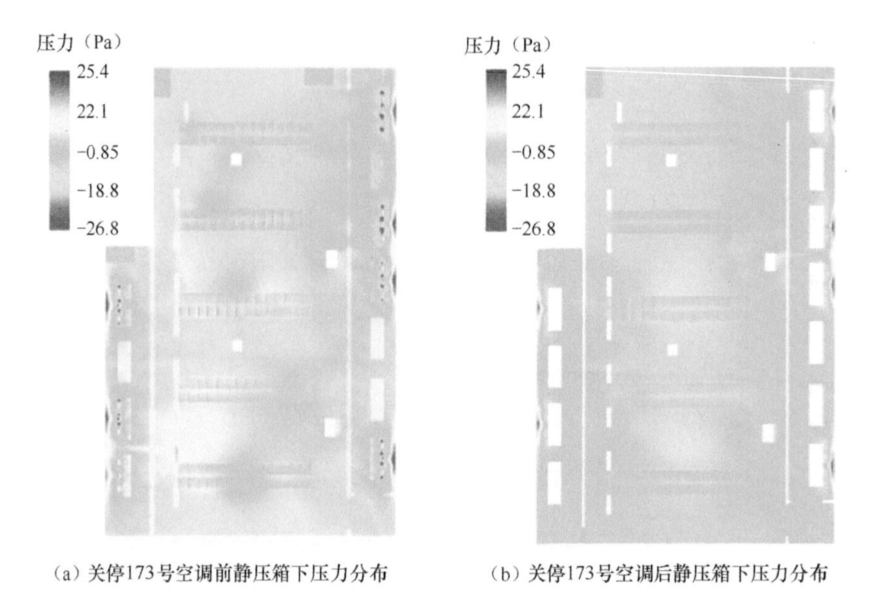

（a）关停173号空调前静压箱下压力分布　（b）关停173号空调后静压箱下压力分布

图 5-6　关停 173 号空调前后的静压箱下压力分布

5.2.5　结论分析

关停 173 号空调后，静压箱下的温度分布较为均匀，最高温度也从 26.3℃下降到 25.1℃。地板出风区域的压力更均匀，基本消除负压现象。关停 173 号空调前后的机房空间温度分布如图 5-7 所示，机房空间内的温度场分布也更均匀，机房内所有设备的最大进风温度为 17.5℃，最大出风温度为 25.3℃，可以满足机房内所有设备的正常运行需要，使其均处于安全状态。根据 CFD 的模拟结果应用于实践，机房关停了 173 号空调，经过 48 小时运行后进行数据采集，现场数据采集实景如图 5-8 所示，关停 173 号空调后机房实测温度如图 5-9 所示。与 CFD 仿真计算出来的结果进行对比，误差在 ±0.5℃范围内，吻合度非常高。

关停 173 号空调（第 1 台空调）后，通过同样的分析方法，发现机房仍有优化空间，因此根据温度分布情况，我们调整空调运行的数量，先后关停 180 号空调（第 2 台空调）和 183 号空调（第 3 台空调）。调整空调数量后机房温度分布效果对比如图 5-10 所示，调整空调数量后机柜最大进风温度分布效果对比如图 5-11 所示。

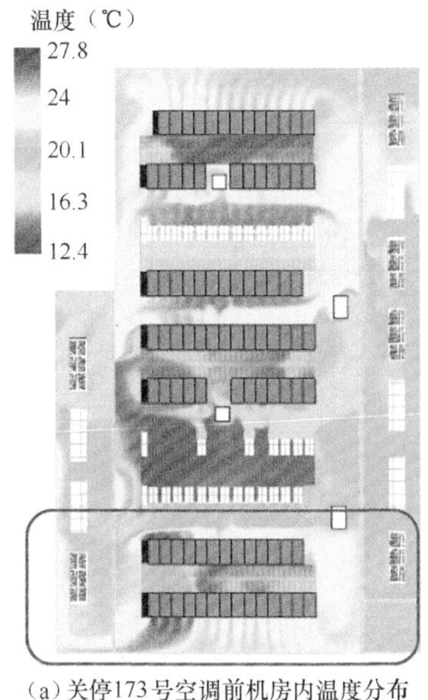

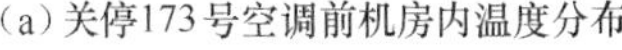
（a）关停173号空调前机房内温度分布

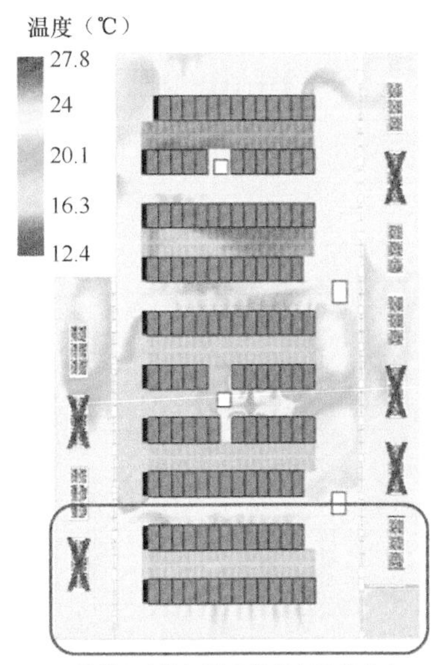

（b）关停173号空调后机房内温度分布

图 5-7 关停 173 号空调前后的机房空间温度分布

图 5-8 现场数据采集实景

图 5-9 关停 173 号空调后机房实测温度

通过对比发现，在关停 180 号空调后，机柜进风温度比较均匀，没有出现单机高温情况，而关停位于机房拐角处的 183 号空调后，机房明显出现个别机柜温度偏高、机房空间右上角局部过热现象，分析此处气流组织发现，热回风运行至此，受机房拐角处存在的气流死区影响而受阻停滞，从而出现机房内局部过热的现象，因此，拐角处的空调不可轻易关闭，空调回风口与房间拐角处需要保持合适的距离，否则死区范围就会扩大，从而增加局部过热机柜的数量。关停 180 号空调后全部空调的工作状态如图 5-12 所示。此外，结合关停两台空调时的气流组织及全部空调的工作状态发现，开启的 4 台空调基本都已满负荷运行，第 5 台空调也负荷过半，因此，不建议再关停第 3 台空调。

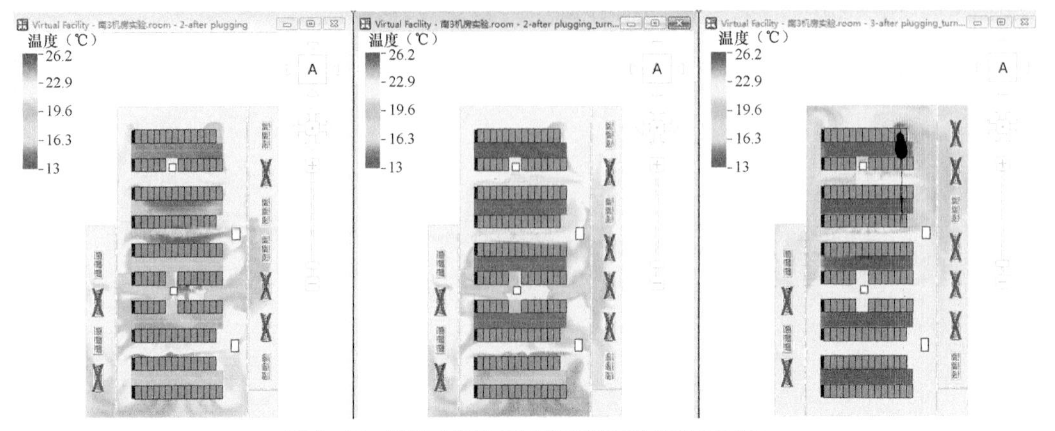

图 5-10　调整空调数量后机房温度分布效果对比

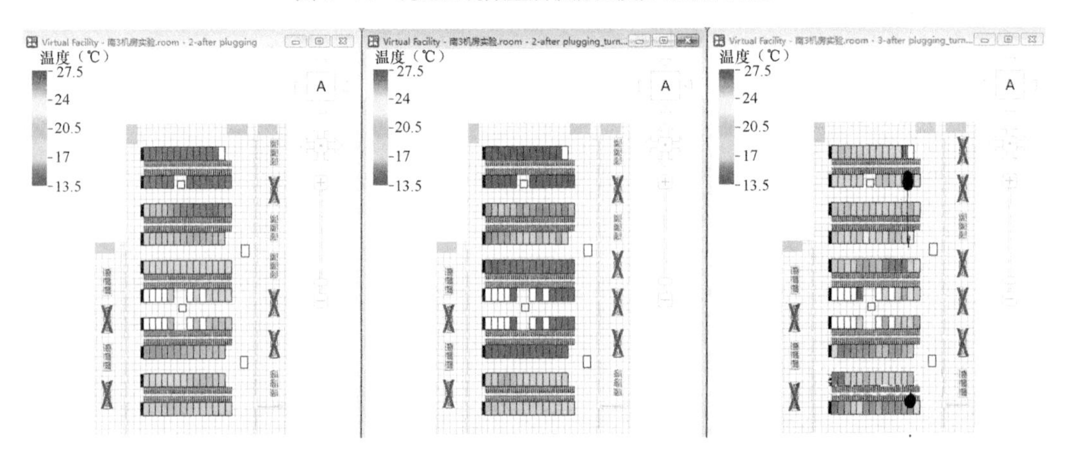

图 5-11　调整空调数量后机柜最大进风温度分布效果对比

随后为了使机房空间温度场分布更加均匀，我们进一步对机房当前的温度场、压力场分布及流线场分析，发现在建筑立柱附近的气流会受到一定的影响，立柱附近气流情况如图 5-13 所示，因此，按照尽量将送回风口避开立柱为原则对空调布局进行合理性研究，调整了空调的安放位置，调整空调布局后机柜最大进风温度分布效果对比如图 5-14 所示。结果显示，调整空调布局后，机房下半部分的温度分布情况明显好转，但是机房上半部分由于左侧拐角处严重影响了 176 号空调的回风，此处机柜附近热空气聚集而出现局部过热现象。因此，建议沿用第一种空调布局调整方案。

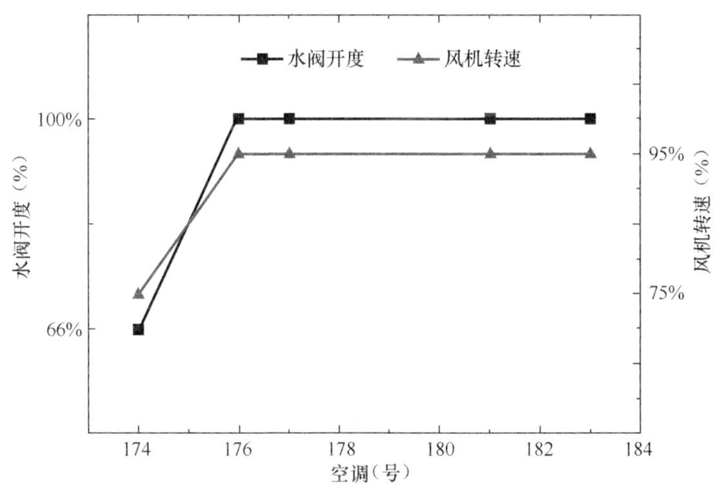

图 5-12 关停180 号空调后全部空调的工作状态

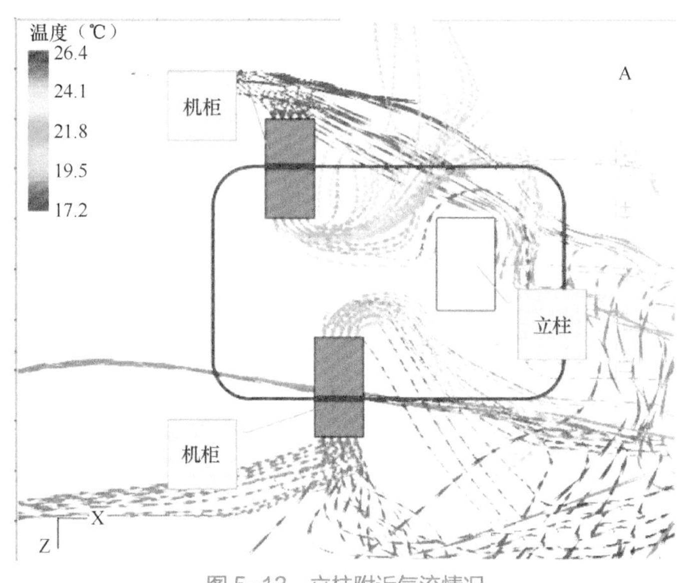

图 5-13 立柱附近气流情况

此时，虽然机房内温度已基本分布均匀，但仍存在过冷的情况，造成空调资源浪费，因此，考虑将空调回风控制温度逐步提高至 24℃。机房设备的运行温度范围如图 5-15 所示。与美国暖通空调工程师协会（American Society of Heating Refrigerating and Air-Conditioning Engineers，ASHRAE）2011 标准建议的设备工作温度标准相比，目前，当机房的设置回风温度为 22℃时，整个机房基本处于过冷状态。将回风控制温度调升 24℃后，机房处于正常偏冷状态，机柜最大进风温度为 19.8℃，最大出风温度为 27.6℃。服务器在此温度范围内可安全稳定地运行。

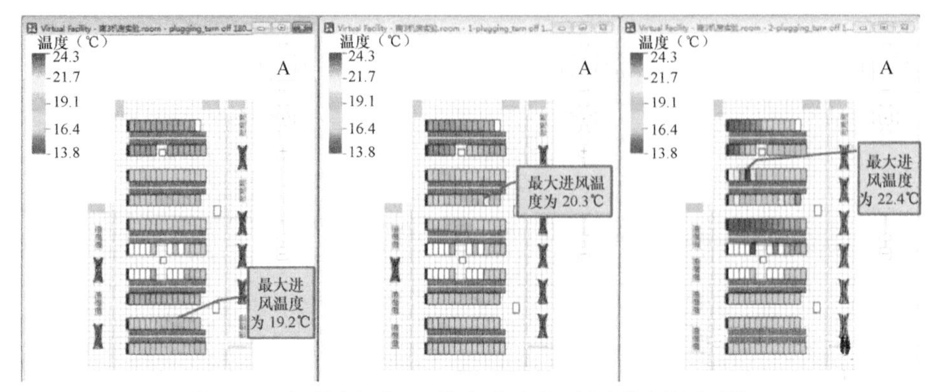

图 5-14　调整空调布局后机柜最大进风温度分布效果对比

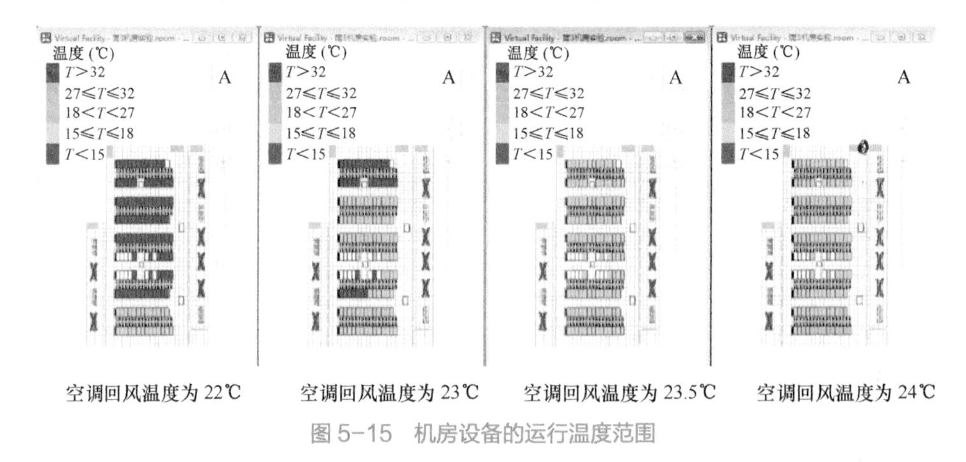

图 5-15　机房设备的运行温度范围

综上所述，对于该机房的气流组织校核、优化设置和节能潜力挖掘工作，共有以下 7 个优化改造预案。

（1）调整空调布局，关停第一台 173 号空调。

（2）调整空调布局，关停第二台 180 号空调。

（3）调整空调布局，开启 173 号空调，关停 177 号空调。

（4）调整空调布局，开启 173 号空调，关停 181 号空调。

（5）空调回风温度首次提升 1℃～23℃。

（6）空调回风温度第二次提升 0.5℃～23.5℃。

（7）空调回风温度第三次提升为 24℃。

5.3 优化收益

5.3.1 气流组织分布均匀合理

经一系列优化后，实现了机房气流分布均匀化，基本消除了机房局部过热及过冷现象。优化前后机房温度及压力分布对比如图 5-16 所示。

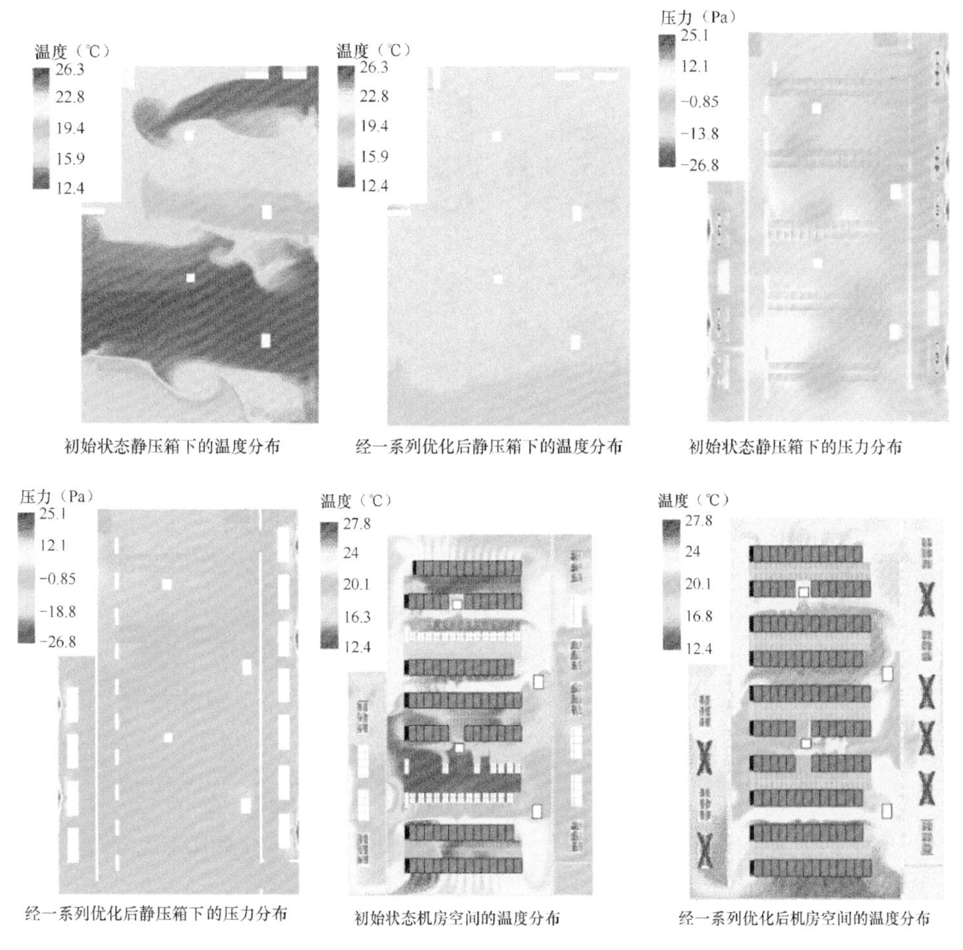

初始状态静压箱下的温度分布　经一系列优化后静压箱下的温度分布　初始状态静压箱下的压力分布

经一系列优化后静压箱下的压力分布　初始状态机房空间的温度分布　经一系列优化后机房空间的温度分布

图 5-16　优化前后机房温度及压力分布对比

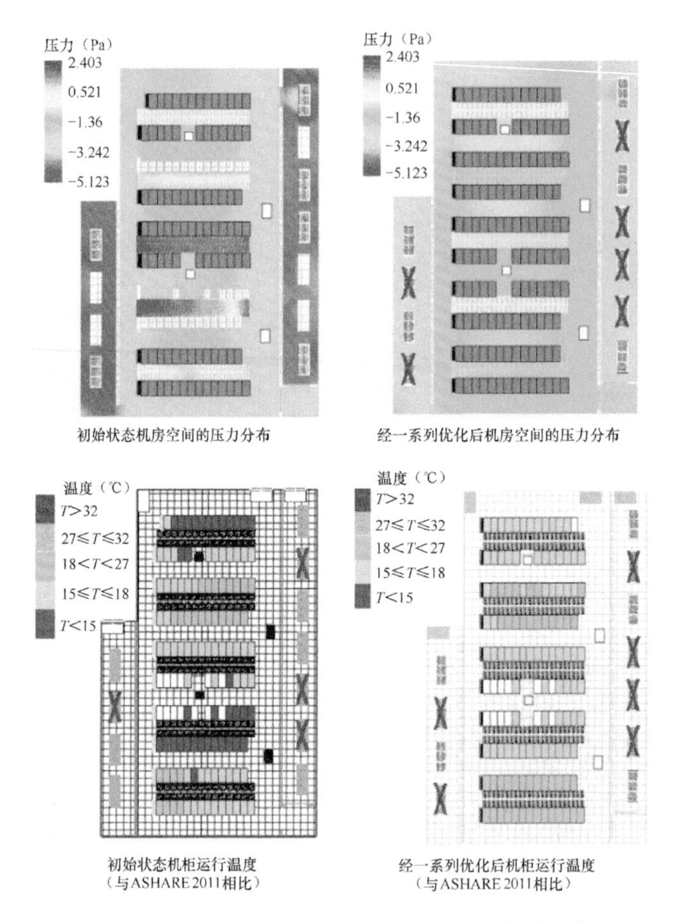

图 5-16 优化前后机房温度及压力分布对比（续）

5.3.2 节能降耗效果显著

（1）空调配置由之前的“7 用 4 备”模式变更为目前的“5 用 6 备”模式，相当于关闭两台风机。仅此项每年可节电约 40（kW）×2（台）×24（h）×365（d）= 700800（kW·h）。

（2）该项目对机房的初设计进行了很好的检验，发现初设计有冷量裕量过大的情况，造成初投资增加 1～2 台空调的单价。

5.3.3 PUE 降低

该机房的 PUE 从最初的 1.523 降为 1.468，降低了 0.055。若推广至整个数据中心，则每年可节电（4240+1510+7+38.53）（kW）×（1.523−1.468）×24（h）×365（d）=2792286.4（kW·h）。某机房的 PUE 说明见表 5-1。

表 5-1　某机房的 PUE 说明

	机房 IT 负载（kW）	大楼 IT 设备用电（kW）	机房制冷用电（kW）	大楼制冷用电（kW）	机房照明用电（kW）	末端空调用电（kW）	PUE
基础数据	415.066	4119.2	153.564	1524	7	56.31	1.523
关闭 173 号空调	390.710	4123	146.599	1547	7	46.41	1.512
关闭 173 号、180 号空调	408.258	4061	155.552	1547.3	7	39.7	1.495
回风 23℃	408.816	4138	149.067	1520	7	41.04	1.486
回风 23.5℃	406.619	4240	145.290	1515	7	44	1.483
回风 24℃	406.397	4240	144.731	1510	7	38.53	1.468

机房制冷用电由于缺乏计量工具，采用比例法按照 IT 负载比例计算。

经过节能优化，以深圳工业用电 0.912 元 /kW·h 计算，每年可节约电费约为 319 万元，计算过程为（700800+2792286.4）×0.912=3185694.8，同时可减少 2 台空调的初投资费用。

由此可见，合理设置和规划气流组织，不仅可以提前预知和消除安全隐患，保证数据中心安全稳定地运行，还能进一步通过提升水温和送风温度带来可观的节能收益和环保效果，进而可提升数据中心在新时代能源政策下的生命力。

5.4　结语

本章引入计算流体动力学仿真软件，根据机房实际负荷计算并展示出机房目前的气流组织及机房空调冷量使用情况，发现机房过热或者过冷区域，通过模拟调节，寻找最佳气流组织设置方案，消除局部过热及过冷现象，以期达到消除机房的安全隐患，发掘数据中心节能潜力的目的。

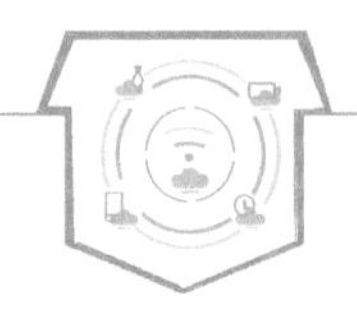

第六章　分布式间接蒸发冷却

本章重点剖析了间接蒸发冷却系统在预制化、能效、可用性等方面的优势，并结合其技术特点，分析其在地域、建筑、IT 等方面的适用性，同时对间接蒸发冷却技术的系统和产品设计提出关键性的建议。分析结果表明，间接蒸发冷却是一项高效、简单的数据中心冷却系统，通过完善系统及产品设计，可充分发挥其技术优势，是新时代数据中心基础设施方案的最佳选择之一。

6.1　引言

随着互联网、云计算、大数据、AI 等新兴技术的快速发展，数据中心的规模和功率密度呈现快速上涨的趋势，对数据中心的建设提出了更高的要求。新时代下，数据中心的能效水平将会被更加重视；同时，如何快速、高效、弹性地建设数据中心，以满足新兴业务对数据中心的多样化需求。

空调系统是数据中心的关键系统，其能耗占比较大。以一个 PUE 为 1.5 的数据中心为例，空调系统的能耗占到数据中心总能耗的 30% 左右，在非 IT 设备能耗中占据绝大部分比例。因此，提高空调系统的能效水平是降低数据中心能耗的最直接有效的措施。

回顾数据中心的发展，在数据中心刚刚兴起时，几乎全部采用直膨式精密空调。而后随着数据中心规模越来越大，对能效要求也越来越高，高能效集中式冷冻水系统得到大规模应用。目前，国内大型数据中心 90% 以上均采用冷冻水系统，通过提高冷冻水温、采用新型空调末端及变频技术等手段，建设水平较好的数据中心可以将 PUE 控制在 1.3 以内。冷冻水系统运行原理如图 6-1 所示。

集中式冷冻水系统虽然得到了非常广泛的应用，但也存在一定的局限。

（1）系统复杂。整个冷却系统由数十种主设备、数千米冷冻水管路、上千个阀门传感器组成，这将导致现场施工复杂，对实施能力、项目管理、招标采购、测试验收等均提出了很高的要求，现场施工质量很难保证。冷冻水系统现场布置如图 6-2 所示。

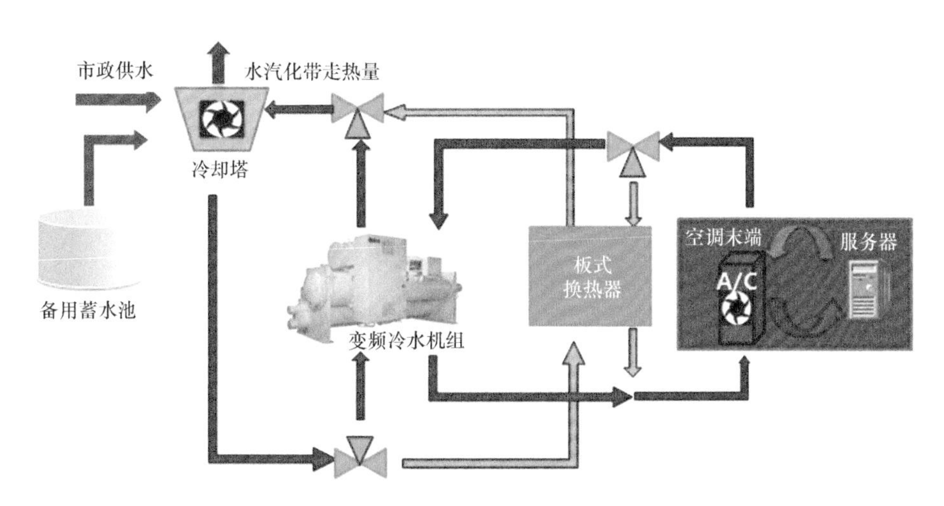

图 6-1 冷冻水系统运行原理

图 6-2 冷冻水系统现场布置

（2）交付速度慢。由于系统复杂度高，上下游关联性强，依赖现场施工，建设周期长，无法满足新时代数据中心快速建设、灵活部署的需求。

（3）运营调优难。国内大型数据中心的年均 PUE 为 1.5～1.8，需要科学精细的运营调优才能将 PUE 控制在 1.3 以下，大部分用户难以实现，且系统难以实现自动化运行，对运维人员的依赖性较强。

目前，一种新型的间接蒸发冷却系统（Indirect Evaporative Cooling,

IDEC）可能彻底颠覆集中式冷冻水空调系统。IDEC是一种简单、高效的数据中心冷却方案，其技术特点可完美匹配当前数据中心的建设、运维需求，将得到越来越多数据中心行业专家的认可。

6.2 技术分析

6.2.1 系统构成

IDEC机组由箱体、室内风机、室外风机、空空换热器、喷淋水泵、直接膨胀式（Direct eXpansion，DX）制冷系统、电控系统组成。IDEC利用蒸发冷却技术原理，间接蒸发冷却运行原理如图6-3所示，通过空空换热器实现室内空气与室外空气的不接触换热。机组一般有3种工作模式。

（1）干模式。当室外环境温度较低时，仅依靠空空换热器即可完成冷却。

（2）喷淋模式。当室外环境温度升高但湿球温度较低时，开启喷淋系统，利用水蒸发带走热量完成冷却。

（3）混合模式。当室外环境湿球温度较高时，需要同时开启喷淋系统及DX制冷系统完成冷却。在3种运行模式下，均可以实现全部或者部分的自然冷却，以达到降低能耗的效果。

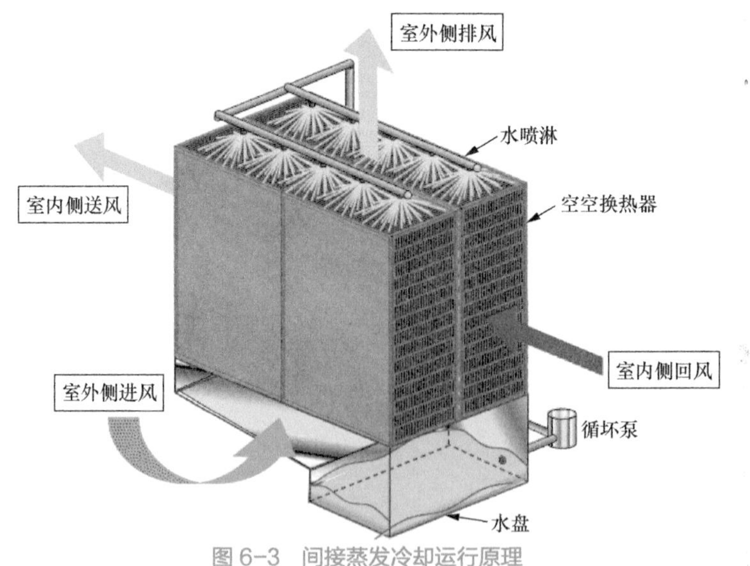

图6-3 间接蒸发冷却运行原理

6.2.2 系统对比

以一个中型数据中心为例，采用集中式冷冻水系统配置见表6-1，采用间接蒸发冷却系统配置见表6-2。

表6-1 采用集中式冷冻水系统配置

类别	序号	设备名称	数量	单位
冷源	1	冷水机组	4	台
	2	冷却塔	4	台
	3	冷冻水一次泵	4	台
	4	冷冻水二次泵	4	台
	5	冷却水泵	4	台
	6	板式换热器	4	台
	7	蓄冷罐	1	台
	8	旁流水处理器	4	台
	9	软化水装置	2	台
	10	定压补水	2	台
	11	无负压供水机组	2	台
	12	冷却水补水变频供水机组	2	台
	13	阀门数量	450	个
	14	传感器数量	200	个
末端	15	精密空调	84	套
	16	加湿器	24	台
	17	阀门	84	套
管路	18	管路	3000+	米

表6-2 采用间接蒸发冷却系统配置

类别	序号	设备名称	数量	单位
系统组成	1	IDEC	40	台
	2	定压补水	2	台

（续表）

类别	序号	设备名称	数量	单位
系统组成	3	无负压供水机组	2	台
	4	软化水装置	2	台
	5	加湿器	24	台
	6	管路	400+	米

集中式冷冻水系统是一套非常复杂的系统，包括冷水机组、冷却塔、冷冻水泵、冷却水泵、板式换热器、蓄冷罐、空调末端等主设备以及复杂的阀门管路系统、水处理设备、补水设备等配套设备。而间接蒸发冷却系统仅需要一种主设备和少量配套设备就可以完成冷却过程。相较于冷冻水系统，间接蒸发冷却系统可减少80%的主要设备、95%的阀门管路及60%的监控点位，大大降低了系统复杂度。

冷冻水系统换热示意如图6-4所示，集中式冷冻水系统需要经过3～4次换热，才能将数据中心的热量散发到大气中，自然冷却温差（环境湿球温度-机房送风温度）一般为9℃～14℃。IDEC系统换热示意如图6-5所示，而IDEC系统则是一种简单、高效的系统，仅需要通过一次换热，就可以完成数据中心与室外大气的热交换，自然冷却温差一般可控制在7℃以下，更小的温差意味着IDEC可以在较长时间内利用自然冷源。

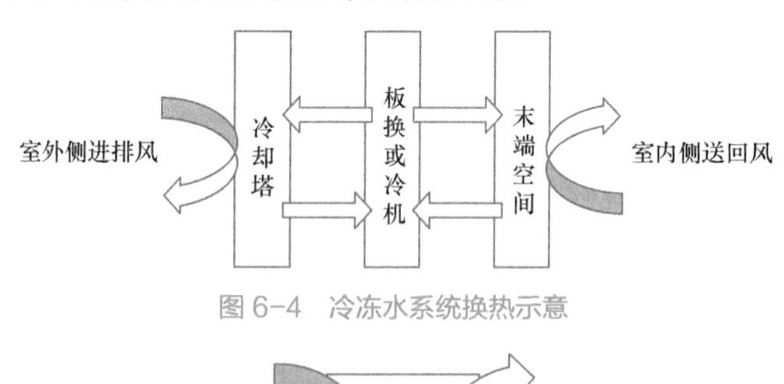

图6-4　冷冻水系统换热示意

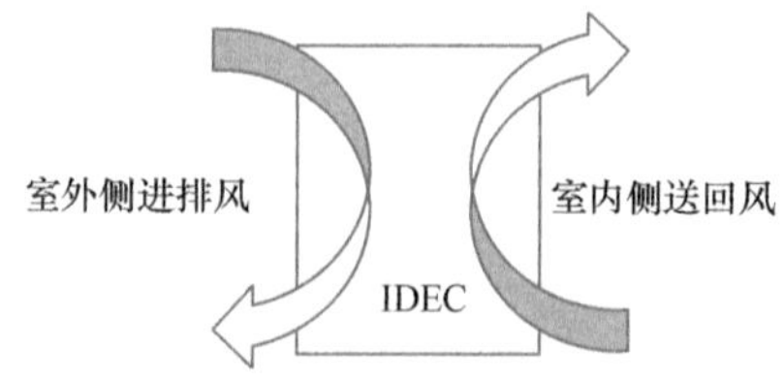

图6-5　IDEC系统换热示意

6.3 技术优势

通过以上对比，我们来深入分析 IDEC 方案的技术优势。

（1）快速部署。IDEC 是一种高度预制化的产品，冷却系统设备数量及工程量大幅度减少，工厂内预制生产，现场仅需要简单的吊装、拼接、接电、接水、接风管即可完成交付，数据中心设计、招标采购、供货安装、综合测试等环节的效率大幅提升，冷却系统建设效率可提升 80% 以上。

（2）节能节水。在我国绝大部分地区，间接蒸发冷却与冷冻水系统相比，自然冷却时长可延长 1000～2000h，比冷冻水系统节能 20%～50%（因气象参数及运行工况有所差异）。IDEC 机组在环境温度较低时，采用干式冷却的运行模式，全年节水率达到 50%～70%，非常适合应用在水资源紧张的地区。

（3）更低成本。因为 IDEC 的 DX 系统一般无须满配置，其全年的峰值 PUE 比冷冻水系统更低，在相同的市电引入容量下，分配给服务器的电量提升 20%～40%，数据中心 IT 的建设成本将大幅降低。

（4）运行安全。IDEC 为分布式的系统，设备故障仅会影响对应区域，冷却系统无大面积集中故障的风险，可靠性极大提升。由于 IDEC 的换热原理是室内空气与室外空气不接触换热，室外空气不会进入机房，室外空气质量不会对机房内的设备造成影响。IDEC 为主动送风方案，与为了追求高能效的冷冻水近端空调末端相比，无水浸服务器的风险。

（5）简化运维。在数据中心运行阶段，IDEC 机组设定好相关参数后，可以根据室外环境的变化，自动调节运行模式，实现完全自动化运行，可大幅提高运维效率。日常运维仅需要对过滤网进行清洗，无其他复杂运维调优工作，对运维人员的专业素质要求也大大降低，有利于节省运维成本。

6.4 适用场景

6.4.1 建筑适用性

IDEC 的设备体积庞大，因每台机组均需要向大气中散发热量，IDEC 的设备一般只能布置在数据中心建筑的外围地面或者屋面。当选择外围地面布置时，需要考虑机组布置间距以满足合理的气流组织和足够的检修维护空间；当选择屋面布置时，建筑结构需要考虑抗震、防水等问题。对于新建数据中心，IDEC的设备更加适用于不超过3层的数据中心，当数据中心因土地资源紧张需要建设3层以上的数据中心时，IDEC的设备只能在建筑外围堆叠布置，需要特别考虑机组的进排风问题，以避免进排风短路影响运行效果。对于老旧建筑改造的数据中心，通过核算建筑外围及屋面的承重及空调条件，可以快速判断是否适合采用间接蒸发冷却技术。

6.4.2 地域适用性

间接蒸发冷却技术并没有明显的地域不适性，机组在干模式条件下，温度越低，节能效果越明显。在喷淋模式下，气候越干燥，经过喷淋后，干湿球温差越大，节能效果越明显。IDEC机组较为依赖环境温湿度，在不同的地区，节能效果各有差异，但与传统的集中式冷冻水系统相比，几乎在我国任何气候条件下，IDEC机组均有比较显著的节能效果。

间接蒸发冷却技术有良好的节水性能，在水资源紧张的地区尤为适用。同时，间接蒸发冷却技术为不接触换热，无室外新风引入，对环境空气质量无特殊要求。

6.4.3 其他适用性

间接蒸发冷却技术属于风冷范畴，适合中低功率密度服务器机柜，但通过优化机柜布局，可以支持单机柜20kW以上的需求。

如前文所述，若将IDEC机组布置在数据中心建筑屋面，机组的送回风管需要贯穿屋面，若处理不好，会带来漏水风险。

6.5 系统及产品设计

6.5.1 系统设计

在进行数据中心园区规划时，首先要考虑的是，当地政府对容积率的要求，以此来判定需要建设的数据中心的楼层数量。3层及以下的数据中心采用间接蒸发冷却方案相对简单，IDEC 3层布置方案1如图6-6所示，IDEC 3层布置方案2如图6-7所示，通过合理的功能区域布局，可为IDEC机组侧面安装或屋面安装预留条件；若数据中心的楼层数量超过3层，一般会出现IDEC机组堆叠侧面安装的情况，这时尤其需要考虑机组进排风问题，应采用集中风井或其他措施避免机组冷热气流短路，影响机组的运行效果。

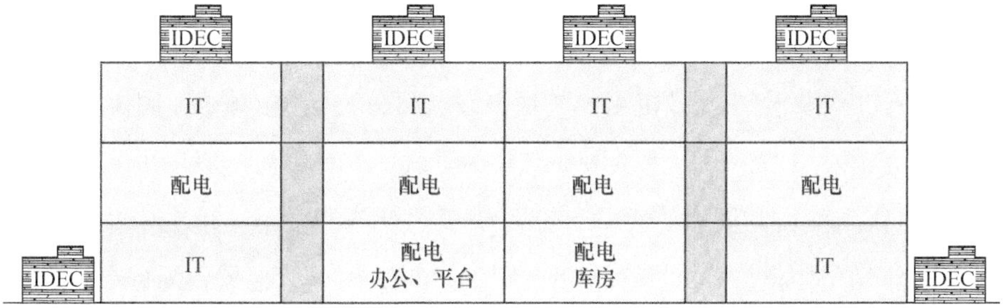

图6-6 IDEC 3层布置方案1

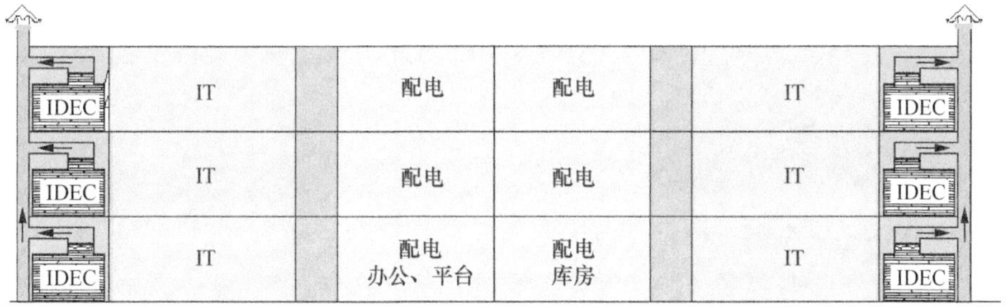

图6-7 IDEC 3层布置方案2

间接蒸发冷却系统峰值的PUE计算与容量规划直接相关，在进行峰值PUE计算时，需要结合当地极端气象参数、IDEC机组的负载率、配套及辅助系统的峰值功率等因素。在确定最大支持IT负载后，还应该根据IT业务类型、历史功耗数据等因素综合考虑IT同时使用的系数，确定合理的机架数量。如果能在服务器上架及运行阶段对IT进行容量管理，则效果更佳。

6.5.2 产品设计

在间接蒸发冷却系统设计完成后，还需要对间接蒸发冷却产品进行明确的定义，才能发挥间接蒸发冷却技术的最大优势，以下列举的是间接蒸发冷却技术的关键点。

（1）极端湿球温度及 DX 配比关系到机组是否能在当地任何气象条件下达到设计时的制冷能力。DX 配置比例与极端湿球温度、送回风温度直接相关，差异较大，在 IDEC 机组选型时，应明确定义设计极端湿球温度。

（2）换热温差是决定机组节能运行的关键参数，温差越小，利用自然冷却的时间越长，机组将更加节能，需要结合机组设计、经济性、空空换热器性能等进行综合考虑。

（3）机组供电。IDEC 机组内的用电设备可分为两类：水泵、风机、控制器、阀门、传感器为Ⅰ类负荷；DX 系统为Ⅱ类负荷。Ⅰ类负荷一般采用 UPS 供电；Ⅱ类负荷根据项目需要有所差异，在夏季极端湿球温度下，市电中断后，机房温升在允许范围内时，Ⅱ类负荷可采用市电供电，否则，也需要配备 UPS 电源。

（4）控制系统。IDEC 机组分布式安装，独立工作，无须复杂群控系统，可实现全年不间断自动运行。在控制逻辑方面，应具备模式切换、运行参数控制、故障管理等模块，需要重视控制逻辑及功能测试，保证现场运行安全。

6.6 应用展望

新时代已经来临，数据中心的业务呈现多样性、爆发式增长，也将呈现规模变大、硬件形态变多、功率密度提升的趋势。传统的数据中心技术方案及建设模式已经不能满足这种需求变化，虽然液体冷却的技术也在快速发展，但是未来相当长的一段时间，风冷技术还将占据主要的位置。简单、分布式、预制化的间接蒸发冷却能够满足数据中心快速、高效、弹性的建设需求，因此，间接蒸发冷却技术必将加速 IDC 新基建的快速发展。

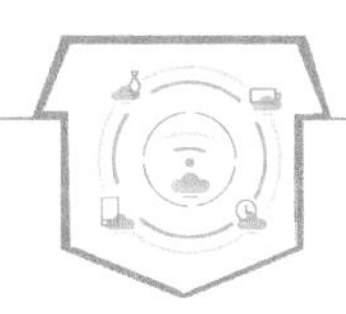

第七章　巴拿马电源

过去几十年，交流不间断电源（UPS）一直是各个行业应急备电的主要选择。过去十年间，随着互联网电商业务的飞速发展，效率高、成本低、易维护的高压直流（HVDC）技术在电信运营商和互联网企业中快速推广。最近三年，云计算、大数据等新型业务的高速发展对基础设施提出了更高的要求，巴拿马电源就是在这种背景下进行研制的，本章将重点介绍配电技术的现状与挑战、巴拿马电源的原理与应用、巴拿马电源的未来发展方向。巴拿马电源、浸没液冷、间接蒸发冷却、模块化柴发、设施集群监控等模块化、虚拟化技术的快速发展，必将推动数据中心朝着超大规模、极速部署、集约管理的方向快速演进。

7.1　IDC 配电技术现状与挑战

7.1.1　主要技术路线

不间断电源是保证数据中心 IT 负荷“365×24”小时持续不间断运行的最后一道防线，是数据中心的咽喉部位。按照备用电池的分布位置及与 IT 设备对应的关系分类，IDC 不间断供电技术有两种技术路线：集中式和分布式。其中，集中式和分布式二者分别又有两种实现形式。集中式主要为交流不间断电源技术 UPS 和 HVDC；分布式主要为机柜级分布式供电系统（Distribution Power System，DPS）和服务器级备用锂电池组（Battery Backup Unit，BBU）。几种不间断电源技术与 IT 设备颗粒度的对应关系如图 7-1 所示。

1. 交流不间断电源技术

UPS 是出现最早的不间断电源，在自建、租用数据中心中广泛应用，目前仍然是世界上应用最广泛的不间断电源。在过去的十几年间，高频整流、三电平逆变、第三代半导体碳化硅（SiC）、架构模块化、高级优化生态节能（Ecology Conservation and Optimization，ECO）模式等技术不断推动 UPS 电源的迭代发展，成本快速下降、易维护性不断提高，其成本已经接近 HVDC。

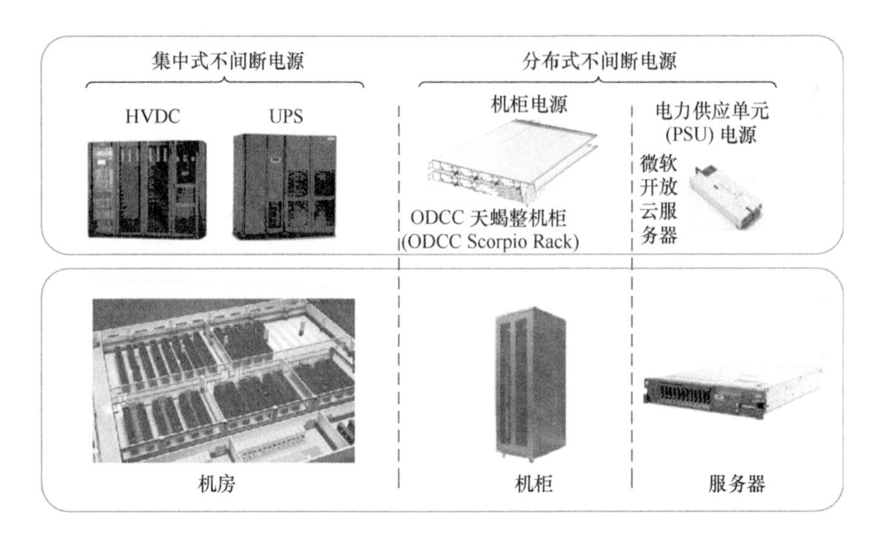

图 7-1　几种不间断电源技术与 IT 设备颗粒度的对应关系

2. 高压直流技术

HVDC 技术起源于电信运营商 48V 通信电源技术和电力系统的 110VDC、220VDC 操作电源技术，其核心思想是采用蓄电池直接为服务器供电，在提高服务器电源转换效率的同时，也提高了服务器供电的可靠性。其突出优点为易维护、成本低、可用性高，满足了国内运营商和互联网企业的业务需求。目前，HVDC 技术主要在百度、阿里巴巴、腾讯、中国移动、中国电信广泛应用。

3. 分布式不间断电源

分布式不间断电源包括机柜级 DPS、服务器 BBU。分布式不间断供电技术是近几年才出现的技术，其思想为将集中式的电源和后备电池分散进入机柜或更小颗粒度的服务器，实现系统部署、调试的快速化、预制化、模块化，降低机柜或服务器对数据中心基础设施的依赖，实现即插即用。机柜级 DPS 主要代表为开放计算项目（Open Compute Project，OCP）的 OpenRack（开放计算的机架标准）和国内的 ODCC 天蝎整机柜，服务器级 BBU 主要代表为微软的本地能源存储（Local Energy Storage，LES）技术。分布式不间断供电技术与机柜、服务器高度耦合，一般应用在完全自用、自控的数据中心，不适用于租用型数据中心，且其对基础设施的运维能力要求较高。目前，世界上仍以集中式不间断电源供电技术应用最为广泛。

目前，集中式 UPS 和 HVDC 不间断电源技术仍然是市场的主流技术，随着技术的不断进步，二者的发展方向趋同，并呈现“黑盒化”的趋势，即在同一架构中两种技术可以相互替代、即插即用。

7.1.2 系统架构

不间断电源是实现数据中心不间断供电的关键设备，设备故障时仍可能导致 IT 设备停电。数据中心在系统层面主要采用 3 种拓扑架构来保证设备单点故障时系统的可用性。具体为 2*N*（*N*+*N*）、分布冗余（Distribution Redundancy，DR）、后备冗余（Reserve Redundancy，RR）拓扑。

目前，国内以“2*N*–UPS”或“市电 +UPS/HVDC”的 2*N* 形式为主，其成本、可用性达到较好的平衡。“2*N*–UPS”或“市电 +UPS/HVDC”系统架构如图 7-2 所示。海外主机托管（Colocation，Colo）租用型机房采用 6*N*–5*N*、4*N*–3*N* 的 DR 配置较多，亚马逊 AWS 的 Catcher 架构是 RR 架构的典型代表。

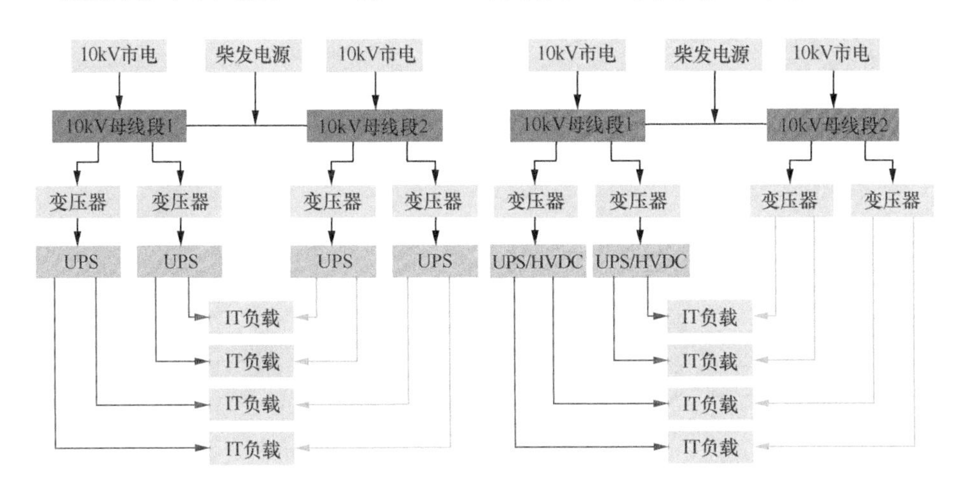

图 7-2 “2*N*–UPS”或“市电 +UPS/HVDC”系统架构

“市电 +UPS/HVDC”已经逐渐不能满足当前业务“零中断”的高可用性要求，因此给维护造成了较大的压力。尤其是面向企业端业务的快速推进，要求数据中心基础设施提供更高等级的可用性。

7.1.3 挑战

随着云计算、大数据、5G 等技术的快速发展与视频、社交等应用的推广，产生了巨大的数据处理、存储需求，数据中心朝着超大规模、极速部署、集约管理的方向发展。现有的数据中心架构、设计、建设、运维方法难以同时满足这些要求。

1. 24 周交付

现有的数据中心建设仍然以现场施工为主，建设周期为 12～20 个月，但是这个速度远远满足不了互联网业务高速发展的需要。阿里云营收增长曲线如图 7-3 所示，以 2012—2018 年营收增长为例，阿里云营收年均增长率达到 67%，数据即价值，每年新增的收入源于新增的算力、计算机、数据中心，需要建设大量的数据中心。同时，每年的增速相差巨大，2016 年增速是 2015 年增速的 2 倍，2017 年、2018 年的增速分别又比上一年下降 10%、20%，这种增速的急速变化给数据中心的建设带来巨大的不确定性。数据中心长周期的生产、交付速度难以匹配互联网业务的高速增长、急速变化。根据分析，24 周是数据中心应对业务高速增长、急速变化的理想交付周期，与实际建设周期相差巨大。如何缩短项目建设时间、加快数据中心交付节奏成为当前最为紧迫的问题。

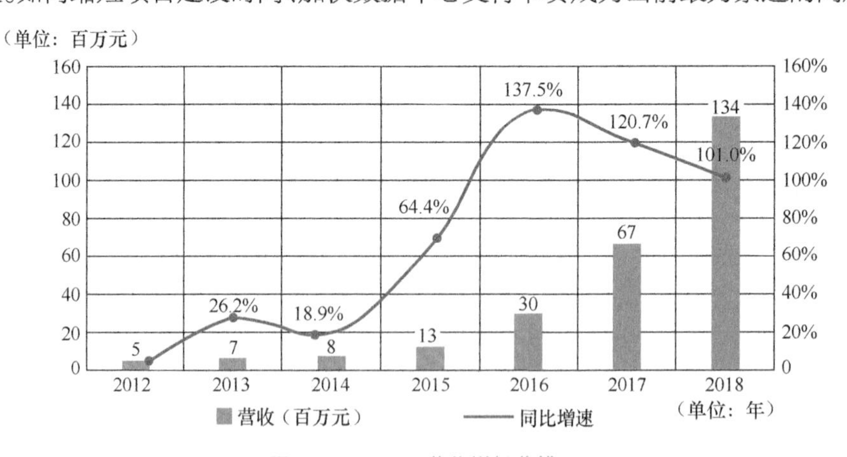

图 7-3 阿里云营收增长曲线

2. 业务零中断

随着云计算、大数据业务形态的快速演进，面向企业端的业务在互联网公司业务中的占比不断上升，其对于业务的可用性、连续性要求远高于面向消费者端的业务。由单次故障引发的商业成本损失和品牌价值损失成为提高可用性要求的关键因素。“不接受任何一台机柜宕机”成为业务对数据中心可用性的较强需求。如何不断提高数据中心的可用性，满足业务的极高需求，是当前数据中心设计、运维必须解决的关键问题。不同服务等级协议（Service Level Agreement，SLA）对数据中心宕机时间的允许值见表 7-1。

表 7-1　不同 SLA 对数据中心宕机时间的允许值

SLA	量化值	年允许中断时间 (min)
四个九	99.9900%	52.6
四个九一个五	99.9950%	26.3
五个九	99.9990%	5.3
六个九	99.9999%	0.5

3. TCO 更低

根据市场调研，价格仍然是企业上云的第一考虑要素。2018 年，阿里云的云产品 4 次降价，第 4 次云产品的降价幅度如图 7-4 所示，可以看到弹性计算（Elastic Compute Service，ECS）和关系型数据库（Relational Database Service，RDS）两个标志性云计算产品降价幅度达到 30% 以上，之后也经历了多次全行业的云产品降价。未来价格下降仍然是云厂商市场竞争的主要手段。云计算产品价格的不断下降给数据中心的成本基线控制提出了更高的目标。

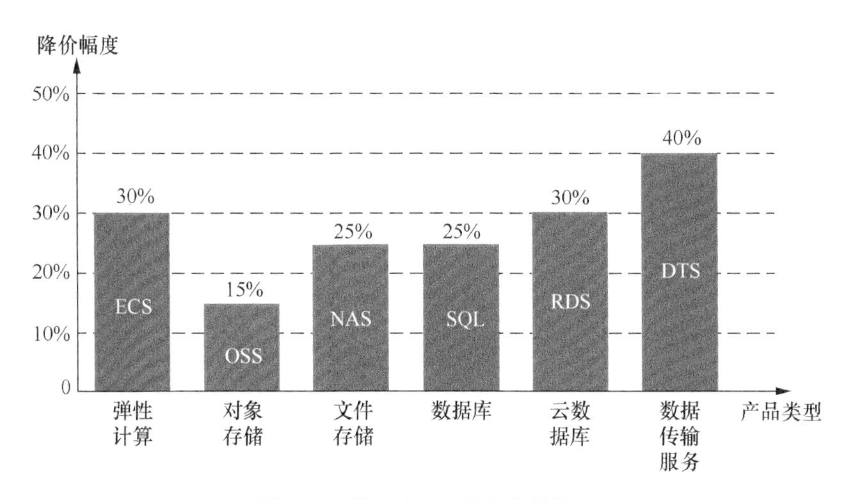

图 7-4　第 4 次云产品的降价幅度

据统计，数据中心基础设施全生命周期投资成本占30%，运维成本占20%，电费占比50%。在满足高可用和高速部署的前提下，如何进一步分别控制初投资和电费成本基线不上涨或使其略有下降，也是数据中心关注的焦点。

7.2 巴拿马电源技术介绍

针对目前数据中心面临的“24周交付、业务零中断、TCO更低”等挑战，我们采用“白盒化电力设备、电路磁路一体化设计、设备虚拟化管控”等方法研制巴拿马电源，尝试在数据中心配电系统中率先迎接相关挑战。

7.2.1 基本原理

巴拿马电源是直流不间断电源技术的迭代与发展，主要从供配电链路和整流模块拓扑两个维度对原有系统进行优化设计。

（1）供配电链路“4合1”。提升直流不间断电源的功率等级，将原有配电链路中的中压隔离柜、变压器柜、低压配电柜组、HVDC柜优化为一套巴拿马电源，从而将配电链路中的4个环节35面柜体整合为一套2*N*巴拿马电源，从而简化了配电链路，提高了链路的供电效率，降低了成本。IDC供配电链路简化如图7-5所示。

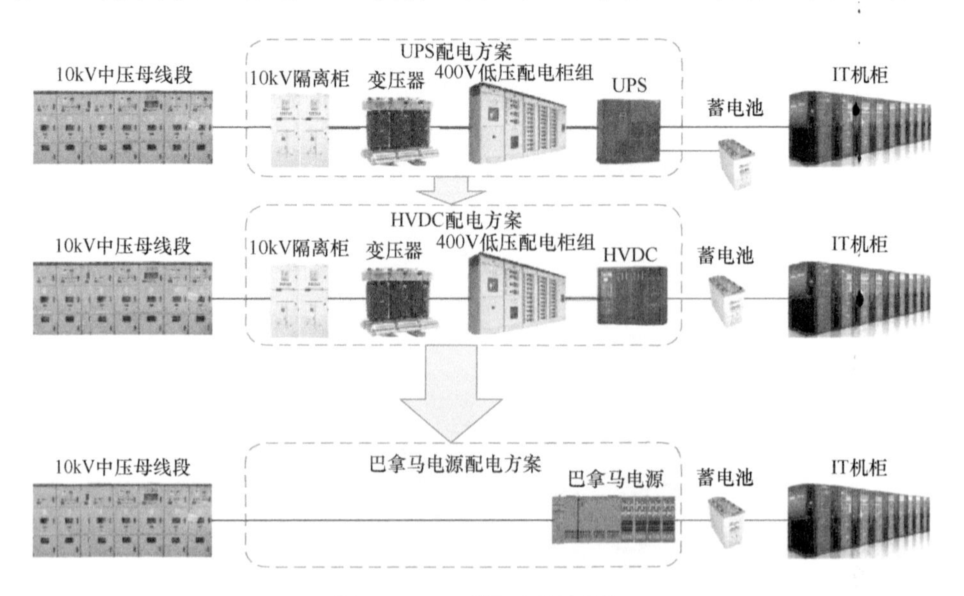

图7-5 IDC供配电链路简化

（2）整流模块拓扑“5 变 2”。传统的 HVDC 的模块拓扑具有 5 个环节，分别为三相功率因数校正维也纳拓扑（Vienna Topology）的整流、升压（Boost）电路和隔离 LLC（谐振转换电路）的逆变、隔离、整流环节。经过分析，把传统的 HVDC 的模块拓扑优化为三相不控整流和 Buck 调压两个环节，减少了功率变换环节和器件，功率密度从 $1.8W/cm^3$ 提升到 $3.6W/cm^3$，提升了一倍，降低了成本，提升了效率和可靠性。巴拿马电源整流模块拓扑优化示意如图 7-6 所示。

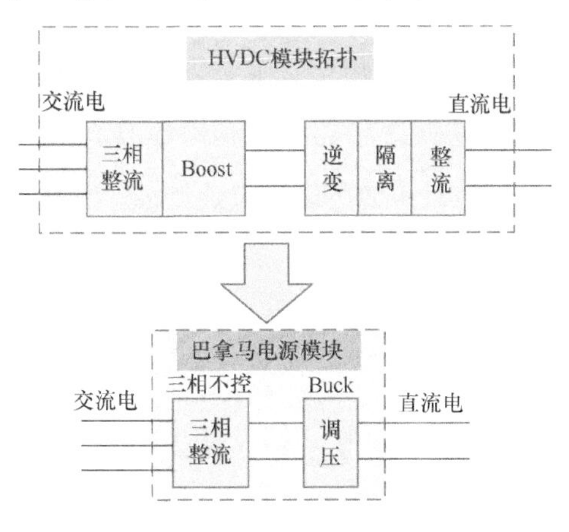

图 7-6 巴拿马电源整流模块拓扑优化示意

2.5MW 巴拿马电源正视实物如图 7-7 所示，单台巴拿马电源对标 2500kVA 变压器模块。该电源由中压隔离开关柜、移相变压器柜和整流输出柜 3 个部分组成：中压隔离开关柜包含负荷开关及接地开关，用于维护时的主电路切断及接地保护；移相变压器柜将 10kV 中压输入变换为多相位、多路输出；整流输出柜包含 4 面柜体，每个面柜功率为 600kW，合计 2.4MW，全部用于 IT 系统供电。

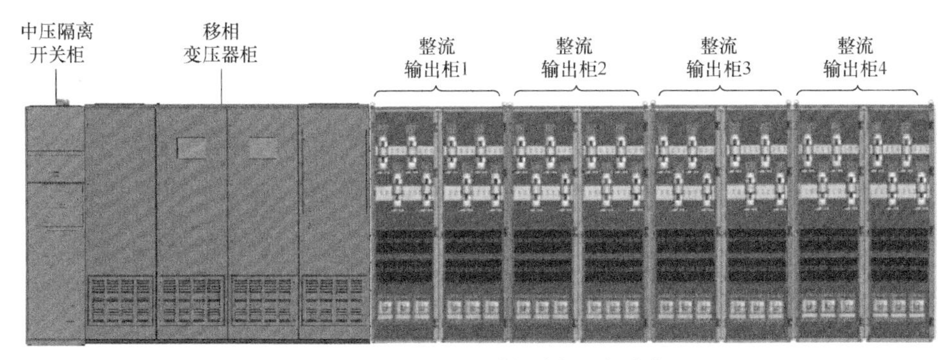

图 7-7 2.5MW 巴拿马电源正视实物

7.2.2 中压隔离开关柜

中压隔离开关柜的设置是为了在维护变压器时，设置一个明显的断点，内部安装负荷开关、高压防雷装置、高压带电显示器、接地开关等设备。在中压隔离开关柜的设计中采取了防误操作的措施，满足电力“五防”的要求。

7.2.3 移相变压器柜

移相变压器主要用于输出多路相互隔离、具有固定相位差的绕组，为后端整流输出模块提供电源。移相变压器主要利用谐波消去原理，将整流模块产生的谐波相互抵消，降低巴拿马电源的输入电流谐波。实验表明，电流谐波总畸变率（Total Harmonic Current Distortion，THDi）<4%（在 50% 负载的情况下），THDi<3%（在 100% 负载的情况下），THDi 值优于市场其他同类产品。72 脉移相变压器柜正视实物如图 7-8 所示。

移相变压器输出各绕组分别接入相互隔离的 AC（交流）/DC（直流）整流单元，达到直流输出与接地系统悬浮、与交流输入电气隔离的目标；配置温度和综合检测模块，使柜体的温升告警起到作用和满足电力“五防”的要求；采用模块化风机设计，可实现冗余设计和在线更换保证变压器的安全运行。移相变压器的关键参数优于常规电力变压器设计：绝缘等级 H 级，环境温度 25℃时的效率可达 99%，短路阻抗为 6%～8%，系统输入电压的允许变动范围为 ±15%。

7.2.4 整流输出柜

整流输出柜采用模块化设计，单模块柜输出功率为 600kW，整机输出功率可实现 600kW、1200kW、1800kW、2400kW 模块的按需配置；单模块柜自下而上分别为交流输入开关层、AC/DC 整流模块层、输出支路层，每层之间实现物理防护，整流模块层实现插拔式设计，提高柜体的可维护性。72 整流输出柜正视实物如图 7-9 所示。

由于采用了移相变压器，整流模块去掉了功率因数校正环节，同时解决了功率因数与谐波问题，使整流模块的最高效率达到 98% 以上；针对数据中心在 2N 架构下设备负载率普遍为 20%～35% 的情况，通过优化实现了负载率在 10% 以上时运行效率大于 97% 的目标。整流模块效率对比如图 7-10 所示，在 20% 和 30% 负载率下，效率分别提升 4% 和 3%。

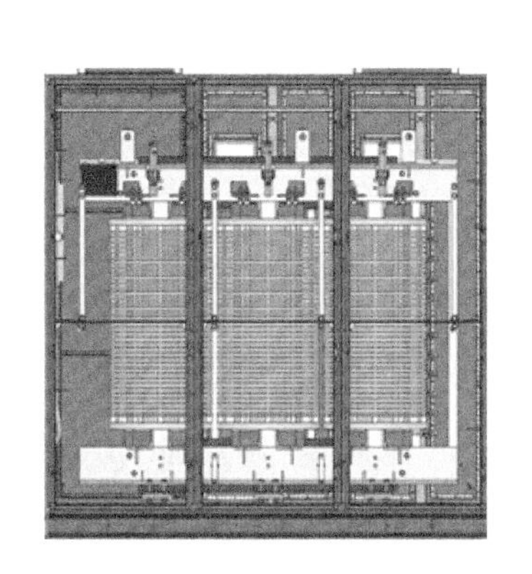

图 7-8　72 脉移相变压器柜正视实物

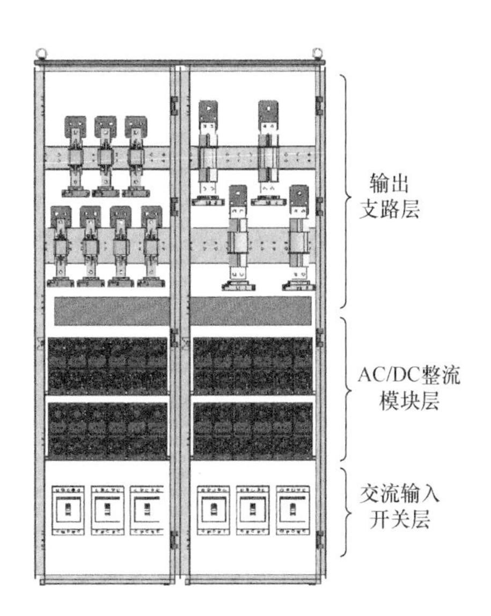

图 7-9　72 整流输出柜正视实物

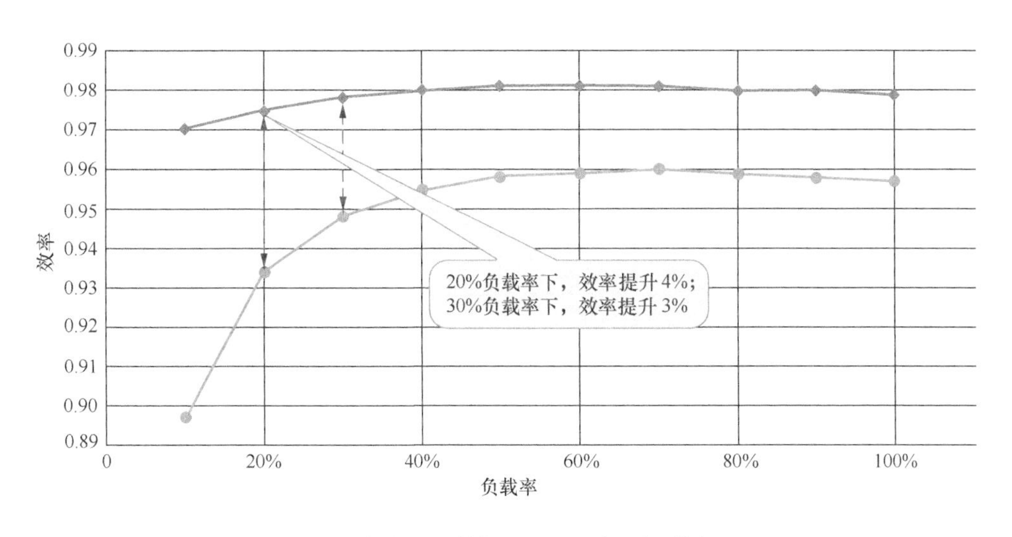

图 7-10　整流模块效率对比

7.3 巴拿马电源应用案例分析

7.3.1 案例背景

华东某IDC为20MW标准化机房楼，每栋楼包含两个10MW模块外市电进线4路，每路容量10MW，互为热备用。柴发采用集中式中压机型，按照“N+1”原则配置柴发容量。建筑采用多层建筑，一层为中压母线段配电及制冷设施，其余楼层为IT包间及对应配电间，IT包间与配电间采用模块化配置，可实现分期部署。原有设计为标准化图纸，采用巴拿马电源方案需要进行导入变动分析。

配电系统原设计为“HVDC+市电直供”配电架构，由于承载业务类型变更，对其提出了更高可靠性的配电要求，需要配置2N-HVDC架构，这会遇到以下两个问题。

（1）第一问题，空间不足。在2N-HVDC架构下，IT包间配电室内HVDC、蓄电池组数需要增加一倍，原有配电空间难以容纳更多的设备。

（2）第二个问题，成本上升。在2N-HVDC架构下，HVDC数量、蓄电池数量、蓄电池监控数量翻倍，整体配电系统成本上升30%以上，且运行效率将会下降，对IDC项目收益率带来较大的影响。

7.3.2 2N-2.5MW巴拿马电源应用方案

机房楼采用2.5MW巴拿马电源方案进行2N设计，引入巴拿马电源后，对系统原有平面设计影响极小。一层中压母线段配电及制冷设施布局及设备配置无任何变化。其他楼层整体布局未做调整，IT包间布局未调整。只有IT包间对应的配电间设备配置及空间有较大的调整。2.5MW巴拿马电源2N架构单线如图7-11所示。

每层IT包间对应的配电间布局有较大的变化。原有架构中只有负载的HVDC侧配置蓄电池，改为2N巴拿马架构后负载两侧都需要配置蓄电池，每个配电间的蓄电池由10组变为16组，电池数量因架构变化有所增加。除蓄电池之外，其他设备数量、占地面积都有较大幅度的减少：配电设备及电池间占地面积由468m^{2}减小为312m^2，减少比例达33%；配电设备数量由45台减少为 2 台，减少比例达 95.6%；配电监控接口由 35 个减少为 2 个，减少比例达 94%；供应商由 7 家减少为 2 家，减少比例达 71.4%。配电设备数量、占地面积、监控接口的大幅减少，带来了机电施工速度和验证测试速度的明显提升。

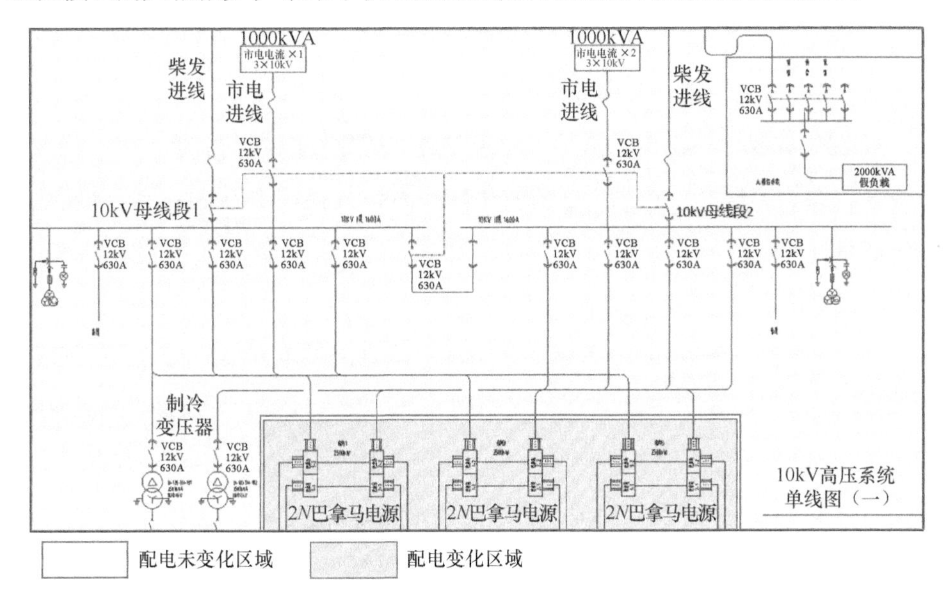

图 7-11 2.5MW 巴拿马电源 2N 架构单线

“HVDC+ 市电直供”“2N 巴拿马电源”架构下配电间平面布置对比如图 7-12 所示。

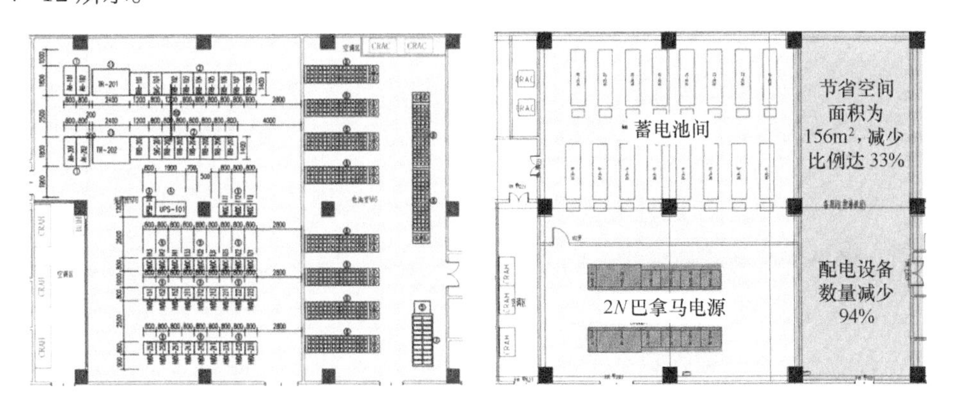

图 7-12 “HVDC+ 市电直供”“2N 巴拿马电源”架构下配电间平面布置对比

7.3.3 项目关键收益

本案例的实施，不仅解决了项目初期遇到的空间不足和成本上升的问题，还带来了更多的项目收益。

1. 更快的交付速度：建设速度加快 3 个月

设备进场进度协调节省 1 个月，设备安装节省 0.5 个月，桥架安装、线缆布放、接线施工节省 1 个月，验证测试节省 0.5 个月，合计节省 3 个月。

2. 更高的可靠性：双侧直流供电

实现负载双直流供电，满足了业务对更高可靠性的供电要求；同时通过直流母联方案，实现当上游供电设备发生故障时，负载双侧仍能保证不间断电源供电的目标。

3. TCO 更低

（1）投资可节省 4000 万元。在实现双侧直流供电方案的同时，投资成本比“2*N*-HVDC”方案下降 40%，运行效率比“2*N*-HVDC”提升 4.5%，初投资减少 1800 万元，合计减少 4000 余万元。相比“HVDC+ 市电”方案，本案例也可减少 1400 余万元，实现了更好的投资收益率。

（2）IT 机柜增加 50 面。最高效率比 2*N*-HVDC 提高 2% 以上，20MW 电力标准楼多产出 6kW 机柜 50 面，创造了更大的业务价值。

（3）节省配电空间 33%。不仅解决了初期建设空间不足的问题，而且配电面积比“HVDC+ 市电”方案节省了 33%，可预留为挖掘潜在的机柜布置空间，为后期持续提升电力利用率提供了可能。

7.4 巴拿马电源技术发展趋势

一个不断迭代，具有发展空间的技术才是一个值得投资的技术。未来，巴拿马电源技术主要朝着 3 个方向演进。

1. 全电力电子化

目前，巴拿马电源仍然采用传统的铁磁变压器，进一步降低此类变压器的体积和重量比较难。随着第三代宽禁带半导体器件和绝缘技术的发展，全电力电子化的直流不间断电源将逐渐走向实践应用。目前，阿里巴巴已经在张北基地进行探索，未来，阿里巴巴将持续探索该技术在 IDC 中的应用。阿里巴巴张北小二台园区 4 端口电力电子变压器如图 7-13 所示。

图 7-13 阿里巴巴张北小二台园区 4 端口电力电子变压器

2. 电源电池一体化

随着新能源汽车应用的不断发展，锂电池、燃料电池技术逐渐实用化，其比能量和比容量达到铅酸电池的3倍以上。未来，通过锂电池或燃料电池的应用，将逐步实现不间断电源和电池一体化设计，极大地提高了配电系统的功率密度和部署速度，进而满足互联网业务快速变化的需求。

3. 电源 IT 一体化

随着机柜功率密度的不断提升，电源功率密度难以与 IT 机柜的功率密度的提升匹配。未来，配电不间断电源将直接进入机房，与 IT 机柜一体化部署，打破 IDC 灰区、白区的界限，实现设施的高速部署与一体化管理。

7.5 结语

数据中心供配电技术必须紧紧跟踪业务需求变化，通过技术迭代满足业务需求。过去十年，中国通过“HVDC 供电技术”与 IT 层面的“去 IOE（IBM 的小型机、Oracle 数据库、EMC 存储设备、IOE）”联动，解决了低成本、高可靠、易维护的迫切需求。未来十年，配电技术将通过“巴拿马电源技术和锂电池技术”满足中国互联网企业从“面向企业业务”向“面向消费者业务”转换的“业务零中断”的迫切需求。

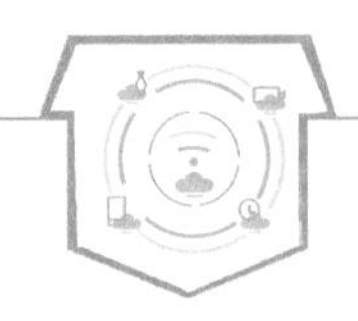

第八章　新型末端母线

8.1　引言

数据中心对末端用电的高负载和低损耗提出了更高的要求，同时对设备的高可靠、高易用和低成本等也有了新的期望，末端母线系统逐渐成为末端供配电的主流产品。这种产品极大地规避了强电列头柜加电缆早期数据中心末端供配电形式的不足，实现了模块化、硬连接、可重复利用保护投资、供配电设计分离的新型高安全性末端供配电的目的。数据中心末端母线系统符合GB 7251.6—2015等标准。

本部分将针对数据中心末端母线方案的总体介绍、敷设空间与速度、资本性支出（Capital Expenditure，CAPX）与营运性支出（Operating Expense，OPEX）、关键技术点、应用场景及其发展趋势等方面进行详细解读，帮助数据中心客户在末端配电实现产品化、快速部署、降低成本、便于扩容及弹性调整。

8.2　数据中心末端母线介绍

数据中心末端母线特指0.69kV和800A以下应用于数据中心内部的末端供配电系统、应用电缆或密集型母排自上级配电柜出线侧馈入供电始端（箱）单元，通过母线导体实现供电，再由配电单元馈电至机柜侧用电设备。

8.2.1　数据中心末端配电架构

传统数据中心根据不同负荷容量选用35kV或10kV作为进线，根据不同等级配置单路或者双路变压器及UPS，为IT设备供电，而制冷和辅助设备一般会有单独的配电回路。UPS配电后端的设备，我们称为数据中心末端配电。

传统的末端配电设备包括列头柜、精密配电柜、电源分配单元（Power Distribution Unit，PDU）等。随着数据中心进一步发展，对大功率、高可靠、模块化的需求日益加剧，机房末端母线产品，逐渐成为一种替代列头柜的优势方案，从而被更多客户所接受。机房配电架构示意如图 8-1 所示。

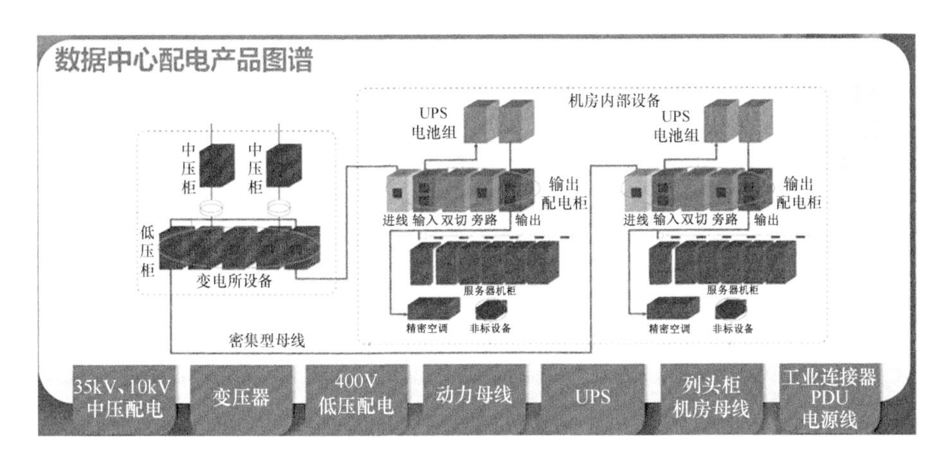

图 8-1 机房配电架构示意

传统的列头柜采用电缆进行出线，出线配置 1P（单相）极或 2P（两相）空开，每一个出线回路链接一根电缆到一台机柜，再通过工业连接器或者直接连接到 PDU 的端子排上，为服务器进行供电。列头柜在设计中往往会配置一些备用回路，以备日后增容或者维修，可是一旦列头柜方案落地实施后，再进行调整和更改会变得非常麻烦，甚至需要停机进行作业。当前服务器的主流方案是双路供电，因此采用“列头柜 + 电缆”方案会有大量的电缆需要部署，后期进行维护、增减机柜、调整机柜布局、增加机柜容量等操作的难度很大。另外，电缆中间没有监控，长期通过大电流出现绝缘老化现象时无法提前预警，将对运营带来潜在危险。

机房末端母线系统方案很好地解决了上述问题，特别是对于大容量、高压直流的配电方案和对机柜需要经常变化配置的机房应用具有更大的优势。列头柜方案对比末端母线方案如图 8-2 所示。

8.2.2 末端母线供电模式

末端母线配电的工作形式可以分为双路热备份和一主一备的冷备份方式。目前采用的主流方案是双路热备份的配电方案。

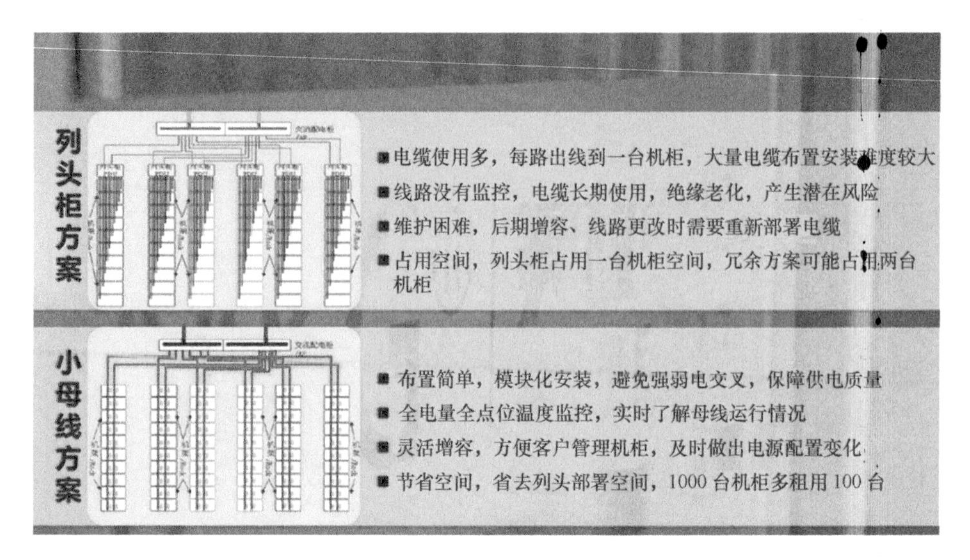

图 8-2　列头柜方案对比末端母线方案

1. 双路热备份

采用两路母线供电，两路母线分别来自不同的 UPS 和变压器。平时两路母线各占 50% 负荷，一旦一路失电，需要另一路承载 100% 的负荷。此种方式可以在发生断电故障时进行快速切换，是目前比较常用的一种母线配电形式。

2. 一主一备（冷备份）

采用两路母线供电，两路母线分别来自不同的 UPS 和变压器。分为主备回路，平时主回路承载 100% 负荷容量，备用回路不带电，主回路失电后，备用回路自动切换。此种配电形式比较直观，一路设备相对线路损耗较少。但是主路负荷即是全部负荷，对设备要求比较高，对母线温升需要进行特殊规范，需要比双路热备份要求更低才不会由于母线温升对机房环境产生影响。冷备份的方案适合对供电可靠性要求相对较低的场景。

8.2.3　微模块母线结构

由于母线结构比较简单，部署更加快捷，模块设计更容易实施和调整，所以越来越多的微模块方案也采用末端母线配电形式。常见的方案有以下两种。

1. 4 路母线供电

此种方式采用 4 路母线架设在两排微模块机柜的后上方，直接为下方的

PDU 配电。这样每条母线的负荷容量较小，结构简单，部署灵活。但是需要配置 4 个始端箱，每侧两个始端箱放置需要进行设计以便后期维护。另外，需要配置 4 个相应的上层断路器。微模块 4 路母线供电如图 8-3 所示。

2. 双路母线 U 形布置

此种方式减少了始端箱数量，母线整体性更强，但是单路母线负荷更高。另外，母线需要跨过冷通道天窗，需要单独设计。跨通道部分也可以采用线缆作为转接。同时由于母线槽需要承担整个模块的负荷，因此在同等情况下，其额定容量是 4 路母线方案的 2 倍。微模块双路母线供电如图 8-4 所示。

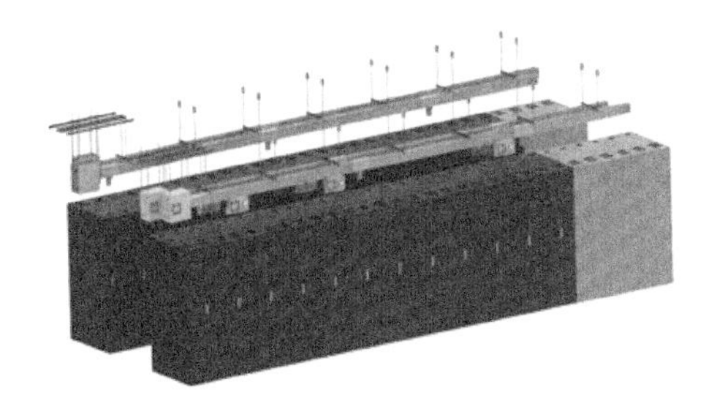

图 8-3 微模块 4 路母线供电

图 8-4 微模块双路母线供电

8.2.4 母线部署方案

（1）母线传统部署方式，吊杆安装，母线的安装路径需要提前设计，以避开弱电和其他管路，一般母线的部署需要在弱电和桥架之前。另外，对于层高受限、天花板不具备吊装环境的情况，需要考虑采用其他方式。母线槽吊杆安装如图 8-5 所示。

图 8-5 母线槽吊杆安装

（2）微模块安装的母线方案往往需要整体与环境解耦合，不依赖于环境部署，母线直接在机柜后上部用支架架设。此种方式可以减少纵向架设空间。解耦合方案中还有两种形式：一种是母线槽支架吊装方案；另一种是母线槽托举架空方案。母线槽支架吊装安装如图 8-6 所示，母线槽托举架空方案如图 8-7 所示。

图 8-6　母线槽支架吊装安装

图 8-7　母线槽托举架空方案

（3）分层架设，为了对双路母线进行维护和操作，母线可进行分层架设设计，对于一些固定安装的母线方案，由于产品的插接箱在侧面，更多采用双层架设的方案，可以减小末端母线安装的空间需求，也为弱电 / 光纤桥架等留出了更大的部署空间。腾讯 T-Block 方案采用的就是这种架设方式。

8.2.5　末端母线直流供电方案

随着数据中心的大规模建设，面对数据中心日益增长的负荷，其能源消耗也与日俱增。人们在降低前期投入的同时，越来越关注后期的运营成本。由于 UPS 供电模式存在能耗高、维护和扩容难度大、建设成本高等问题，高压直流作为数据中心供电方案逐渐在运营商和互联网厂商中推广开来，所以机房末端母线也同样需要具备直流方案。国内常见的高压直流方案中采用的是 240V 和 336V 的电压。

虽然直流方案比交流方案更节能，但是在安全性上需要注意的事项更多。由于直流没有过零点，如何有效地运用直流断路器来熄灭电弧需要特别设计线路。直流方案和交流方案是否可以共用一种母线结构，其地线（PE）母排是否可以满足设计要求，都需要特别考虑。

8.2.6 末端母线进线模式

母线进线从插接箱进入，有交直流分别：交流母线为 380V，5 芯线缆，进线三相 +PE+ 零线(N)；直流进线正极 + 负极 +PE。交直流均可以使用电缆连接，交流从 UPS 配电出线柜引电缆通过电缆桥架进入始端箱。直流从 HVDC 直接引出电缆到母线始端箱。另外，一些厂商使用的是和大母线母排硬连接的方案。末端母线进线示意如图 8-8 所示。

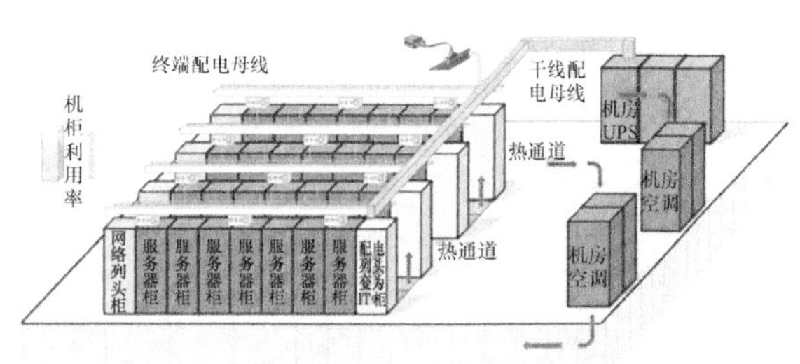

图 8-8 末端母线进线示意

8.2.7 机房母线的组成

1. 始端箱

始端箱作为机房母线的进线端口和母线智能化插接箱所有信号的收集端口，可以按照客户的要求进行上进或者侧进，并根据客户的具体需求配置塑壳断路器和浪涌保护器。对于同侧布置的始端箱，需要考虑后期如何方便维护，可以错开或者上下两层布置，也可以将始端箱柜门开在侧面方便后期维护。始端箱进线口需用电缆法兰进行绝缘保护。始端箱内铜排布置也应满足绝缘和爬电距离的要求。上进或侧进线 (左进线或右进线) 需要提前考虑，采用不同结构的产品。始端箱进线电流一般在 160A～630A，与相应的直线段规格对应。末端母线始端箱如图 8-9 所示。

图 8-9 末端母线始端箱

2. 直线段

作为机房母线，直线段承担了输送电流的主要任务，其母排应充分考虑母线运行温升。目前，机房母线直线段结构大多采用空气绝缘，部分采用密集型母线，少数厂商采用固体绝缘。空气绝缘母线产品支持滑轨式结构，多点位插接，更适用于机房的情况。密集型母线结构与传统动力母线结构相近。密集型母线虽然经济实惠，但是温升较高。固体绝缘母线虽然可以做得更小巧，但是整体成本较高。

目前市面上母线的导体结构以 U 形和一字形较多，厂商间存在技术交叉和专利冲突。在结构设计时，滑轨式母线槽还需要注意在插接箱布置时有更大的接触面积，以便控制温升。常见的末端母线铜排结构如图 8-10 所示。

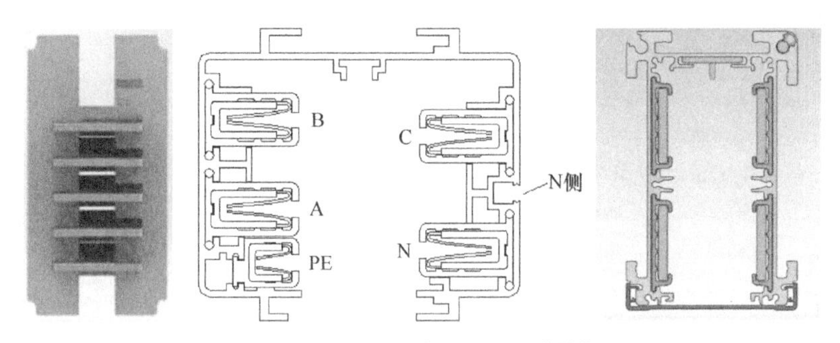

图 8-10　常见的末端母线铜排结构

外壳大多采用铝合金壳体，表面阳极氧化，壳体厚度在 1.5mm～3mm。部分厂商采用的是钣金壳体，可以应对客户提出的特殊设计。整体产品一般防护等级系统（Ingress Protection，IP）40，但是部分项目要求 IP35，甚至要求 IP44，对于机房内布置的母线产品实际上没有必要。母线一般采用 3m、2m、1m 模块化组合，部分可以定制长度。电流一般分为 160A、250A、400A、630A、800A 等，有些厂商根据自身情况会有细分。不同电流等级的产品的壳体和结构可能会有所不同，部分厂商采用通用配置，方便后期维护。对于直流母线一般采用和交流相同的结构，不过需要考虑 PE 排的截面积设计。

3. 连接器

连接器是连接两段母线直线段的重要部件，大多数厂商采用动力母线力矩螺栓加压片的结构，这种结构虽然比较稳定，但是组件较多，在安装时比较麻烦，后期温升较高。另外，这种结构无法准确测量连接处的温升。一些厂商采用模块化的连接器设计，安装简单，可以配合测温附件对连接处进行测温。这种连接器的接触面积较大，温升较低，比较适合机房母线模块化安装的特点。对于不同电流等级的连接器，一般厂商采用不同的规格，而400A以下和630A以上的一些厂商采用的是不同的连接器结构。常见的连接器结构如图8-11所示。

图8-11 常见的连接器结构

4. 滑轨式末端母线配电单元

滑轨式末端母线的配电单元多采用插接箱形式，插接箱负责机房母线的出线，目前大多数标准要求可以满足100A出线，而在实际中，使用32A出线的插接箱比较多。一般一个插接箱3路出线，分别分配到3台机柜，每个回路采用1P断路器，取自母线上A、B、C三相电源，可以保证三相配电平衡。插接箱分为单相和三相配置，具体配置和客户负载容量相关。

插接箱可以配置智能表计，采用485接口，串联连接，测量整条母线所有出线的电气参量。智能表计可以根据客户要求选用是否带液晶显示的表计，要求运维人员可以清晰地读取表计屏幕上的数据，以便记录，表计的屏幕可以向下旋转方便观测。但是更多采用集中在始端箱或者一块人机接口（Human Machine Interface，HMI）屏幕上显示，方便后期集中管理和操作。

5. 固定式末端母线配电单元

对于部分新型的末端母线方案，设计时取消了插接箱，采用工业连接器直接连在直线段中。在这种设计中，尽可能减少产生故障的连接点和功能，将保护和测量均部署在机柜的 PDU 中。在一些固定配置、空间有限、大规模部署的情况下，这种设计具有明显的优势，腾讯 Mini-Block 就采用了此类方案。新型末端母线直线段效果如图 8-12 所示。

图 8-12 新型末端母线直线段效果

新型末端母线将工业连接器插座通过焊接或者铆接的形式连接到铜排上，对比滑轨式母线插接箱的方案，因导体间接触力减小而导致接触电阻增加、接触点发热的风险降低。由于涉及专利保护，每个厂商的插接箱与滑轨连接的方式都不同，没有标准化，不同厂商之间的插接箱与直线段完全不兼容，而工业连接器作为目前国际通用的标准解决方案，无论是在方案成熟度，还是市场资源方面，都有明显优势。插接箱简化之后，由于整体成本大幅下降，其成本与传统列头柜解决方案相近，所以更加有利于末端母线的推广和产业生态的培养。

6. 其他附件

- 安装吊杆：用于安装母线。
- 端盖：在母线端头进行密封。
- 特殊工具：对于安装母线的特殊工具，一些厂商要求必须由生产特殊工具的厂商来安装。
- 转弯连接件：用于连接两根母线槽的连接件。
- 母线滑轨密封盖板：目前大多数厂商采用部署完成后现场裁剪金属盖板，密封母线下端滑轨，以达到防止误入带电间隔的要求。现场施工不仅增加了安装难度，而且难以保证防护效果。也有部分厂商采用模块化设计，将盖板和直线段设计为一体，减少了后期的安装难度。

8.2.8 机房母线的主要参数

(1) **额定电流。**机房母线分为交流和直流，交流额定电流一般分为 160A、250A、400A、630A、800A 5 个等级。有些厂商根据自身情况会有细分，有些厂商达到 800A 以上。直流母线电流等级分为 400A、800A、1250A，部分项目要求大于 1250A。

(2) **额定电压**。机房母线交流额定电压为 400V，直流额定电压为 400V，满足直流 336V 和 240V 的一般要求。

(3) **额定峰值耐受电流**。在规定的使用和性能条件下，开关设备和控制设备在合闸位置能够承载的额定短时耐受电流为第一个大半波电流的峰值。额定峰值耐受电流应该等于 2.5 倍额定短时耐受电流。不同的额定电流等级有不同的要求。

(4) **额定短路电流**。该电流是指系统在发生短路时所需承受的最大电流。不同电流等级需要做不同耐受等级要求。不同的额定电流等级有不同的要求。

(5) **外壳防护等级**。IP 防护等级系统是由国际电工委员会（International Electrotechnical Commission，IEC）起草，将电器依其防尘防湿之特性加以分级。IP 防护等级是由两个数字组成：第 1 个数字表示电器防尘，防止外物侵入的等级；第 2 个数字表示电器防湿，防水浸入的密闭程度，数字越大表示其防护等级越高。机房内部产品，尤其机柜防护等级为 IP20，机柜需要通风率，产品无法做到高 IP 等级的统一。机房内平时母排运行温度为 50℃～70℃，壳体温度 30℃，高于凝露点 15℃～20℃，不会发生凝露现象。机房内温湿度都会进行控制，水路系统均布置在机房静电地板下方，所以架空母线无须较高 IP 防护等级的设置，一般设置为 IP40 基本可以满足电气安全和便捷操作的需求。

(6) **温升**。机房母线不同于动力母线，在机房内 40% 以上的能耗用于制冷，所以对于机房母线应该执行不一样的温升标准。目前，国标采用的温升为 70K 以下，不能完全满足机房使用要求。而业内大多数母线厂商由于成本因素均执行 70K 标准。机房母线对于直线段、连接器、外壳、铜排均有不一样的温升要求，需要和动力母线进行明确区分。

8.3 数据中心末端母线分类

8.3.1 母线分类

- 按照负荷容量可以分为大母线和小母线（末端母线）。传统密集型母线也叫大母线，其电流在 1600A～6300A。所谓小母线是指其电流小，其电流在 100A～800A，故把机房末端母线也称为小母线。另外，还有照明母线，其电流小于 100A。

- 按照绝缘形式可以分为密集型母线，就是传统动力母线。固体绝缘母线也叫耐火母线。空气绝缘母线多用于机房母线。

- 按照功能可以分为动力母线、耐火母线、机房母线、照明母线。

- 按照结构可以分为滑轨式母线和固定式母线：滑轨式母线就是插接箱可以支持任意点位插接，配置灵活；固定式母线多见于传统动力母线，部分生产商也有相应的固定式机房母线产品。母线分类如图 8-13 所示。

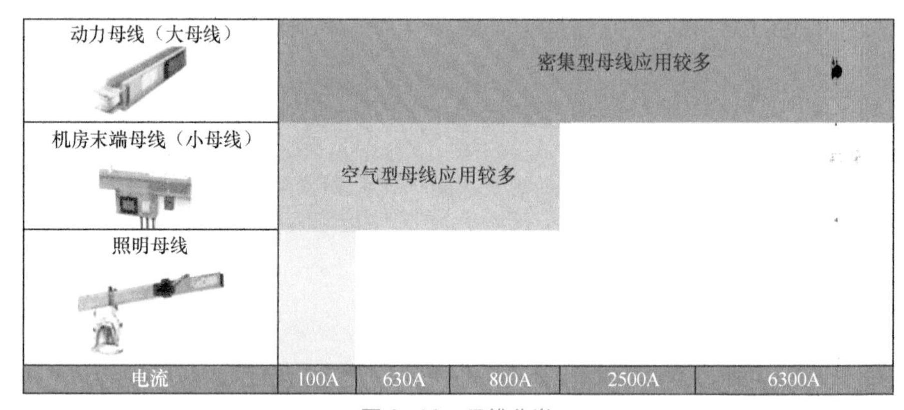

图 8-13　母线分类

8.3.2　末端母线分类

- 按照负荷可以分为直流母线和交流母线。

- 按照绝缘形式可以分为密集型母线和空气绝缘母线。

- 按照结构可以分为滑轨式母线和固定式母线。滑轨式母线主要为空气绝缘的形式，配置灵活，便于后期维护。

固定式母线其接插点相对滑轨式母线而言，接插设计不同，不能现场更换接插位置，但是结构简单，成本较低，更适合后期方案不需要调整、大范围固定配置的部署。末端母线分类如图 8-14 所示。

下面按照结构分类，分别介绍 3 类末端母线产品。

1. 传统方案固定式

传统方案固定式母线槽适用于交流三相四线、三相五线制，频率为 50Hz～60Hz，额定电压为 690V，额定工作电流为 250A～5000A 的供配电系统，作为工矿、企事业和高层建筑中供配电设备的辅助设备，特别适用于车间、年代已久的企业的改造。

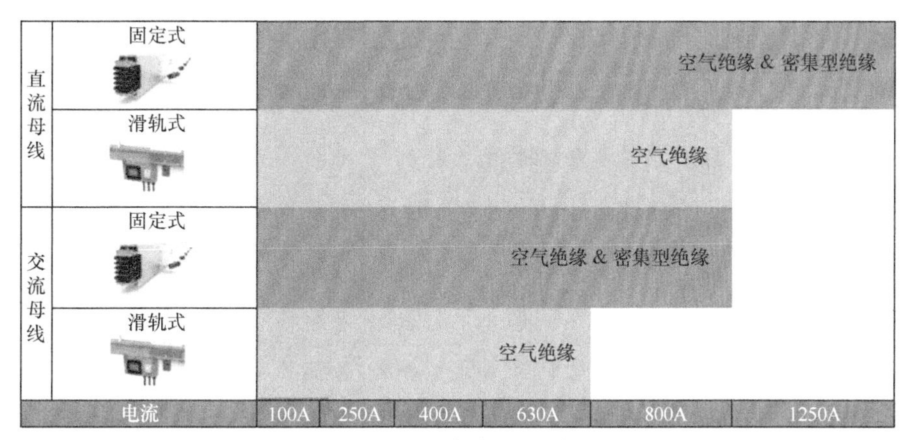

图 8-14 末端母线分类

固定式母线槽的插接箱是固定的，不能根据需求灵活移动，插接口的数量有限，整体扩容性较差。另外，插接箱的体积较大，占用空间较大，不易更换，维护比较困难。

传统方案固定式末端母线槽如图 8-15 所示。

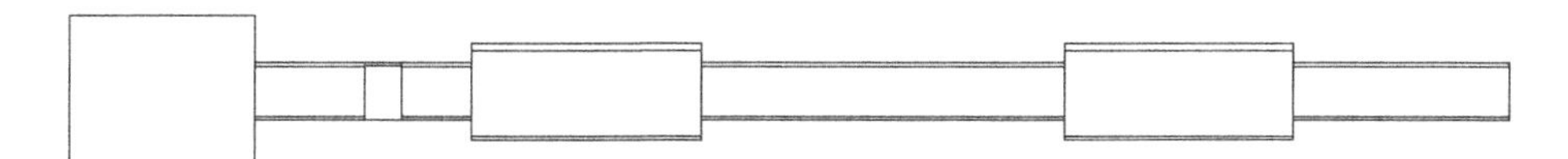

图 8-15 传统方案固定式末端母线槽

2. 传统方案滑轨式

传统方案滑轨式母线适用于交流三相五线、“直流正级 + 正极 + 负级 + 负级 +PE”，频率为 50Hz～60Hz，额定电压为 690V，额定工作电流为 100A～630A 的供配电系统。其具有即插即用，无须断电母线槽即可实现对接插箱的在线插拔；全点安装，接插箱可安装在母线槽任意一处；分步实施，母线槽为模块化结构，支持延续、扩展和重构，支持部件的按需分项采购和部署。

滑轨式母线槽的铜排结构是异性铜排，加工工艺复杂，成本较高；滑轨式母线槽与插接箱组合配电结构的体积较大，需要一定的安装空间才能实施，且滑轨式母线的连接、插接箱安装工艺比较复杂；配置插接箱成本较高。传统方案滑轨式末端母线槽如图 8-16 所示。

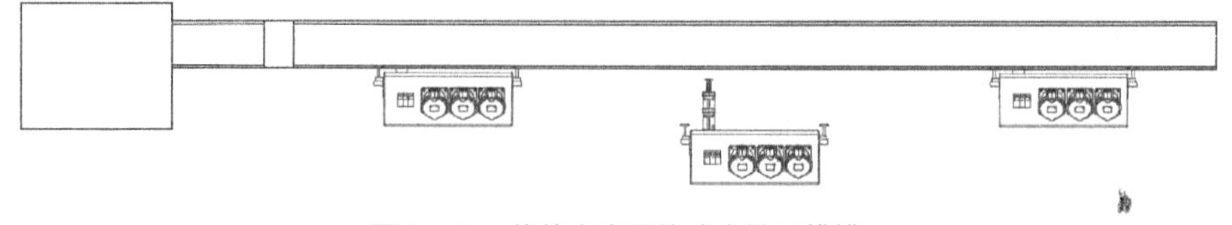

图 8-16　传统方案滑轨式末端母线槽

3. 新型末端母线方案（无插接箱式）

新型母线槽配电系统适用于交流三相五线、“直流正级 + 正极 + 负级 + 负级 +PE”，频率为 50Hz～60Hz，额定电压为 690V，额定工作电流为 100A～630A 的供配电系统。

新型母线槽配电系统取消了插接箱，降低了成本，简化了安装工艺，缩短了安装流程，实现了快速交付。该系统适用于空间狭小的场合。母线槽铜排采用市场上常用的标准矩形结构，成本较低、安装较方便，便于维护。新型末端母线槽如图 8-17 所示。

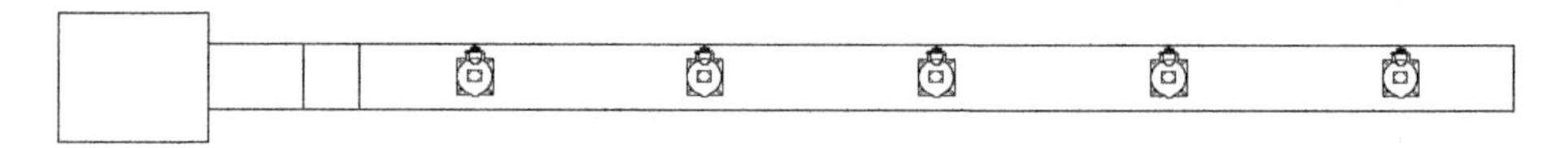

图 8-17　新型末端母线槽

8.4　数据中心末端母线特点

8.4.1　传统的数据中心末端配电架构及挑战

在传统的数据中心配电系统中，机房的主进线通过变压器 UPS 配电至列头柜。列头柜将主进线分配成一定数量的分支电路为 IT 设备配电。一般每台 IT 机柜使用的是两条分支电路，可实现冗余配置。IT 机柜的布线通常部署在高架地板之下或架空在机柜上端的电缆桥架上。随着数据中心的不断发展，对于末端供电提出了以下几个新需求。

1. 可靠性需求

数据中心用电方面已然发生了巨大的变化，特别是面临着功率密度升高，现在机柜功率已经上升为 5kW～8kW，甚至一些互联网公司的单机柜的功率为 10kW～15kW，可预期该功率日后会上升到 30kW。IT 设备的数量也在不断增加，一台机柜部署 40U～56U 的服务器，这种大功率负荷却使用传统电缆长时间不断电持续供电的方式，存在安全隐患。

2. 灵活配置需求

在数据中心的生命周期内，机柜内的 IT 设备更新较为频繁，常常需要进行临时负荷调整。处于运作中的数据中心需要在不干扰附近 IT 负载的情况下调整回路。对于传统配电方案在已经完成的 IT 基础设施的基础上再加减和调整设备就变得比较困难。

3. 易于维护需求

单位机柜功率密度显著提高，导致回路的负荷变大，传统方案中的电缆尺寸变大，双路冗余配置使电缆部署的成本增加，大量架空电缆占有维护空间，如果电缆部署在架空地板下面，在冷通道部署方案中会占用送风通道，使系统制冷效率变低。另外，大量电线的应用也加大了后期维护的难度。

4. 部署周期需求

随着互联网的迅猛发展，对于数据中心计算量和存储量要求越来越高，并且需求往往越来越急迫，也给数据中心的部署提出了更高的要求。例如，百度采用天蝎机柜方案；阿里巴巴使用一体化机柜方案，工厂级组装，大量减少了现场工作量，同时保证了产品质量；腾讯的 T-Block 和 Mini-Block 方案可以在厂房和集装箱内对数据中心进行模块化的快速部署。传统的“配电柜 + 电缆铺设”方式已经不能适应快速模块化部署的趋势。

5. 空间需求

传统列头柜部署会占用一台机柜的空间，对一些空间有限的环境推荐使用机房母线的部署方案。

8.4.2 末端母线特点

1. 空间利用率高

使用末端母线配电的数据中心不再需要额外设计配电列头柜，可以腾出更多的设备机柜位置，提高机房的有效使用率和出租空间，创造更大的收益。不占用机房内部设备柜位，替代配电列头柜，可以增加设备柜的放置数量。有效提升空间利用率 10% 以上，从而增加了机房的利用率和收益。

采用末端母线方式可以省去列头柜，原列头柜的位置可多配置 1 个 IT 机柜。一般情况下，每 20 个 IT 机柜可配置 1 台强电列头柜，去掉列头柜后可增加 1/20 的 IT 机柜数量。以一个机房为例，原来需要 50 个列头柜，采用末端母线方式后，机房 IT 机柜可达 1000 个，如果每个列头柜的租赁费用按照 6 万元 / 年计算，每年可增加收入 300 万元。

2. 灵活快速部署

末端母线的部署简易快捷，仅需要将末端母线安装到所有的预期机柜上方，无论是现在部署的机柜还是远期规划的机柜，都可以完成部署，可以依据用户的进驻实现即需即安装的安排。个别机柜增加输出容量或者回路数量无须对末端母线做出变更，仅需要增加或者变更插接箱即可，插接箱可以进行在线插拔以适合 IT 业务不确定的发展的需求。

末端母线将整条铜排导体架设在机柜顶部，整条母线变成电能传输的资源池，由于母排优越的导电能力，可以在不更改结构形式的前提下，支持更高功率密度的机柜部署与扩展。

另外，末端母线无论采用吊装还是机柜后方架设部署的形式都非常简单。模块化的部署可以在一天内部署一个 30 台机柜左右的微模块。如果使用传统列头柜加线缆模式，完成一个机房典型施工工期为 20～30 天。具体施工涉及配电柜就位、电缆桥架安装、电缆裁剪铺设、电缆对接等多个烦琐工序。而部署末端母线系统只需要 2～3 天就可以完成一个机房的交付，不仅可以节约大量的施工时间和人工投入，同时也节省了桥架电缆的需求，可提前 1 个月交付客户使用。

末端母线系统具有产品模块化、标准化率高、快速部署、方便快速投产等特性，故对比原有列头柜加线缆方式节省近 3/4 的安装时间，转换为快速交付带来的效益。若采用末端母线系统，还可以先部署始端箱及末端母线干线即可完成末端送电任务，待客户或用电设备入场后，再有针对性地部署接插箱，按需配置，完成最终用电设备的精准配电工作。因此使用末端母线方式，可将投资分为两步，最大限度地提高资金的利用率和设备用电的效率。

3. 高可靠性

目前，在亚马逊、微软、苹果公司建设的大型数据中心方案中，机房母线已经普遍应用。市面上常见的末端母线多采用“始端箱+滑轨式直身段+插接箱”的形式。电能由电缆引入始端箱，与直身段内的铜排相连接，插接箱通过铜片接触直身段铜排，最终通过工业连接器传输到 PDU，从而给服务器供电。整个配电过程中，母线起到配电干线的作用，减少了现场操作施工环节，质量可控。另外，母线本身作为总电流的汇聚，有一定的负荷弹性，尤其在大负荷的情况下增加了系统的抗冲击能力。插接箱灵活配置，可以在线更换，母线总路支路均配置监控及保护等功能，母线全线温度均可监测，并可实时报警，进一步增强了系统长时间运行的可靠性。

8.5 数据中心末端母线关键技术

8.5.1 滑轨式母线关键技术

滑轨式母线槽是由一体成型的 U 形铝型材作为母线外壳，结构牢固、重量轻、散热效果好。主导体是由 5 条 M 形紫铜排组成 A、B、C、N、PE 线，镶嵌在绝缘槽中，一同推入铝型材外壳的轨道中。标准段之间可以通过专用连接器和专用工具进行快速连接。

常见的滑轨式母线结构如图 8-18 所示。

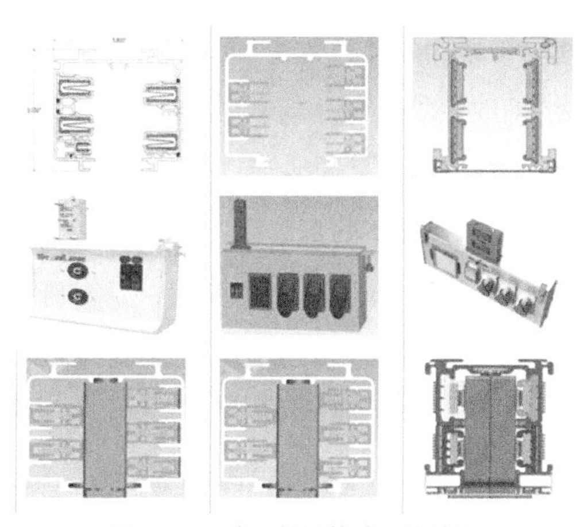

图 8-18 常见的滑轨式母线结构

始端箱是整个母线的进线装置，可配置浪涌保护器及选配塑壳断路器。可选配监控模块对总进线的全电量参数与断路器状态进行监控，配置温度传感器对接点进行温度监测和异常告警。

插接箱是电源输出单元。插接箱从母线槽底部插入母线仓内，采用旋转或提升高度的方式使其与主导体接触，然后锁紧插接箱使其在固定位置可靠连接，插接箱可在母线槽本体非连接处的任意部位带电插接。插接箱因其特殊的连接方式，接插件需要进行镀银处理，从而保证接插件与主导体的可靠连接；同时插接箱内配置微型断路器及温度传感器检测接点温度、电量采集器。滑轨式母线的关键技术在于如何确保插接箱的插接件与母线槽本体的可靠电气连接，通常厂商可以利用母线槽本体的金属铜的弹性力将插接件锁紧，从而确保其良好的导电性和较低的接触电阻。

8.5.2 新型末端母线关键技术

新型末端母线属于空气绝缘型母线槽，输出支路通过工业插座输出，工业插座是在母线槽本体上固定位置安装的，输出工业插座可与 PDU 的工业插头直接连接。相对于滑轨式母线，这种方式更加安全可靠、成本较低、免维护。

始端箱是整个母线的进线装置，可配置浪涌保护器及选配塑壳断路器，可选配监控模块对总进线的全电量参数以及断路器状态进行监控，配置温度传感器对接点进行温度监测和异常告警。

母线本体外壳使用金属材质，需要满足结构可靠、重量轻、散热效果好的要求。导体使用 T2 紫铜排（铜含量 99.90% 以上，杂质总含量不超过 0.1%），全部导体镀锡，铜排套绝缘套管，母线本体实现双重绝缘。主导体铜排与工业插座之间的连接导线使用“无损工艺”进行连接，导线与铜排的连接使用焊接或铆接工艺，这种工艺不破坏铜排的载流量。标准直线段之间可以通过专用连接器快速连接。

铜排与工业插座连接如图 8-19 所示，铜排与导线连接如图 8-20 所示。

图 8-19 铜排与工业插座连接

图 8-20 铜排与导线连接

8.5.3 末端母线监控方案

1. 始端箱主路监控方案

始端箱内配置监控模块，监测总进线的全电量参数、断路器的状态、浪涌保护器的状态、进线端子的温度等参数。始端箱内有采集模块，采集进线电量参数、开关状态、温度等参数和所有输出支路的全电量参数、开关状态、接点温度等参数。始端箱内的采集器与触摸屏通信，将采集的参数通过可视化图表的方式在人机界面上显示，同时始端箱内可设置相关参数及告警阈值。如果本地没有人机界面，那么始端箱内的采集器可以将参数直接上传至动环系统。

2. 插接箱集成支路监控方案

插接箱内配置监控模块可采集电量参数、断路器状态及接插件的温度。插接箱的监控模块通过 RS485 的方式将采集到的参数上传到始端箱的采集模块。始端箱内的采集模块将各项参数上传至触摸屏或动环系统。插接箱集成支路监控如图 8-21 所示。

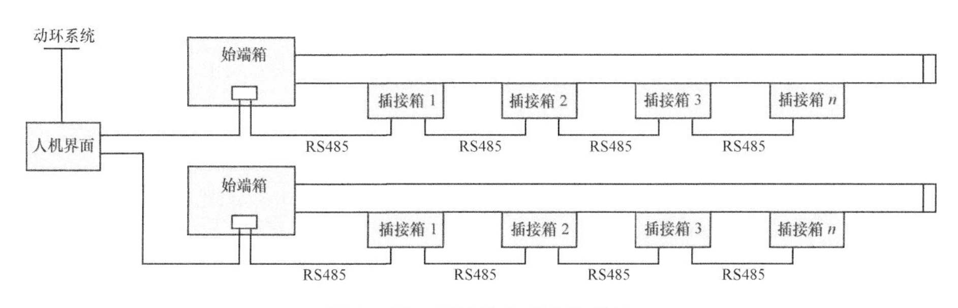

图 8-21 插接箱集成支路监控

3. 无插接箱支路监控方案（监控置于 PDU）

在无插接箱的母线槽中，它的输出支路的监控系统全部下沉至 PDU 端。PDU 可用来配置断路器及测控仪表、温度传感器。测控仪表可监测电量参数、开关状态，以及工业插头的温度。测控仪表通过 RS485 的方式将采集的参数上传到始端箱内的采集模块。始端箱内的采集模块将各项参数上传至触摸屏或动环系统。置于 PDU 端的监控方案可以实现对数据中心的配电监控更加精细化的管理，如果选用智能型 PDU，则可精细化地监控到每一台服务器的电量参数。PDU 集成支路监控如图 8-22 所示。

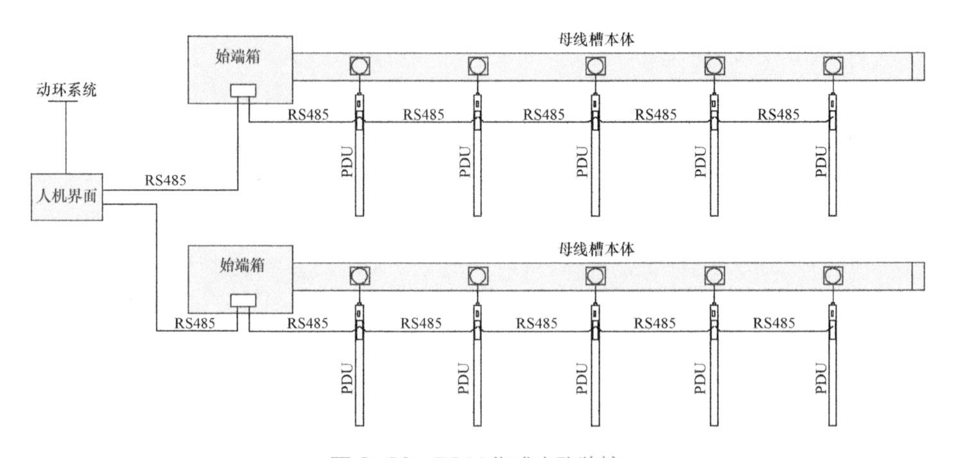

图 8-22 PDU 集成支路监控

4. 无插接箱支路监控方案（监控置于母线本体）

监控模块安装在母线槽内，可以监测输出工业插座的全电量参数、开关状态及工业插座的温度。输出断路器可安装在母线槽本体上或者 PDU 端。监控模块通过 RS485 的方式将数据上传至始端箱的采集模块。始端箱内的采集模块将各项参数上传至触摸屏或动环系统。母线本体集成支路监控如图 8-23 所示。

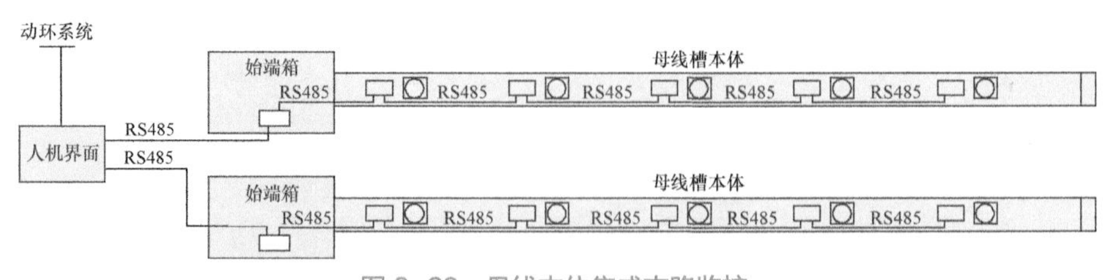

图 8-23 母线本体集成支路监控

8.6 数据中心末端母线应用场景

8.6.1 末端母线在传统数据中心的应用

传统数据中心的主要特点是机柜数量少，单机柜功率低，会有大量的物理机。传统的数据中心由于机房配电线路问题造成其可用性降低，配电线路的布置使其能耗增加，加上末端配电扩展的困难，系统灵活性大大降低，所以传统数据中心采用新型末端机房母线可以降低线路损耗，节省空间，同时安装工时缩短，降低了系统维护和检修的工作量。

8.6.2 末端母线在微模块数据中心的应用

微模块数据中心的主要特点是高密度，总体拥有成本（Total Cost of Ownership，TCO）较低，即可容纳高密度计算设备，相同空间内可容纳 6 倍于传统数据中心的机柜数量，低 PUE（由于采用了全封闭，冷热通道分离，减少了冷空气的消耗，令电力使用率大大提高），更重要的是，由于微模块数据中心的密度较高，减少了建设成本，也能够降低运营成本。微模块数据中心应用末端母线如图 8-24 所示。

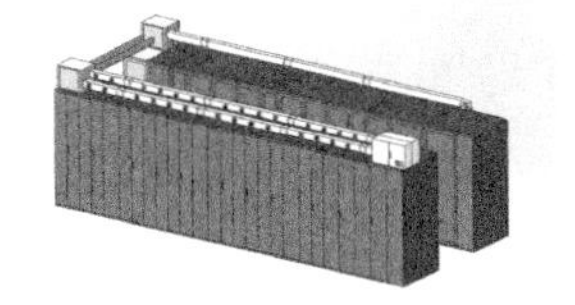

图 8-24　微模块数据中心应用末端母线

另外，微模块数据中心可实现快速部署，不需要企业经过空间租用、土地申请、机房建设、硬件部署等周期，可缩短部署周期。与传统数据中心相比，以前需要至少两年才能完成的事情，微模块数据中心可实现 6～12 周交货，1.5 个月供货，实现快速响应。此外，数据中心属于专业设施，其设计、制造、硬件等方面都需要配有专业的服务与运营保障，模块化数据中心融合了硬件厂商的硬件制造经验，融入了自己的 IDC 设计、建设与运营经验，“一站式”专业服务为客户解决了大量筹备与外包的问题。

8.6.3 末端母线在预集成式数据中心的应用

预集成式数据中心中应用的末端母线如图 8-25 所示。

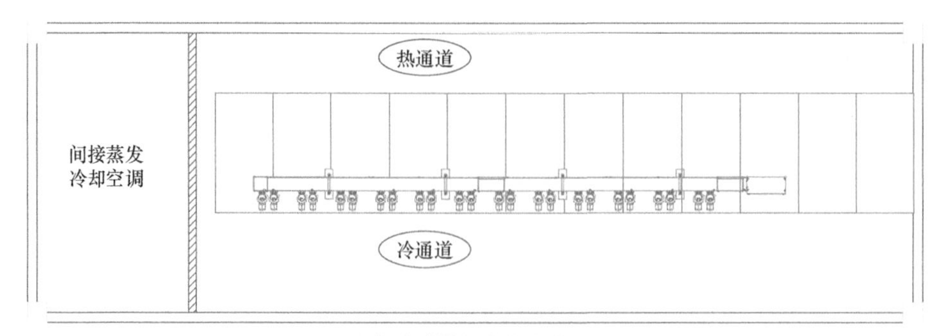

图 8-25　预集成式数据中心中应用的末端母线

面对高昂的能源成本及场地空间的约束，集约化是数据中心的趋势，因此模块化和可扩展性是未来数据中心的重点需求，数据中心用户可以根据业务需求的实时变化、扩展或收缩，形成高度灵活的系统，实现数据中心能源与空间的高效利用，获得可持续发展，预集成式数据中心应运而生。

预集成式数据中心是模块化数据中心的另一个新型形态——把数据中心中的大部分组件在工厂集成，其载体通常是钢结构框架或集装箱。在集装箱中，受限于空间与资源，需要提高系统的利用率，快速响应业务需求。末端配电方式采用无插接箱式的新型末端机房母线槽，此方式可降低配电设施的空间占用率，降低现场实施的工程量，实现快速部署，加之母线槽的先进设计理念使供电系统的安装简便快捷、运行可靠高效。

针对以上 3 种不同数据中心的特点，其末端的配电方案均可使用末端母线方案。此方案可实现在线 / 离线监控、快速部署、有效提高数据机房利用率、降低 TCO、便于扩容的需求。

8.7　结语

使用末端母线系统极大地提高了资金的回报率，分期投资，避免浪费；增加了机房的有效出租面积，快速交付，增加租金收益；减少发热，降低机房的制冷量，节能效果显著。目前，由于机房末端母线还处于发展初期，设备厂商大多刚进入市场，价格还高于列头柜方案的 30% 左右，所以直观上客户还是感觉投资过高。但是随着新型末端母线系统的出现，技术的进步，市场的不断成熟，末端母线系统将逐渐成为机房末端配电的主流方案。

第四部分　数据中心网络

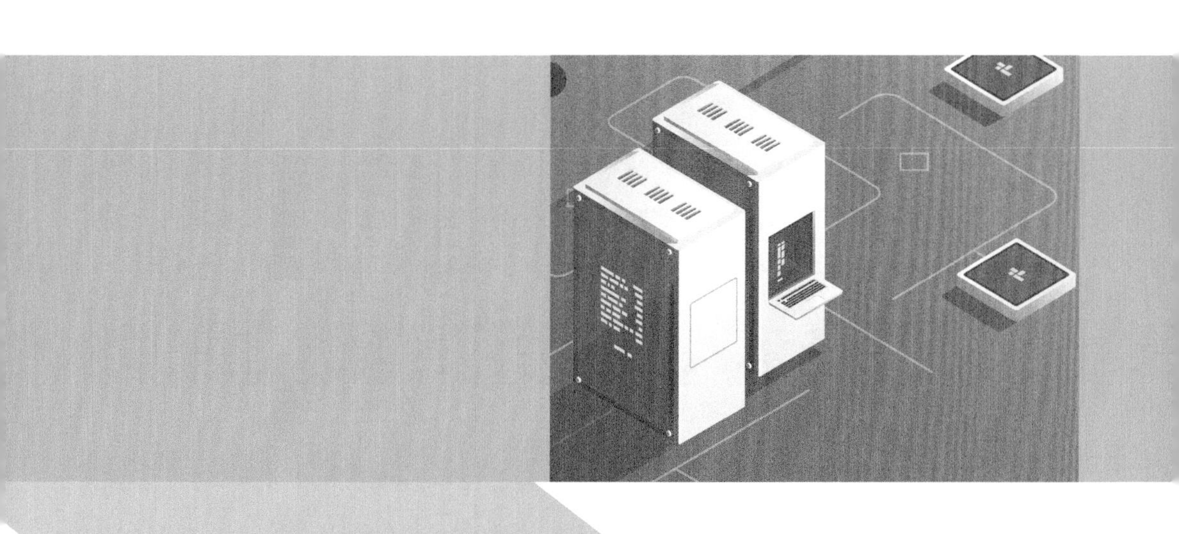

Part 4

网络是为服务器之间的流量服务的，虽然不是资金投入的重点，但它却起着疏通东西南北的重要作用。

云计算数据中心对网络提出虚拟化、自动化、灵活性、扩展性等要求，软件定义网络（SDN）技术具备控制与转发分离、集中化控制、通过标准接口开放网络能力等特征，能够满足云计算数据中心的需求，目前已被广泛应用。

在数据中心中，交换机和光模块的关系大概是1:40。未来，为了降低成本，光模块供应商和交换机厂商逐步解耦，海量光器件的入围测试及运维管理将成为重要工作。

在数据中心中，不同类型的应用对于数据中心网络有着不同的要求。按照业务可以划分为计算网络、存储网络、前端网络，本章所论述的是这 3 个网络的合一化解决方案，并非若干年前所谓的“电信网、计算机网和有线电视网三大网络的物理合一”。

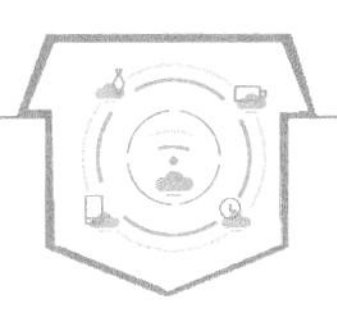

第九章　数据中心网络技术与产业

当前，国内外数据中心的建设速度明显加快，数据中心网络市场规模不断扩大；而云计算、大数据、人工智能、5G、工业互联网等新兴技术与产业对数据中心网络技术的发展也产生了深远影响。数据中心作为信息产业的基础支撑，其网络技术只有不断创新变革，才能适应新兴技术与产业对基础设施的要求，并更好地支撑上层技术与应用的创新发展。本部分以数据中心网络为研究重点，分析了数据中心网络技术与产业相关的现状和发展趋势。

9.1　引言

在新一代信息技术快速发展，并与生产生活融合不断加深的情况下，数据中心作为信息技术与产业的基础支撑，发挥着越来越重要的作用。当前，数据中心在存储、计算、网络等方面处于不断的发展与变革中，以适应技术发展与业务应用的需求。随着云计算、大数据、人工智能的发展，用户对于算力的要求不断加大，分布式计算架构在显著提升数据中心计算协同能力的同时，在数据中心内部形成了巨大的网络流量。近年来，数据中心行业整合不断深入，大型、超大型数据中心的建设数量不断增多，数据中心单体规模不断扩大，用户对数据中心网络可管可控的需求也在不断提高。因此在当前业务应用、技术以及网络管理等方面，对数据中心网络提出了更高的要求。本部分首先从两个维度对数据中心网络产业现状进行分析；然后对数据中心网络技术发展趋势做了探讨。通过对数据中心网络产业和技术等内容的分析，希望可以洞察数据中心网络产业的现状和技术发展的趋势，助力我国数据中心及数据中心网络产业更好地发展。

9.2　数据中心网络产业分析

当前，全球的数据中心仍处于快速发展阶段，国内外数据中心网络市场的规模持续扩大，数据中心网络技术与产业的具体特点如下所述。

1. 全球的数据中心网络市场的规模持续扩大，以太网交换机市场规模占比最大

受全球数字经济持续快速增长，数据中心IT基础设施现代化进程不断加速，公有云市场稳步扩大等多方面影响，2018年全球的数据中心网络市场非常火爆，其产业规模较2017年增长13.6%，达到186亿美元。据IDC预测，2018—2023年数据中心网络市场增长将回归正常水平，复合年均增长率为6.2%。在由以太网交换机、光纤通道交换机、无限带宽交换机、SDN控制器软件等组成的数据中心网络市场中，以太网交换机凭借其超过50%的市场份额，市场规模占比最大。

2. 新兴技术与产业快速发展，促使数据中心流量急剧增加，对数据中心网络技术、架构与产品产生较大的影响

云计算、大数据、人工智能、物联网等信息技术与产业飞速发展，数据中心作为信息产业的基础支撑发挥着越来越重要的作用，以上新兴技术与产业对数据中心网络的发展影响较大，具体体现在以下几个方面。

超大型数据中心为网络发展带来巨大的挑战与机遇。超大型数据中心的数量与占比如图9-1所示，全球超大型数据中心的发展速度较快，其数量及占比不断提高。大型、超大型数据中心内部网络更加复杂，其在网络架构、可管可控等方面的要求更高，推动着数据中心网络技术与产业的变革。

全球的数据中心流量增长不断加快，数据中心的内部流量占比较大，人工智能、大数据等业务流量也在快速提升。数据中心网络流量按照目的地可以划分为数据中心内部流量、不同数据中心间流量、数据中心到用户的流量。根据思科全球云指数预测，到2021年，全球的数据中心流量年复合增长率为25%，数据中心流量将达到20.6ZB。数据中心流量按目的地划分的流量占比如图9-2所示。其中，由数据中心内部流量和数据中心间流量组成的数据中心东西流量占比将超过85%。同时，大数据业务将占据数据中心总流量的20%。数据中心总流量的快速增长、东西流量占比的提升、云计算和大数据等业务对网络带宽时延的要求，使数据中心内部网络、数据中心间互联网络发展面临新的

挑战与机遇，指引着当前网络技术与产业的创新和发展。

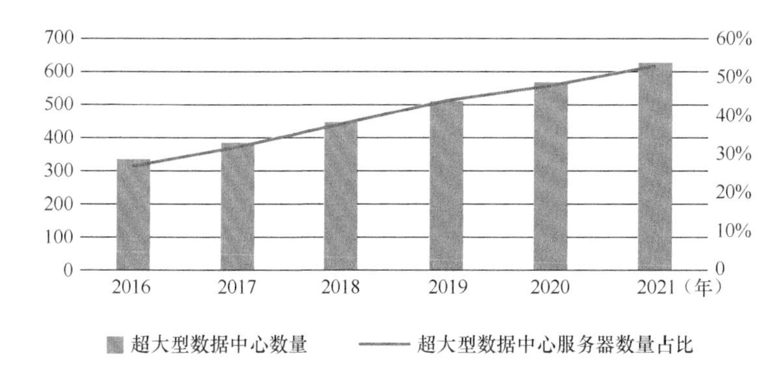

数据来源：《思科全球云索引》（2016—2021 年）

图 9-1 超大型数据中心的数量与占比

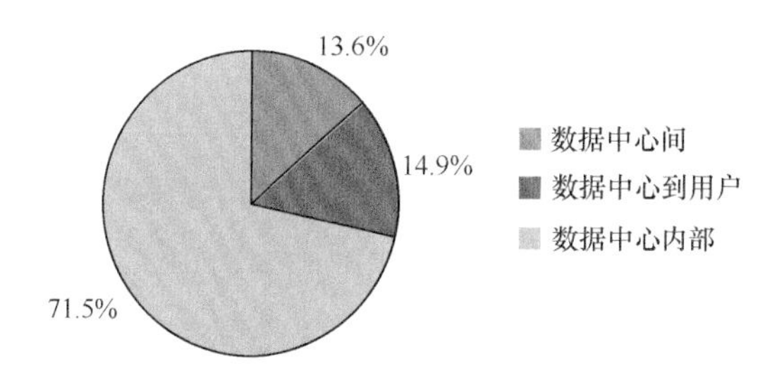

数据来源：《思科全球云索引》（2016—2021 年）

图 9-2 数据中心流量按目的地划分的流量占比

我国数据中心网络市场规模稳步提升，数据中心网络设备增长空间仍然较大。IDC 报告显示，2018 年我国网络市场规模为 83.5 亿美元，同比增长 16.4%。其中，公有云数据中心网络设备市场规模约为 7.0 亿美元，私有云市场规模约为 3.7 亿美元。与 2017 年相比，2018 年我国交换机市场同比增长 18.5%，且增长主要来自数据中心交换机市场。同时，我国数据中心交换机市场规模占比为 41.4%，而全球占比为 44.4%。目前，我国数据中心网络设备仍具备一定的增长空间。

9.3 数据中心网络技术分析

目前，数据中心网络技术已经成为数据中心领域创新的热点技术之一，其技术创新可以归纳为以下几个方面。

1. SDN和NFV成为网络体系架构变革的核心技术

SDN开启了软件定义网络新时代，网络功能虚拟化（Network Functions Virtualization，NFV）开启了软硬件解耦新时代。SDN和NFV是相辅相成、优势互补的两大关键技术，二者深度融合共同构成新型的数据中心网络。NFV是网元，功能灵活，包括对数据中心内的网络单元防火墙设备的虚拟化、负载均衡设备的虚拟化或网络地址转换（Network Address Translation，NAT）、虚拟专用网络（Virtual Private Networks，VPN）等设备的虚拟化。SDN作为网络管理的新技术，负责高效连接各网元节点，实现网络灵活开通和自动调整的功能。我国企业紧抓SDN发展机遇，在国内SDN软件市场，华为、新华三、中兴通讯等公司占据超过60%的市场份额。

2. 白盒交换机和开源网络操作系统将成为数据中心网络设备发展新方向

近年来，用户自研网络设备已经成为数据中心网络技术与设备研发的重要组成之一，自研的主要目的是解决互联网业务应用多变的需求与技术响应速度之间的矛盾。在国外，亚马逊、谷歌、Facebook等互联网公司均在进行网络设备研究，公开资料显示，相关设备已经大规模部署于各个公司的数据中心，2018年，北美地区白盒交换机部署量已经达到20%。微软牵头开源的Sonic是网络OS技术领域的先行者之一，在全球有很多的追随者。在国内，目前，百度、腾讯、阿里等互联网公司也在积极进行白盒网络设备的开发，部分公司已经开始规模化部署和应用自研交换机网络设备。随着白盒交换机和开源网络OS的进一步发展，国内外相关用户有可能成为数据中心网络设备制造的新势力，将会给网络设备研发制造产业带来深远的影响。

3. 可编程网络继续深入发展，数据中心网络可管可控逐步实现

可编程芯片是网络设备革新的另一个重要方向。随着业务优化、故障诊断、低功耗、低时延和需求响应及时性等网络需求的提出，交换芯片正在经历一场革命。传统芯片一方面需要支持各种不同的协议类型，另一方面存在大量迭代发展的冗余设计，无法及时响应数据中心日益增加的协议、隧道化技术要求，以及部分运维监控需求，此外，传统芯片处理流程固定、表项大小

固定，不适合需要灵活处理特性的一些实际场景。近年来，随着相关厂商在可编程交换芯片方面的发展，使数据平面的可编程成为可能，也使可编程网络得到更进一步地发展。可编程交换芯片将使用户可以更加深入地研究和控制网络的底层，将在增强网络灵活性、验证与部署新协议、将分布式计算部分迁移到交换机等方面发挥较好的作用。在商业方面，行业内支持可编程芯片的公司包括 Barefoot、Cavium 以及 Broadcom 等。2019 年 6 月，英特尔收购了 Barefoot。博通公司也于当月宣布向客户提供 7nm 可编程网络交换芯片，以巩固其在交换机芯片的市场地位。随着可编程交换芯片的进一步发展，预期其将对网络技术与产业发展产生深远影响。

4. 数据中心光互联技术进一步发展，400Gbit/s 量产提速，下一代数据中心大带宽技术研发已经展开

随着国内数据中心建设和改造步伐的持续推进，数据中心光模块市场规模不断扩大。数据中心光互联技术经历了“10Gbit/s → 40Gbit/s → 100Gbit/s”的变迁。当前，400Gbit/s 光模块研发速度明显加快，小批量生产、试用等工作已经开始，规模化部署逐渐临近。2019 年，中国信通院、百度、阿里、腾讯、中国移动、中国电信、华为、思科、迈络思等国内外企业在 ODCC 成立项目组，开展下一代数据中心光互联技术的研究。该项目组作为主要贡献者在 IEEE802.3 获得全球 33 家公司的支持，完成“800Gbit/s+ 关键技术：多模单波 100Gbit/s Study Group”的立项。而且项目组代表中国输出的下一代 800Gbit/s 互联调研成果被 IEEE802.3BWAII 官方采纳，为我国未来 800Gbit/s 时代进一步提升标准影响力提供了重要的铺垫与支撑。

9.4 数据中心网络发展分析

在数据中心网络的发展过程中，受承载业务需求和计算、存储等相关技术的影响较大，以上因素是驱动数据中心网络变革的重要动力。因此在分析数据中心网络发展趋势时，应当对数据中心网络所面临的需求和挑战进行分析。

从数据中心建设的角度分析，当前大型、超大型数据中心建设不断加快，总体规模占比不断提升。随着大型、超大型数据中心的建设，单体数据中心网络建设规模也在不断扩大，对大规模网络设备的管理和流量的监控，以及对网络成本的控制等成为数据中心网络发展需要面对的问题。同时，数据中心上层技术和承载业务也在发生着深刻的变革。当前，计算虚拟化、软件定义存储等上层技术不断发展，计算、存储等方面逐步具备可靠性强、弹性可扩展等特性。而随着计算、存储等技术的发展，不但需要配套网络的建设，而且在数据中心网络内部传递着更多的流量。由此可知，在上层业务方面，在线数据密集业务、深度学习训练等本身就需要极大的算力且业务变化较大，多设备协同计算、快速响应需求成为必然。因此在当前数据中心的发展过程中，面临大规模设备的监控和管理、网络流量激增、业务需求快速变化和建设成本高等方面的问题。

针对上述问题，当前数据中心技术做出相应改进。在增强数据中心网络可管可控能力方面，包括上文提到的 SDN、NVF、白盒交换机、可编程网络芯片等技术不断深入发展；在提高数据中心网络质量方面，无损网络、光模块等技术在构建大带宽、低时延、无丢包的数据中心网络上不断努力；在快速响应业务需求和降低建设成本方面，谷歌、微软、Facebook、阿里巴巴等国内外互联网公司对网络设备的自研工作不断深入。

未来，5G 加速部署、工业互联网快速发展、物联网深入应用等都将在业务和网络流量等方面给数据中心带来全新的、更大的挑战。因此进一步提高网络可管可控能力和网络质量将是网络技术研发的重点方向。

第十章 云计算数据中心 SDN 组网方案

云计算数据中心对网络提出虚拟化、自动化、灵活性、扩展性等要求，SDN 技术具备控制与转发分离、集中化控制、通过标准接口开放网络能力等特征，能够匹配云计算数据中心的需求，目前已被广泛应用。云计算数据中心的资源形态包含虚拟机、裸机以及容器等，为满足不同形态资源网络的统一管理，SDN 组网方案包含硬件方案、软件方案和混合方案三大类。本章将对三类 SDN 组网方案进行论述和分析，介绍其部署条件、适用场景和基本原理，并结合实践情况对各类方案进行小结和讨论，给出具体的使用建议。

10.1 引言

10.1.1 云数据中心网络需求

云计算、大数据技术的不断发展促使 IT 系统云化速度加快，工业互联网、物联网等垂直行业应用发展促使数据中心成为重要的基础设施资源，5G 技术发展和商用化的推广进一步使数据中心行业呈现爆发式增长。云服务时代要求数据中心云化，即把数据中心各类实体资源，例如，服务器、网络、存储等予以抽象、转换后呈现给用户，便于用户更灵活高效地使用资源。为保证资源提供的便捷性和高效性，云计算数据中心对网络提出了新的要求。

云服务要求面向更多用户提供灵活的云数据中心能力。其中，虚拟网络的需求最为迫切，虚拟网络要求网络资源包含端口、子网、路由器、外部网络等网络元素叠加在物理网络架构上，以逻辑实体的形态对外呈现，虚拟网络应以租户为单位，租户之间相互隔离、互不干扰。云计算数据中心要求网络配置自动化，传统手工配置的方式维护成本高、效率低，无法满足业务实时性网络配置的要求。网络自动化部署可以显著提升业务上线的效率，实现快速部署业务，满足业务频繁变化的需求。云数据中心网络应具备灵活性，通过单数据中心或者多数据中心资源整合，可以实现灵活部署业务，碎片化资源共享。网络功能要求灵活组合编排，实现灵活控制端到端的流量路径。云数据中心网络应该能够支撑大型或超大型数据中心规模，支撑大量用户批量操作网络配置，具有一定的扩展能力。

虽然传统网络技术（例如，增强二层技术等）能够满足二层网络、广播风暴抑制等传统数据中心的网络要求，但是无法适应云数据中心提出的网络虚拟化、自动化、灵活性、扩展性等新要求，云数据中心的网络架构和网络方案亟待演进和升级。

10.1.2 SDN 云数据中心网络架构

基于 SDN 的云数据中心网络方案融合了软件定义网络的思想，具备控制和转发分离、控制面集中、网络能力开放等特点。基于 SDN 的云数据中心网络包含编排层、控制层、转发层 3 层架构。编排层包括应用层和协同层。其中，应用层包含各类网络应用，将网络功能（例如，网络的编排、调度和智能分析等）以服务的形式对外提供；协同层可抽象计算、存储和网络资源，向上支撑应用层，向下对接控制层下发应用层的资源申请和调用命令。控制层实现抽象网络和物理网络的映射，将资源申请和能力调用的命令转化为物理网络可执行的流量转发策略，最终下发给转发层。转发层作为最终的执行层，依据控制层下发流量转发策略进行转发。基于 SDN 的云数据中心网络方案能够满足虚拟化、自动化、灵活性和扩展性等要求，符合云数据中心网络的发展趋势。

SDN 云数据中心依托于重叠网技术提供虚拟专用云（Virtual Private Cloud，VPC）虚拟化网络能力。重叠网的核心思想是利用隧道封装协议在底层网络上构建虚拟网络，底层网络负责提供转发通道，虚拟网络作为业务网络对外呈现。虚拟网络和物理网络分层解耦、虚拟网络按需部署业务；物理网络一次性配置完成后不再变化。常用的隧道封装协议包含 VXLAN、Geneve、NVGRE 等。

SDN 云数据中心利用编排层和控制层实现网络配置的自动化。网络模型抽象为路由器、网络、子网、虚拟防火墙、虚拟负载均衡器等通用网络实例，编排层将业务网络模型编排为网络实例组合，控制器通过北向接口接受编排层信息，并通过南向接口把编排层信息下发给网络设备。

SDN 云数据中心虚拟网络和物理网络分层解耦，体现了虚拟网络的灵活性。虚拟网络拓扑可通过编排层进行灵活配置，各类网络实例可灵活组合编排。凭借物理网络的连通性，虚拟网络可跨局址部署，体现了部署的灵活性，实现资源共享。

云数据中心物理网络采用 Spine-Leaf（脊—叶）架构，通过 Leaf 节点扩容可以获得更多的接入端口和接入容量，通过 Spine 节点扩容可以实现更大的网络带宽。虚拟网络通过编配层、控制层集群配置可以实现大批量用户的并发网络配置操作和网络配置的批量下发。

虚拟网络和物理网络示意如图 10-1 所示。

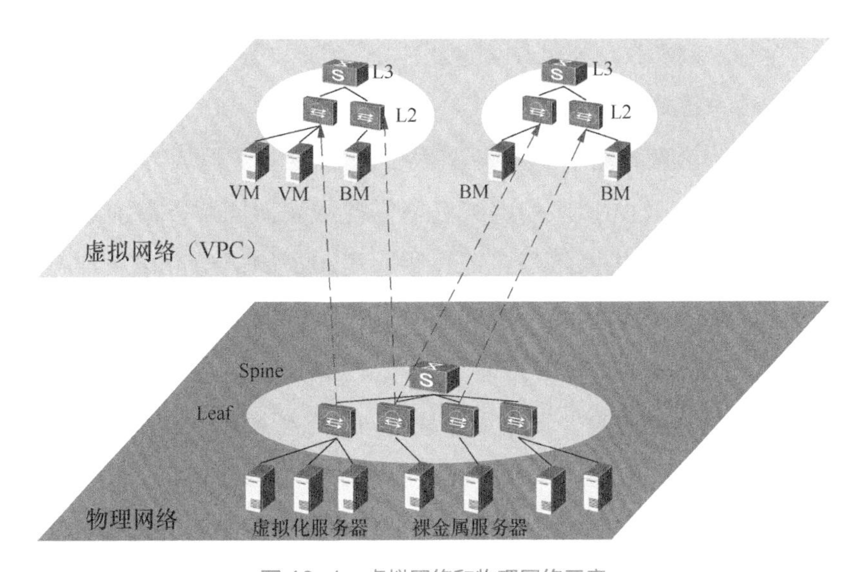

图 10-1　虚拟网络和物理网络示意

10.2　SDN 组网方案

云计算数据中心可提供多样化的计算资源类型，包括虚拟机、裸金属服务器以及容器等，网络方案需要兼顾多种资源类型的统一管理。结合 SDN 实现方式以及按照 SDN 网络设备形态，云数据中心 SDN 网络方案可以分为硬件方案、软件方案和混合方案三大类。

10.2.1 硬件方案

云数据中心 SDN 硬件方案又称为硬件重叠网方案，SDN 硬件方案包含云平台、SDN 控制器以及 SDN 硬件交换机等软硬件设备。其中，SDN 硬件交换机设备为重叠网接入设备（VxLAN Tunnel End Point，VTEP），硬件交换机和硬件交换机之间通过隧道方式建立重叠网络，引入 MP-BGP EVPN 控制面来传递路由信息，进而实现控制和转发分离。EVPN 协议是扩展的边界网关协议（Border Gateway Protocol，BGP），该协议定义了几类 BGP EVPN 路由，并通过在网络中发布路由实现 VTEP 自动发现和主机学习。常用的 3 类 BGP EVPN 路由包括 Type2 路由、Type3 路由和 Type5 路由：Type2 路由用来通告主机 MAC 地址、主机 ARP，并根据主机 ARP 信息生成主机路由信息；Type3 路由用于 VTEP 自动发现和重叠网隧道的动态建立；Type5 路由用于通过引入的外部路由或主机路由信息。

SDN 硬件方案可充分利用硬件设备保证性能，但该方案对服务器内转发流量缺乏控制，虚拟机的网络管理主要依赖协同层。协同层通过管理虚拟交换机实现虚拟机网络的管理；协同层和控制层通过交互实现虚拟机网络和逻辑网络的映射。由于协同层对虚拟机的网络管理较为简单，虚拟交换机支持二层 VLAN 网络，硬件接入交换机通过 VLAN 标识实现虚拟机网络和逻辑网络的映射，三层互通流量均上送硬件接入交换机从而实现转发功能。

SDN 硬件方案硬件设备强关联，一般应用于对网络吞吐量和时延要求较高的场景，且由于其对虚拟层依赖较少，适用于第三方虚拟化层的异构接入。SDN 硬件方案示意如图 10-2 所示。

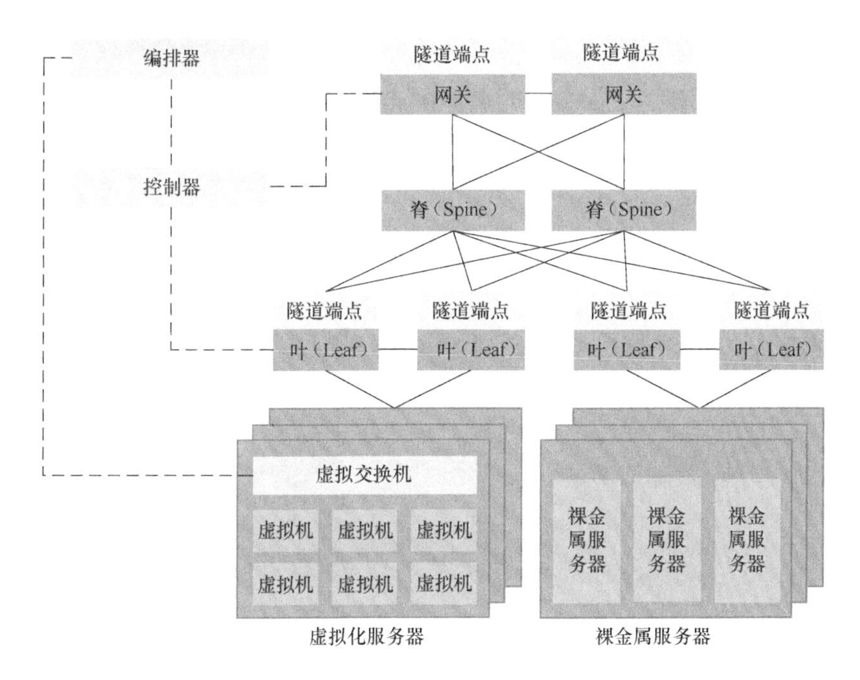

图 10-2 SDN 硬件方案示意

10.2.2 软件方案

云数据中心 SDN 软件方案又称为主机重叠网方案，SDN 软件方案包含云平台、SDN 控制器以及虚拟交换机等软件设备。其中，虚拟交换机为重叠网接入设备，虚拟交换机和虚拟交换机之间通过隧道方式建立重叠网络。软件方案不依赖硬件设备，物理交换机负责服务器之间的二层或三层联通，对于虚拟机之间的流量不直接感知。

软件方案中所有网络功能基于软件实现，具备灵活性的同时实现方式并不统一，方案封闭，具备私有性。软件方案和硬件设备天然解耦，基于 x86 服务器搭建软件功能网元可平滑升级支持 SDN，无须升级或者更换现有硬件设备。软件方案对裸金属服务器网络资源的纳管并不友好，具体原因在于软件方案依赖虚拟交换机的存在，对于裸金属服务器这类以物理服务器整机对外提供服务的资源，需要特殊配置（例如，修改主机操作系统安装特定插件或配置特殊的物理网卡安装虚拟化操作系统等）实现网络纳管，整体方案具有一定复杂性。

SDN 软件方案和硬件天然解耦，更多适用于较为纯粹的提供虚拟机服务的云计算场景，且依靠扩容服务器可实现规模的横向扩展。但由于软件转发能力受限于服务器整机的性能，SDN 软件方案存在纵向扩展的性能瓶颈。SDN 软件方案示意如图 10-3 所示。

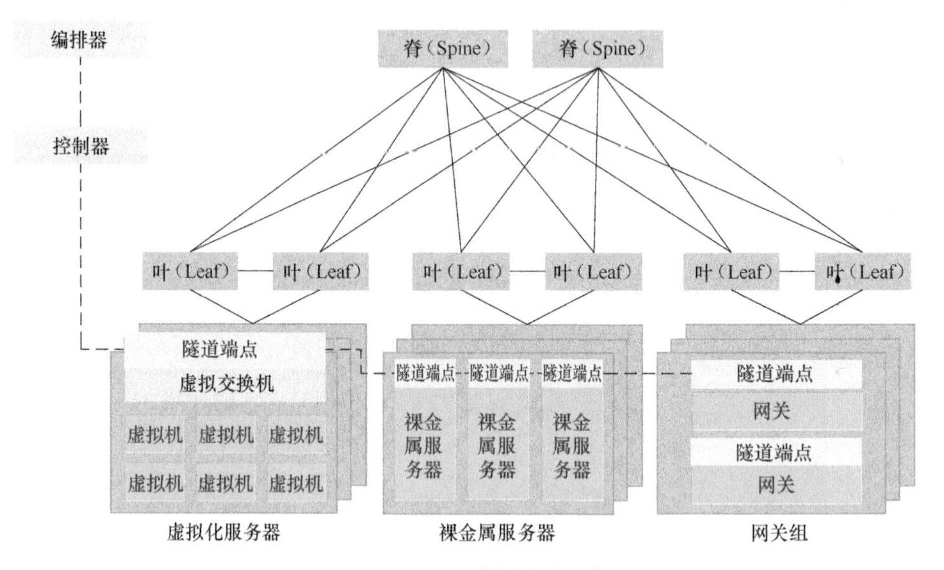

图 10-3　SDN 软件方案示意

10.2.3　混合方案

云数据中心 SDN 混合方案是硬件方案和软件方案的天然融合。混合方案包括云平台、SDN 控制器以及 SDN 硬件交换机和虚拟交换机等软硬件设备，通过灵活设置重叠网接入点，实现虚拟机、裸金属服务器等各类资源的网络接入。SDN 混合方案中硬件交换机和硬件交换机、虚拟交换机和虚拟交换机以及硬件交换机和虚拟交换机之间通过隧道方式建立重叠网络形成转发面。需要说明的是，由于硬件交换机和软件交换机路由传递和表项生成的方式不一样，二者之间的路由传递需要依赖控制器来实现。混合方案对 SDN 控制器的要求较高，控制器一方面需要与 SDN 硬件交换机建立 BGP EVPN 路由连接，进行路由学习，并将学习到的路由转换为虚拟交换机的转发表项下发给虚拟交换机；另一方面控制器会将虚拟交换机侧的虚拟机主机路由通告给硬件交换机，最终实现硬件交换机和虚拟交换机二者之间的路由传递。

混合方案集合了硬件方案和软件方案的特点：一方面可通过 SDN 硬件交换机满足网络吞吐和时延要求较高的场景；另一方面通过虚拟交换机实现虚拟机的灵活接入和服务器内部流量的管理。但混合方案对方案的整体要求较高，且对硬件设备提出更高的要求，无法满足传统网络的平滑演进。SDN 混合方案示意如图 10-4 所示。

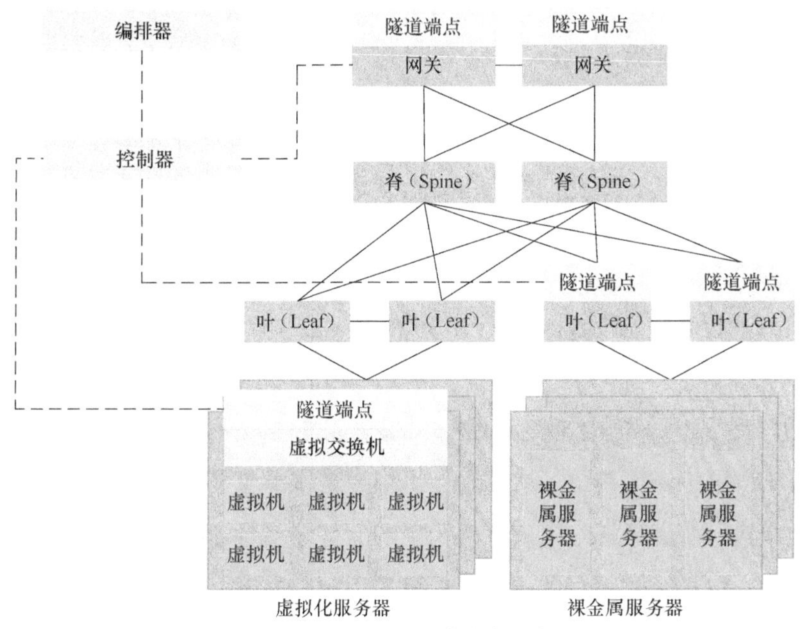

图 10-4 SDN 混合方案示意

10.2.4 方案比较

SDN 网络的几种方案比较分析见表 10-1。

表 10-1 SDN 网络的几种方案比较分析

	硬件方案	软件方案	混合方案
方案	SDN 控制硬件交换机，硬件交换机为 VTEP；裸金属服务器通过硬件交换机接入网络，虚拟机经过虚拟交换机二层透传并通过硬件交换机接入网络	SDN 控制虚拟交换机，虚拟交换机为 VTEP；虚拟机通过虚拟交换机接入网络，裸金属服务器通过智能网卡或者操作系统网络插件接入网络	SDN 控制硬件交换机和虚拟交换机，硬件交换机和虚拟交换机为 VTEP；虚拟机通过虚拟交换机接入网络，裸金属服务器通过硬件交换机接入网络

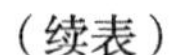
（续表）

	硬件方案	软件方案	混合方案
优点	保证网络高吞吐量和时延；适用于第三方虚拟化层异构网络接入	软硬解耦，硬件设备无须升级或改造；流量调度较灵活，横向扩展性较强	实现虚拟机和裸金属的灵活接入和网络统一纳管；深入服务器内部实现流量精准控制
缺点	全部硬件设备需要升级或改造；虚拟机接入方案网络界面不清晰	转发性能较低；对裸金属服务器的纳管能力较弱	部分硬件设备需要升级或改造；控制器要求较高，准入门槛高
运维	物理交换机的 O&M 管机制成熟，但网络界面不清晰，可能存在异构虚拟化层，网络故障定位较复杂	虚拟交换机的 O&M 管机制不够成熟；网络故障定位较复杂，无法定位硬件问题	物理交换机的 O&M 管机制成熟，虚拟交换机的 O&M 管机制不够成熟，需特别开发可实现软硬件问题的联动
场景	适用于新建网络，原有网络无法平滑升级	适用于新建或利旧网络，可平滑升级	适用于新建网络，原有网络无法平滑升级

通过表 10-1 中的比较可以看出，基于 SDN 的云数据中心的三类网络方案均存在不同的适用场景，一般来说，可根据资源纳管要求、设备支持情况以及性能需求进行合理选择：以虚拟机为主的业务场景且对性能无特殊要求可采用软件方案；以裸金属为主的业务场景可采用硬件方案；同时需要虚拟机和物理服务器的业务场景可采用混合方案灵活选择 VTEP 设备。

10.3 关键问题分析

通过三类方案的评测和商用试点论证，发现 SDN 组网方案能够实现网络服务化，即网络能力通过建立标准模型可利用统一编排层平台对外体现，编排层的流量策略信息可通过控制层下发给转发层实现流量精确控制，满足云数据中心网络要求。与此同时，本部分发现 SDN 技术应用于数据中心还存在一些需要注意和完善的地方，例如，自动化能力、稳定性和可靠性、维护和管理等，需要在后续方案演进与实践过程中进行深层的思考和讨论。

1. SDN 需进一步提升自动化能力

依托于 3 层架构，基于 SDN 的云数据中心可实现面向应用的网络自动化，

支撑业务快速上线和网络策略快速调整。受限于网络标准模型，目前针对流量重定向、非云化资源网络纳管、池外出口配置、云网协同等高级功能自动化程度不高，在支持 PaaS、SaaS、AI、大数据等部分服务上云时存在手动配置的场景。一般情况下，云平台、控制器和转发设备之间会开启一致性对账功能保证自动化配置的一致性，但手动开通和一致性对账功能存在冲突，影响了配置的自动校验。

网络自动化的程度依赖于编排层、控制层和转发层各层级的调度开发。控制层和转发层网络能力需要进一步增强，编排层能力需要进一步开放。软件方案由于其灵活性优势，网络功能繁多，自动化程度较高；硬件方案和混合方案受限于硬件设备开放能力，其自动化程度处于劣势。

2. SDN 稳定性和可靠性需要保证

伴随着更多核心业务上云，网络的健壮性要求与日俱增。SDN 组网方案需要满足稳定性和可靠性要求：一方面体现在系统容错能力需要增强，在故障场景下具备倒换机制和逃生通道，保证网络能够稳定运行；另一方面在变更和割接场景下，网络能够快速恢复，尽量不影响业务的正常运行。

对于 SDN 中引入的编排层、控制层和转发层要求，更多还体现在功能性要求上，面向稳定性和可靠性的设计要求和部署方案较为薄弱。根据现网规模运行统计（单局点超过 2000 台服务器），控制面故障成为引发全网故障的新故障点。因此，编排层和控制层的软件设计应具备可靠性，存在数据保护机制、容错机制、监测机制等；各层级之间的消息设计需保障可靠性，包括引入对账机制、并发保护机制、健康巡检机制等。而在网络部署方面，对于关键软硬件设备和链路采用冗余配置方式，实现网络快速收敛。

3. SDN 需引入维护和管理的新技术

由于 SDN 包含虚拟网络和物理网络，在不同的网络方案下，虚拟网络和物理网络解耦程度不一，软件方案中的二者解耦程度最高，硬件方案中的二者解耦程度最低。在解耦的同时，引入运维和管理的复杂度，故障场景下需要虚拟网络和物理网络两层网络联动进行故障定位，而且物理网络的 OAM 机制较为完善，重叠网络的 OAM 机制较为缺乏。

下一代 SDN 组网方案期望基于 AI 算法构建网络图谱，实现故障快速定位、根因智能分析，最终生成故障修复方案并进行评估、实施、反馈。

10.4 展望

SDN 技术带来了数据中心网络的变革，基于 SDN 的数据中心网络创新提出了网络服务化的理念，为云计算的业务形态提供了无限想象空间。依托于网络虚拟化技术，基于 SDN 的数据中心网络可以实现网络灵活高效地增删改查，使网络真正与计算和存储资源融为一体，具备无限潜力。

新技术的诞生到成熟需要经历大规模实践和应用。伴随着 SDN 数据中心网络的摸索和落地，SDN 数据中心网络暴露出自动化能力亟待加强、稳定性和可靠性不足、维护和管理技术缺失等问题，存在进一步优化和提升的空间。下一代 SDN 应结合多类网络方案部署，逐步提升网络自动化能力，满足云化业务网络需求；聚焦网络智能化，利用控制层优势，结合数据处理和分析技术，实现网络信息收集、筛选和推理，发现网络劣化趋势并提前预警，规避网络故障风险。对于已经存在的故障问题，通过根本原因分析进行故障精准定位，利用流量工程技术，实现流量精准控制和快速恢复，最终实现网络全生命周期管理的终极目标。

第十一章 大规模数据中心光模块的发展与管理

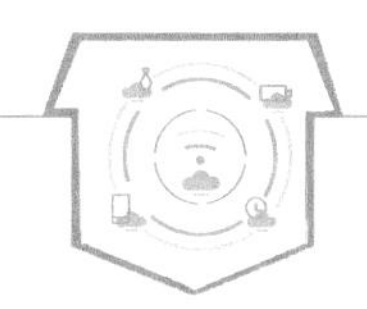

伴随着 AI、深度学习以及大数据计算业务的规模部署，互联网公司数据中心正在从 10G 网络向 25G 网络架构演进。这就意味着，在下一代数据中心中，AOC、DAC 等器件将呈几何级倍数增长。同时为了降低成本，光模块供应商和交换机厂商逐步解耦，海量光器件的入围测试及运维管理将成为重要工作。面对上述挑战，需要做好如下 3 个方面工作：第一，系统化管理不同厂商不同种类光模块；第二，故障模块报警及管理；第三，提前预测异常光模块，避免业务受损。

11.1 引言

随着大数据时代的到来，以及人工智能、虚拟 / 增强现实、物联网等新型技术的出现，数据流量呈爆发式增长，这种增长对数据中心网络架构和容量等提出了越来越高的要求。为了应对流量的增长，服务器接入带宽层面，也逐步由 10G 网络升级至 25G 网络。在网络架构层面，为了提升服务器容量，多平面网络逐步成为数据中心网络架构主流。在设备层面，为了提高稳定性和可扩展性，大型框式交换机逐步被盒式交换机“分解”。上述改变意味着 AOC、DAC 等器件将呈几何级倍数增长，对光纤和光模块的运维管理也提出了新的挑战。

11.2 数据中心的发展与挑战

11.2.1 数据中心流量发展趋势

根据思科发布的《2020 全球网络发展趋势报告》（即“2020 Global Networking Trends Report”），预测至 2021 年，全球每天流量会增加至 9EB。其中，同一数据中心流量占总流量的 72%，用户访问数据中心流量占总流量的 15%，不同数据中心之间的流量占总流量的 13%。在同一数据中心中，东西方向大带宽需求强烈。

11.2.2 光模块发展趋势

为满足大带宽需求，传统10G网络逐步升级为25G多平面CLOS网络架构，框式交换机逐步被拆成盒式交换机，光模块数量也随之增加。在数量增加的同时，交换机和光模块也逐步解耦，由光模块厂商直接供货而不再是向设备厂商采购，这样做的好处是可以在一定程度上降低成本，但会提升运维复杂度。以100G光模块为例，主要使用的类型包括100G SR4，100G CWDM4以及100G LR4，且由多家厂商供货，网络厂商和光模块厂商会存在问题界定不清晰的问题。另外，如果没有统一的管理系统，当出现批次问题时也很难发现。

数据中心以太网速率如图11-1所示，图11-1中的横轴表示服务器至交换机的速率，纵轴表示交换机至交换机的速率。现阶段数据中心服务器接入速率正从10 Gbit/s向25 Gbit/s演变，对应的交换机互联也正从40 Gbit/s向100 Gbit/s演变，下一代交换机互联速率可能会跳过200 Gbit/s直接演进到400 Gbit/s。

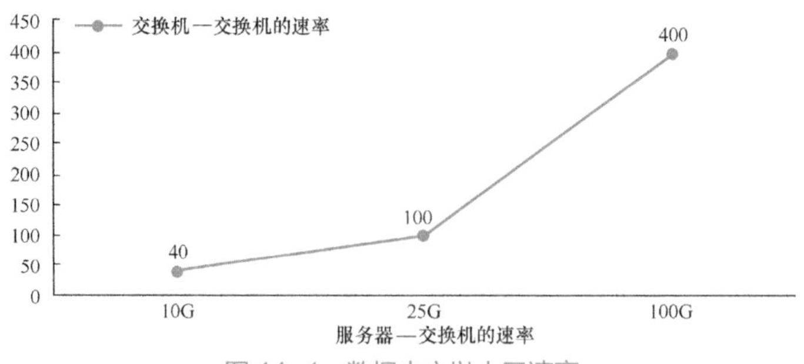

图11-1 数据中心以太网速率

根据2019年9月3日ODCC发布的“400G光模块技术白皮书”预测，预计在2020年到2021年，400G网络架构会逐步商用。400G光模块及线缆选配见表11-1。

表11-1 400G光模块及线缆选配

位置	距离（m）	可选光模块
服务器—TOR	3～5	100G SFP-DD AOC、100G DSFP AOC
TOR—LEAF	<500	400G QSFP-DD SR8、400G QSFP-DD DR4
LEAF—SPINE	500～2000	400G QSFP-DD DR4、400G QSFP-DD FR4

在不久的未来，800G 甚至是 1.6T 光模块也将出现。同时知名咨询机构 LightCounting 发布的光模块整体市场规模统计和预测显示，到 2023 年，光模块市场整体规模将达到 120 亿美元以上，相比 2018 年的 60 亿美元增长了一倍。综上所述，从技术需要和市场规模两个方面可以看出，光模块将成为运维管理中的重要一环。

11.2.3 运维面临的挑战

从 400G 和 800G 的发展趋势来看，光模块的标准繁多意味着运维复杂度的大幅提升。同时，交换机厂商和光模块的解耦，使光模块需要独立运维管理，其管理方法也需要从设备级别转为配件级别。海量光模块基本信息管理让人工运维力不从心，异常光模块的数据管理更是毫无头绪，然而机器学习算法可以从海量历史数据中学习他们的规律，进而辅助运维人员提前预测异常光模块。随着 AIOPS 技术的发展，光模块的智能运维一定会是网络运维领域的重点发展方向。

11.3 数据中心光模块管理系统

11.3.1 系统架构

光模块的系统架构如图 11-2 所示，该系统主要分为两大部分。第一部分是网络采集系统，该部分通过 ssh 和 telemtry 采集光模块的基础信息，包括光模块位置、生产日期、光模块厂商部件编码、序列号、厂商及类型、收发光功率、温度、电压以及电流等基本信息。采集上来的数据经过格式化后存入数据库。第二部分是监控系统，该部分主要完成的是展现和告警。当运维工程师查询光模块收发光信息时，不再是独立展示，系统会根据 lldp（网络中的一种邻居发现协议）信息将对端光模块收发光信息一并呈现，方便运维工程师对整条链路进行监控而不再是单点监控。

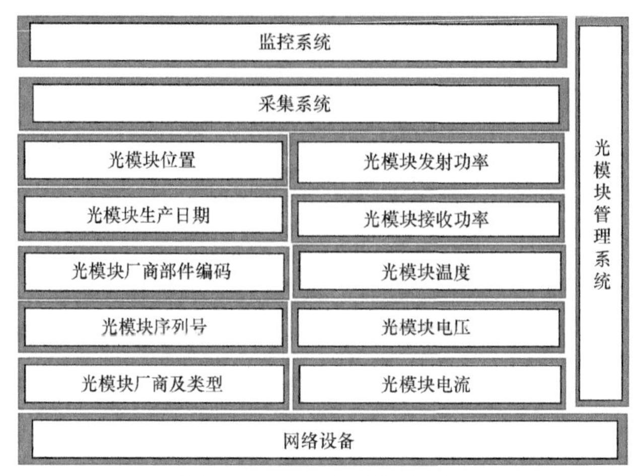

图 11-2　光模块的系统架构

11.3.2　数据监控及异常告警

常规网络监控是单点监控，即单一设备为单一监控项。为了更有效地观察光模块收发光功率，运维人员需要观察的是一组收发，即本端和对端需要同时展示，因此我们对常规监控方法进行了优化。我们为每台交换机构建了“端口邻居”数据库，并以“http api”的形式为上层应用提供服务。lldp 数据库如图 11-3 所示，“lldplocalportname”及“lldplocalsysname”定义了本端交换机名称及端口，“lldpremoteportname”及“lldpremotesysname”定义了远端交换机名称及端口。


```
- {
      _id: 1716935,
      _type: 46,
      ci_type: "lldp",
      ci_type_alias: "网络拓扑信息",
      heartbeat: "2020-02-17 00:00:00",
      lldpcity: "深圳",
      lldpindex: "NX-ZWYC-M1F203-G05-HW12816-C-INT-01::100GE1/0/4",
      lldplocalportname: "100GE1/0/4",
      lldplocalsysname: "NX-ZWYC-M1F203-G05-HW12816-C-INT-01",
      lldpremoteportname: "100GE1/0/33",
      lldpremotesysname: "NX-ZWYC-M1F203-A02-HW8850-D-INT-05"
  },
```


图 11-3　lldp 数据库

当运维人员查看本端光模块收发光信息时，系统会通过 lldp 数据库查询到对端信息，并同时展示，收发光监控如图 11-4 所示。根据光模块收发光曲线运维工程师可以很直观地进行观察。

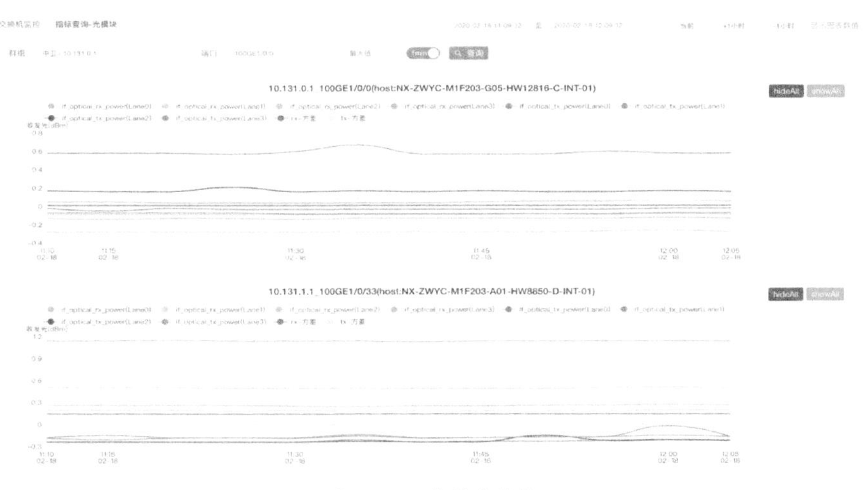

图 11-4 收发光监控

异常告警方面，在 25G 网络架构中，最常用的是 100G SR4 和 CWDM4 两种类型模块。100G 光模块的收发光流程如图 11-5 所示。发光流程、电信号先经过 CDR 进行相位锁定，Driver 将差分电压信号转换为调制电流，以实现数字信号转换为模拟信号。其中，LD 为发光器件；MPD 是监控器件，其主要作用是上报光模块的发光功率至 EEPROM。收光流程：光信号先经过 PD 器件将光信号转换为电流信号。其中，TIA 是初级放大，将电流转换成电压，再经 LA 器件进一步放大，最后经过 CDR 锁相环进入网络设备中。

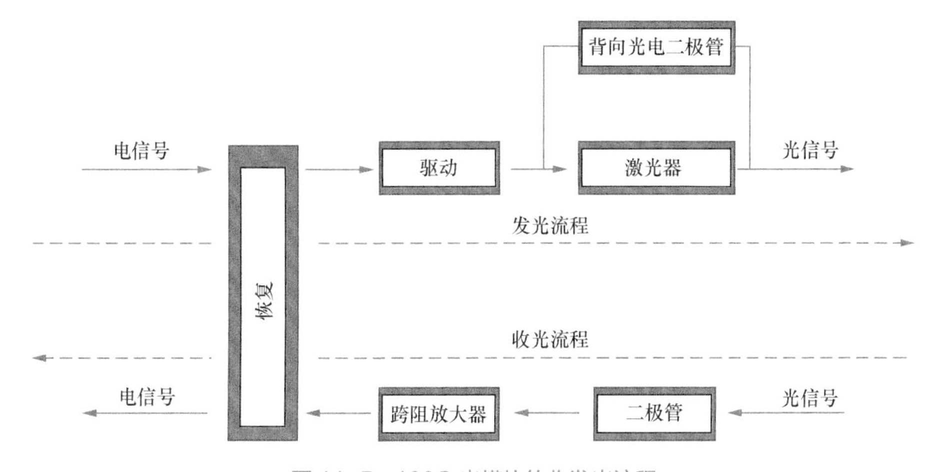

图 11-5 100G 光模块的收发光流程

由于成本问题，一些光模块并没有 MPD 器件，而是依靠电流拟合完成的，这就造成光模块的发光数据不准确。为规避这种问题，我们只对收光功率进行异常监控。100G SR4 的收光上下限为 -14dBm～-3.4dBm，CWDM4 的收光上下限为 -14dBm～-5.5dBm，根据实际运维经验，当两种模块收光低于 -13 dBm 或者高于 3dBm 时，都会出现频繁抖动的情况，因此我们将告警阈值设为最低 -13dBm，最高 3dBm，当超出这个范围，系统将会告警。饼图记录了不同厂商的故障占比，柱状图记录了某个厂商某种光模块的异常数量，表格记录了故障光模块的具体位置和故障时间。

11.4 数据中心光模块预测系统

11.4.1 常见故障分析

业界比较流行的 25G 网络架构主要分为 Spine 层、Leaf 层以及 Tor 层。在实际运维中，我们总结了具体的端口故障，端口故障小结见表 11-2。

表 11-2 端口故障小结

序号	故障现象	严重级别	能否自愈
1	端口闪断，秒级恢复	低	√
2	端口反复抖动	高	×
3	端口异常	高	×

在表 11-2 中，第一种故障现象为“端口闪断，秒级恢复”。此类故障可以通过网络协议层面进行优化以实现自愈，对业务的影响可忽略不计。

第二种故障现象为“端口反复抖动”。反复抖动一般是指端口 10min 内超过 3 次“up/down（上 / 下）”的情况，此类故障无法通过优化协议来实现自愈，严重时会引起丢包，通常是因为端口光模块发光或收光异常导致。

第三种故障场景为“端口异常”。此类故障通常是 crc（即循环冗余校验）增长较多导致。网络中如果 crc 增长较大将引起丢包和端口异常，可以通过更换端口光模块解决。

综上所述，第二种和第三种是难以自愈的故障，且与光模块有关。为解决此类问题，美团的网络团队探索了一种光模块预测方法，该方法通过对交换机日志和光模块数据进行分析，预判出哪些端口的光模块存在异常风险，在出现故障前进行更换，防患于未然，从而提高网络的稳定性。

11.4.2 光模块预测原理及实现

我们先来讨论“端口反复抖动”的现象。IEEE802.3ba-2010 中制订了 100G 以太网物理层接口规范。以太网物理层接口规范如图 11-6 所示，在图 11-6 中可以看出，除去 MAC 层，自上而下还包含 RS 层、PCS 层、FEC 层（可选）、PMA 层、PMD 子层和 AN 层（可选）6 个子层。这 6 个子层对应到 OSI 参考模型。

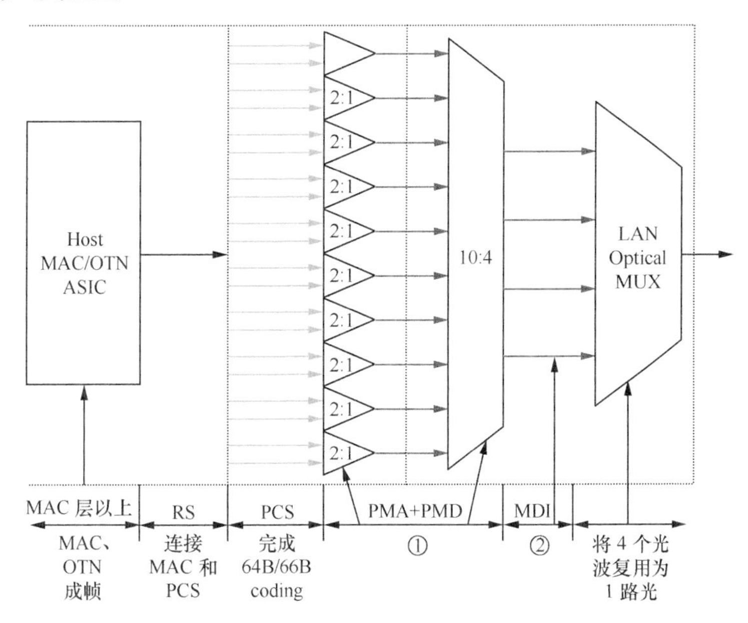

图 11-6 以太网物理层接口规范

这里我们主要讨论 RS 层，该层位于 MAC 层和 PCS 子层之间。IEEE802.3ba 中定义本端故障 / 远端故障（Local Fault/Remote Fault，LF/RF），就是位于以太网 PHY 层中的 RS 子层。即当 RS 层发出 LF/RF 告警时，对应的物理层将出现异常，相应的光模块就有可能处于亚健康状态，有一定概率导致端口反复抖动。研究故障模块我们发现，亚健康状态下的光模块 4 通道收光会相差很大，健康状态下的光模块则相差不大。为了量化这种偏差程度，我们通过方差进行评估。通过机器学习的分类算法 SVM，我们发现最大值和最小值相差不小于 2.5dBm，其余两个通道与最小值接近，具体计算方法如下。

假设 channel 为最小收光通道，记为 x，channel2 为最大收光通道，记为 $x+2.5$，channel3 = channel4 = x

平均值 $u=\frac{\text{channel+channel2+channel3+channel4}}{4}=\frac{x+x+2.5+x+x}{4}=x+0.625$

则方差 $s^2=\frac{\sum_{i=0}^{n}(x_i-u)^2}{N}=1.17$

综上所述，如果当出现 LF 或者 RF 时，方差大于 1.17，则有可能会出现反复抖动的情况。结合本部分 1.3 定义的告警阈值，光模块故障预测流程如图 11-7 所示。

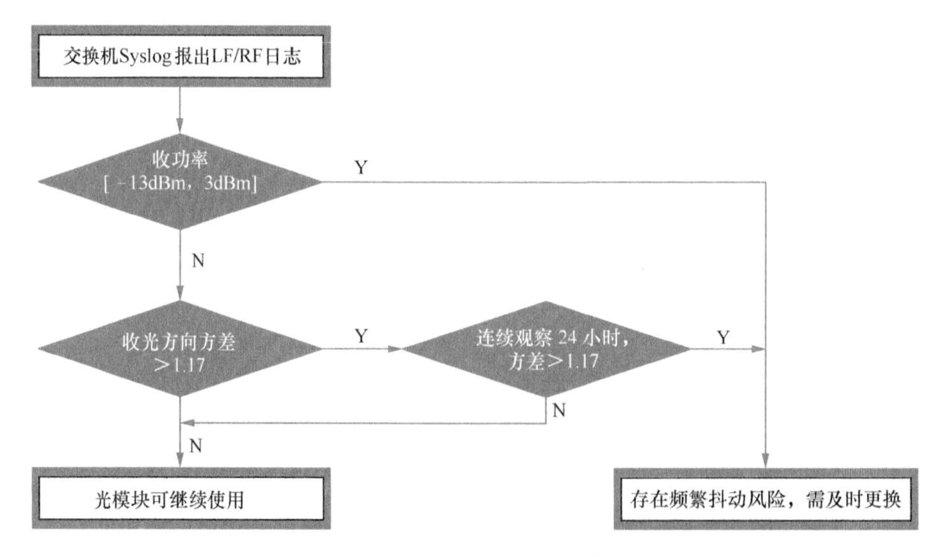

图 11-7 光模块故障预测流程

国内部分交换机厂商已经可以将 LF/RF 上报至 syslog，预测系统接收到 LF/RF 日志后会查询收光功率是否在 -13dBm～3dBm，如果超过此范围，系统则会告警；如果光功率在正常范围内，则判断收光方差是否大于 1.17，如果大于 1.17，则连续观察 24 小时，如果方差恢复至 1.17 以下，则模块可继续

使用，否则系统发出告警。该预测方法已在美团的网络中进行了灰度测试，预测准确率为 76%，端口反复抖动的情况由 29 次 / 天下降至 4 次 / 天，下降率达 86%。

我们继续讨论“端口异常”的现象。此类故障主要是由于 crc 缓慢积累，这就需要预测系统可以快速感知 crc 变化。国内部分交换机厂商可以将 crc 增长数以 syslog 的方式上报，预测系统只要捕捉到该日志就可以进行预判，提示运维工程师进行光模块更换。通过该方法我们将“端口异常”的故障基本降为零。

上述的两种预测方法均是在特定事件发生的基础上进行的预判，很大程度上降低了对健康光模块误判的概率，同时有 syslog 日志也利于故障判定，方便运维工程师和光模块厂商共同排查问题的根因。

11.5 结语及展望

本部分提出了利用系统思维对光模块进行统一管理，包括光模块位置、生产日期、光模块厂商部件编码、序列号、厂商及类型、收发光功率、温度、电压以及电流等基本信息。同时结合交换机日志和数据分析，进一步预测光模块的健康程度。该系统将传统的“故障发生，快速处理”变为“预测先知，游刃有余”，真正做到防患于未然。

伴随着美团 AI、深度学习以及大数据计算业务的发展，100G/400G 多平面网络架构也将逐步到来，400G 光模块将逐步替代 100G 光模块成为主要模块器件，预计业界 800G 模块标准也会很快提出，本部分未涉及的传输光模块也需要加以重视，后续还要深入研究。同时，大规模数据中心对网络的要求也越发苛刻，低时延、高带宽逐步成为标配，监控颗粒度越发精细，网络可视化需求越发强烈，传统的运维方法已无法高质量维护 10 万台以上服务器规模的网络。自动化系统和机器学习结合的新型运维方法无疑是网络运维发展的必然趋势，将会受到越来越多的青睐。

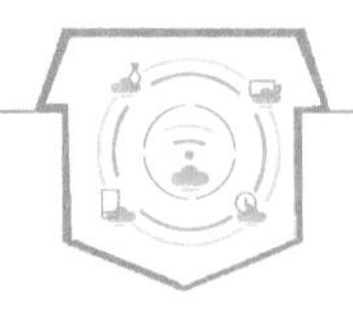

第十二章　三网合一

12.1　引言

数据中心上层承载业务的发展带来网络流量的变化，引起新型技术的研发，从而加速数据中心网络架构与技术的演进。近年来，随着云计算、大数据、人工智能的兴起，降低数据中心内部网络时延，提高处理效率是业界研究的热点。远程直接内存访问（Remote Direct Memory Access，RDMA）技术的出现为新兴业务的高效应用提供了新的可能。RDMA 允许用户态的应用程序直接读取和写入远程内存，无须中央处理器（Central Processing Unit，CPU）介入多次拷贝内存，并可绕过内核直接向网卡写数据，实现了高吞吐量、超低时延和低 CPU 开销的效果。但是 RDMA 作为新技术，如何更好地与现有以太网络相结合，具有很大的挑战，即基于融合以太网的 RDMA（RDMA over Converged Ethernet，RoCE）。

在新兴业务的驱动下，RDMA 等技术在数据中心内部流量交换方面进行改进与创新。而在改进与创新的同时，其对数据中心网络变化产生了重大的影响。为了应对新业务对网络的需求、新技术对网络的影响，需要网络在新协议、新架构、新设备形态、新技术等方面进行创新。

三网合一是一种新型的网络解决方案，可以较好地适配 RDMA 等新技术对于网络的需求，同时可以将数据中心原本存在的多种网络方案整合为一体。在加快数据中心网络建设、减轻数据中心网络运维、降低数据中心网络总体拥有成本方面具有明显的优势。本部分研究内容包括数据中心三网合一理念、三网合一应用存在的挑战、三网合一的关键技术等。与此同时，本部分还对下一代 RDMA 协议进行了探讨。

12.2 数据中心三网合一理念

12.2.1 数据中心三网合一的发展历史

在数据中心中，不同类型的应用对于数据中心网络有着不同的要求，从业务角度，一般划分为计算网络、存储网络和前端网络。数据中心传统业务网络如图 12-1 所示。

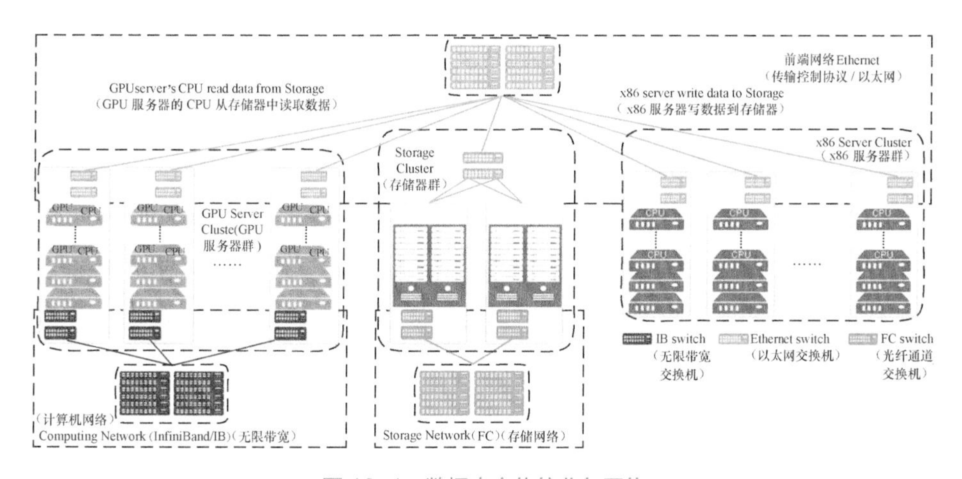

图 12-1 数据中心传统业务网络

前端网络是指数据中心网络（Data Center Network，DCN）与外部用户终端对接的网络，也可称为互联网络或应用网络，通常采用传输控制协议（Transmission Control Protocol，TCP）。因为 IP/ 以太网络技术成本低、扩展性好，易于维护等原因，所以其一直以来都是前端网络的主流技术。

存储网络一直在追求大带宽、高吞吐以充分发挥存储盘和 CPU 的效率。20 世纪 90 年代末采用光纤通道（Fiber Channel，FC）技术，FC 技术相对于同时期的以太网而言，具有更高的速率。然而，随着以太网技术的发展，其逐渐成为网络应用的主流技术，且速率越来越快，最终以太网的技术优于 FC 技术。随后，业界也出现了以太光纤网络（Fiber Channel over Ethernet，FCoE）。其通过以太网封装光纤通道帧，允许光纤通道在保留光纤通道协议的同时使用万兆以太网或更高速率的以太网。在存储技术的发展过程中，RDMA 技术以其更低时延、更高吞吐的特点，逐步被业界所接受。而以太网技术以其更高的带宽、更低的成本也逐渐成为存储网络的主流方案之一。将 RDMA 与以太网结合，应用所形成的 RoCE 技术作为存储网络的解决方案，是当下业界主流的解决方案之一。而软件定义存储、Ceph 分布式存储解决方案等在存储领域的广泛应用，进一步加速了 RoCE 的发展趋势。

计算网络的典型代表为 HPC 等高性能业务，超低时延是其追求的目标。目前，较多数据中心采用无限带宽（InfiniBand，IB）专网进行计算网络的建设。事实上，随着深度学习在 HPC 应用中的不断拓展、互联网应用的发展，使数据中心计算网络发展具有新的趋势，计算网络出现了无限带宽（IB）与以太网齐头并进的情形，尤其是采用 RDMA 的以太网较多的应用到计算网络的组网之中。目前的深度学习框架包括 TensorFlow、Caffe、Cognitive Toolkit、Paddle Paddle 等都可以很好的支持 RoCE。相比普通的 TCP 来说，RDMA 会有更好的数据传输效率，可以大幅度加速深度学习的训练速度，缩短训练时间。而不具备 RDMA 功能的网络即使支持高带宽，但受限于 TCP 通信技术本身瓶颈，应用程序性能依然备受网络性能的约束。在没有 RDMA 的情况下，网络带宽和应用性能很难有直接的对应关系。

综上所述，以太网是生态最健康最完善的技术之一，而新型技术的发展可以使前端网络、计算网络、存储网络应用与以太网技术进行归一。实际上 FCoE 时代曾经有机会三网合一，但是由于 FC 技术体系较为复杂，FCoE 标准不完善导致各家互通性兼容性比较差，业界也没有权威组织进行 FCoE 互通的测试。因此，FC 技术错失了三网合一的机遇。随着更高速率的固态硬盘（Solid State Drive，SSD）的规模应用，特别是近来高速低时延的非易失性内存主机控制器接口规范（Non—Volatile Memory express,NVMe）技术的出现，存储需要更高速、更高效的网络（NVMe over Fabric）。云时代的到来，存储也在不断开源并云化。开源的分布式计算如 TensorFow 等已被广泛采用，使去 IOE 变得真正可行。

目前，前端网络、计算网络、存储网络、三网合一的趋势又被业界提上议程。对于三网合一技术的研究，可以有效满足数据中心业务和技术发展过程中对于网络产生的新需求。也可以有效降低数据中心网络的 TCO，并显著降低组网和

运维工作的复杂度。数据中心三网合一方案示意如图 12-2 所示。

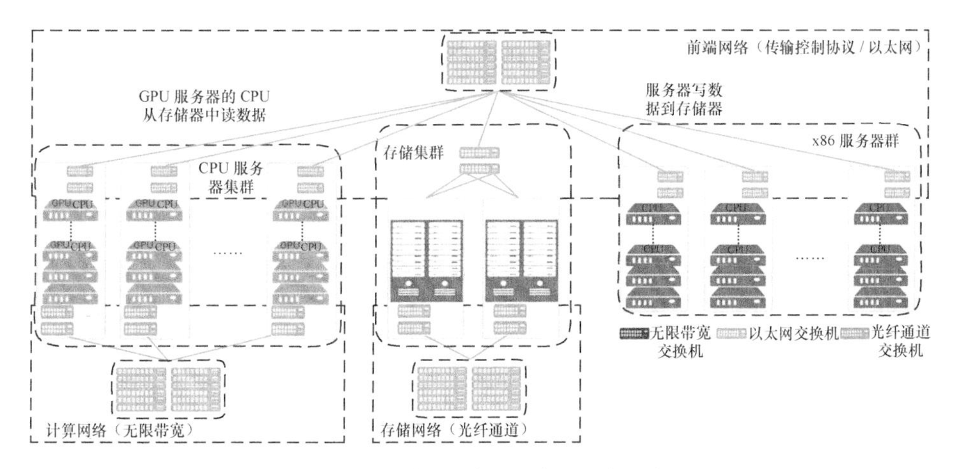

图 12-2 数据中心三网合一方案示意

12.2.2 以太网技术的近年发展

1. 数据中心无损以太网支持三网合一

除了上文提到的数据中心组网和互联互通问题之外，之前三网合一难以实现的另一个主要原因就是以太网的性能瓶颈。随着数据中心的不断发展，计算云化、存储云化对数据中心网络建设提出了更高的要求。面对数据中心内部东西流量的快速增长，如何保证数据在网络中更快、更高效的传输，成为解决数据中心在网络方面瓶颈，进而成为提高数据中心性能的关键所在。而在网络有损情况下，计算云化中的数据拷贝会引入时延抖动、拥塞丢包等性能损失，造成处理器空闲等待数据，并拖累整体并行计算性能，导致无法通过简单增加处理器数量来提升整体计算性能。基于有损网络的存储云化，因为网络导致的拥塞丢包、时延抖动、故障倒换而严重影响存储云化的效果。因此要想实现三网合一，首先要解决的问题就是如何将有损的以太网变为无损的以太网。

2. 智能无损网络

智能无损网络是一种新型的、低延时的网络。针对数据在网络传递过程中的发送时延、传播时延、处理时延和排队时延等，无损网络在拥塞控制、流量控制、分组转发、路由选择等方面进行了改进与创新。当前，百度、京东、腾讯、中国电信、中国移动、华为、迈络思、思科等公司均针对智能无损网络展开了研究，并取得了一定的成果。

以华为的无损网络方案为例，在拥塞控制方面，通过采用动态虚通道的方案将基于端口的拥塞控制改变为较细粒度的基于流的拥塞控制，从而将不同的流进行分离，避免出现拥塞流影响正常流的问题。在流量控制方面，其通过推拉混合调度的方法，将传统的基于局部信息进行调度的方案改变为综合考虑发送端、接收端、网络的全局调度方案。该方案可以根据网络的不同负载，动态调整相应的机制，实现低负载下网络传输时延较低、吞吐较高，高负载下丢包少的目的，以此来同时兼顾低延时和高吞吐。同时，该方案提出了负载感知逐包分发的方法，通过逐包负载分担和负载感知实现负载均衡的目的。在逐包负载分担方面，通过减小负载分担的粒度，并应用创新技术重排进而实现降低网络拥塞概率的目的。在负载感知方面，通过动态感知并抑制重载/超长路径，减少收端乱序，进而实现最大化的负载均衡。该方案也提出了其他方面的创新性设计，这些设计使无损网络向着低时延、无丢包的方向发展，从而适用于数据中心发展过程中对于网络的需求。

目前，对于无损网络的研究仍在进行中，无损网络的相关研究成果可以有效帮助基于 RDMA 业务的以太网性能得到大幅提升，为三网合一的开展扫清了部分技术障碍。

12.2.3 数据中心三网合一的经济性分析

1. 数据中心不同组网方式

在数据中心组网技术中，前端网络、计算网络、存储网络需要组建三张网络，本小节将针对下述 4 种不同的组网情况，分析各自的构建成本，从而论证数据中心三网合一具备最优的经济性。

仅采用 IB 进行三网互联示意如图 12-3 所示，在图 12-3 中，前端网络、计算网络、存储网络均采用 IB 进行统一组网，为了与数据中心之外的用户进行数据传输，前端网络的每台服务器均需要配置双网卡，服务器充当两种网络的数据转换功能。可以看出，这样的双网卡端口配置方式的成本较高。

采用部分服务器作为代理（Agent）的 IB 组网示意如图 12-4 所示，图 12-4 也为全 IB 组网，但是与图 12-3 的不同之处在于，为了降低组网成本，在前端网络中，不再是所有服务器均采用双网卡配置方式，而是选取部分服务器作为代理来进行以太网与 IB 传输的转换，前端网络中其余服务器均采用以太网进行互联。虽然采用了代理来负责传输转换，降低了前端网络的部分成本，但是毕竟需要专门设置部分代理服务器，其成本还是比较高。

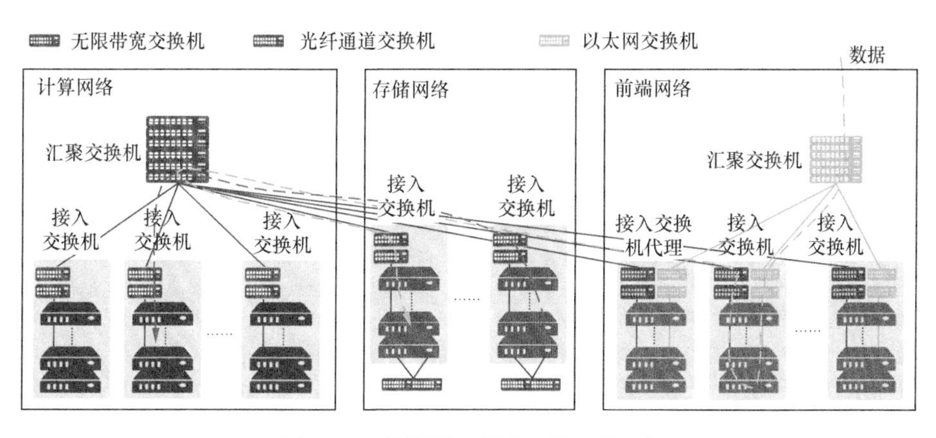

图 12-3 仅采用 IB 进行三网互联示意

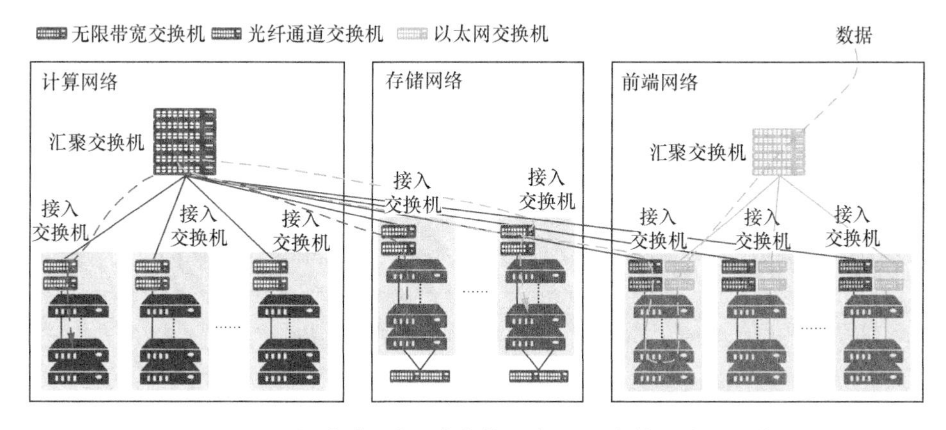

图 12-4 采用部分服务器作为代理（Agent）的 IB 组网示意

以太网连接存储前端，IB 连接计算的组网示意如图 12-5 所示，从图 12-5 中可以看出，组网用以太网连接了前端和存储网络，IB 仅仅用于连接计算网络。同样为了实现 IB 与以太网的互通，计算网络中的服务器要采用双网卡配置。另外，本组网中的存储网络后端也用以太网替代了 FC，实现了 FCoE。这种组网方式明显降低了构建成本，但是可以看到，因为 IB 与以太网需要互通，还是要在计算网络中采用双网卡端口。

以太网实现三网合一示意如图 12-6 所示，从图 12-6 可以看出，采用以太网进行统一管理，将简化网络维护工作。下面将对采用本方案成本降低的情况进行估算。

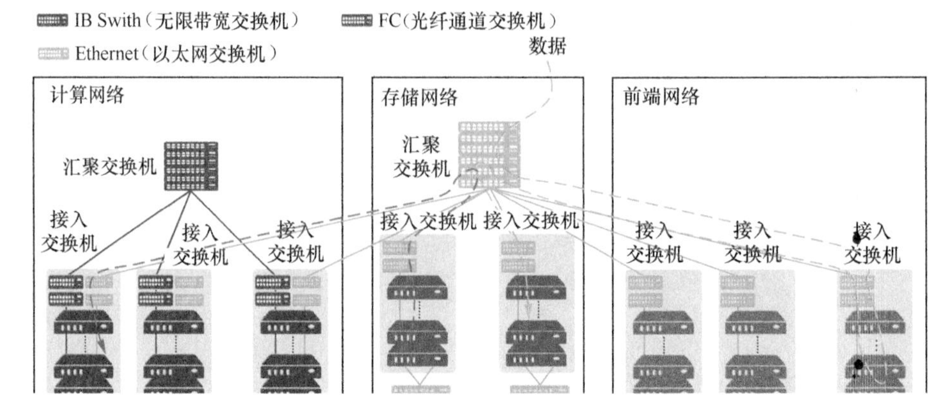

图 12-5　以太网连接存储前端，IB 连接计算的组网

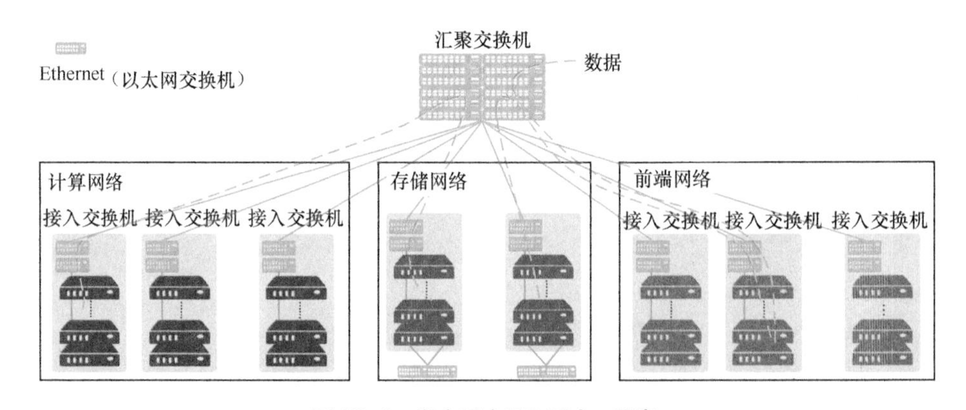

图 12-6　以太网实现三网合一示意

2. 三网合一经济性建模

为比较其他数据中心组网技术与三网合一组网技术的成本，我们可做如下假设。

- 假设计算服务器数量为 N_c，存储服务器数量为 N_s，前端服务器数量为 N_a，组网选项 2 中代理服务器数量为 m。
- 假设 IB、FC、以太网交换机每端口价格分别为 P_i、P_f、P_e，代理服务

器价格为 P_s，IB 网卡每端口价格为 P_{ni}，以太网网卡每端口价格为 P_{ne}。

- 成本估算时取 N_c=1000，N_s=1000，N_a=5000，m=1000，用以太网交换机每端口价格 P_e 作为基准，估计 $P_i=3P_e$，$P_f=3P_e$，$P_s=20P_e$，$P_{ni}=3P_e$，$P_{ne}=3P_e$。

为了简化证明，我们将数据中心组网收敛比默认为 1∶1，在其他收敛情况下，也可按照下面证明方式开展，方法类似。

在上述假设的前提下，我们可以估算得到不同技术的组网成本，数据中心组网成本对比见表 12-1。由计算结果可以看到，采用三网合一技术后，总端口数减少，预估成本下降 33.3%～76.5%。

表 12-1 数据中心组网成本对比

	IB 端口数	FC 端口数	以太网端口数	代理服务器数	网卡端口数	成本计算	成本估算	改为三网合一后的成本下降百分比
组网一（全 IB）	$3N_c+3N_s+3N_a$	$3N_s$	$3N_a$	0	N_s	$(3N_c+3N_s+3N_a)\times P_i+3N_s\times P_f+3N_a\times P_e+N_a\times P_{ni}$	$102000\times P_e$	76.5%
组网二（agent）	$3N_c+3N_s+3m$	$3N_s$	$3N_a+3m$	m	$2m$	$(3N_c+3N_s+3m)\times P_i+3N_s\times P_f+(3N_a+3m)\times P_e+m\times P_s+m\times P_{ni}+m\times P_{ne}$	$80000\times P_e$	70.0%
组网三（FCoE）	$3N_c$	0	$3N_c+6N_s+3N_a$	0	N_c	$3N_c\times P_i+(3N_c+6N_s+3N_a)\times P_e+N_c\times P_{ni}$	$36000\times P_e$	33.3%
组网四（三网合一）	0	0	$3N_c+6N_s+3N_a$	0	0	$(3N_c+6N_s+3N_a)\times P_e$	$24000\times P_e$	/

从表 12-1 中可以看出，数据中心三网合一可以将数据中心所有业务迁移到一张以太网，连接后成本相较其他组网模式有了大幅下降。除了成本优势之外，三网合一还给数据中心带来了明显的运维优势，运维人员不再需要同时维护多套组网，简化了维护的工作量。

12.3 数据中心三网合一应用存在的挑战

基于无损网络的技术创新，为数据中心三网合一提供了前期的技术储备。

但是要真正实现数据中心三网合一，还会遇到很多技术上的难点与问题，本章节将对三网合一场景下数据中心可能遇到的挑战进行梳理和研究。

12.3.1 RDMA 大规模死锁问题

由于 RDMA 协议对于高性能业务的优势，现在数据中心内 RDMA 网络的规模日益增大。在大型数据中心中，RDMA 已经由 POD 内逐步发展成跨 POD 使用。在大规模 RDMA 应用中，需要采用基于优先级的流控（Priority-based Flowcontrol，PFC）来确保网络无丢包。但由于网络规模大，多级电路交换网络架构（CLOS 架构）中存在跨 POD 流量，当 POD 间距离较长时，SPINE 上会出现显示拥塞通知（Explicit Congestion Notification，ECN）还未生效而 PFC 提前生效的情况，这样会导致 PFC 在所有 POD 中洪泛，这种现象被称为 PFC 扩散。

PFC 扩散的最恶劣场景是死锁，规模越大出现的概率越明晰。CLOS 架构下出现 PFC 死锁问题的主要原因是 PFC 流控出现环路。该流控导致端口抢占，相互不释放从而导致死锁。一旦出现死锁，在死锁涉及的范围内没有任何流量可以进出，网络出现瘫痪。

因此无论从拓扑还是寻址等方面考虑，都需要将 IP 路由和计算、存储网络中的路由技术进行融合，以便进一步实现多业务的融合。

12.3.2 TCP/RoCE 流量混跑

当以太网络同时承载多种类型的流量时，为保证不同类型的流量都可以分配到适当的带宽，可采用 IEEE 802.1Qaz 标准中的增强传输选择（Enhanced Transmission Selection，ETS）技术，通过为不同类型的流量分配带宽，从而保障服务质量（Quality of Service，QoS）。

当以太网络同时承载了 TCP 流量和 RoCE 流量时，即使以太网交换机配置了 ETS，但 TCP 流量仍然会占用超过 ETS 配置额度的带宽，导致 RoCE 流量得到的实际带宽低于 ETS 配置值，服务质量受到影响。不同 ETS 配置下的实测吞吐数据对比如图 12-7 所示，当 ETS 配置 TCP 与 RoCE 的带宽比例为 5:5

时，实测所得的带宽比例约为 57:43；当 ETS 配置 TCP 与 RoCE 的带宽比例为 1:9 时，实测所得的带宽比例约为 33:67。

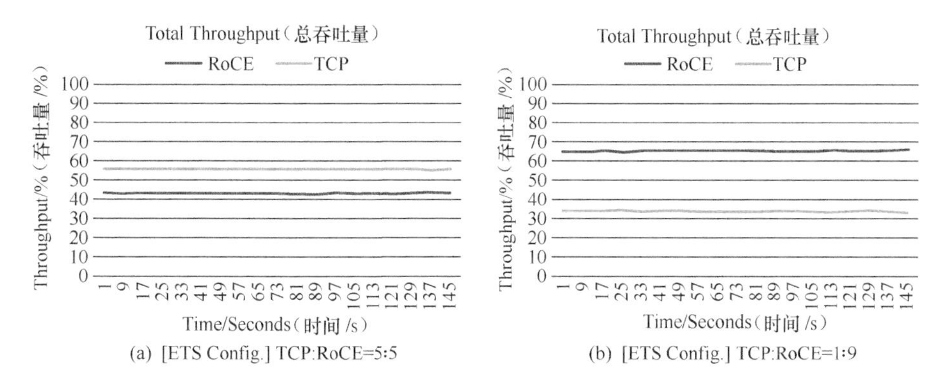

图 12-7　不同 ETS 配置下的实测吞吐数据对比

在三网合一技术中，不同的业务流量由同一张网络承载，因此在混合流量下充分保障不同业务的 QoS 是三网合一技术的基本要求。

12.3.3　参数自动调优问题

在目前的数据中心网络中，对于 TCP 协议和 RoCE 协议，分别都有较为成熟的拥塞控制方案。例如，数据中心传输控制协议（Data Center Transmission Control Protocol，DCTCP）适用于基于 TCP 协议的数据中心网络，并已成为 IETF 标准（RFC 8257）；数据中心量化拥塞通知（Data Center Quantized Congestion Notification，DCQCN）适用于基于 RDMA（包括 RoCE）的数据中心网络。

DCTCP 和 DCQCN 都利用了 IETF RFC 3168 所规定的显示拥塞通知 ECN，但在实现机制中有一定的区别：DCTCP 利用 TCP 协议中的 ACK 报文，将 ECN 信息较完整地反馈到源端，源端设备则根据大量的 ECN 信息调节发送窗口；而 DCQCN 要求目的端设备周期性地构造并发送拥塞通知报文（Congestion Notification Packet，CNP），将当前周期内的 ECN 信息反馈到源端，源端设备根据收到的 CNP 调节发送速率。

上述两种算法的实际性能在很大程度上受到算法参数的影响。对于

DCTCP，其算法参数主要是 ECN 标记水线 K 和估算增益 g；而 DCQCN 的算法参数则相对复杂，具体实现过程中可能涉及大约 20 个不同参数，分别用于控制通知端（目的端）的 CNP 发送以及响应端（源端）的内部变量更新、速率降低、速率提升等多方面的策略。

在不同的应用场景下，由于流量特征不同，因此需要调整相应的算法参数，从而得到较为理想的性能。但在通常情况下，参数的取值和调优并不是一件容易的工作。对于三网合一技术，如何能在多业务参数下让可编程的网络实现所想即所得，是一个非常大的挑战。

12.4 三网合一的关键技术

12.4.1 路由机制融合

为实现三网合一、多业务的融合，需要将 IP 路由和计算网络、存储网络中的路由技术进行融合。网络融合后规模扩大，需要解决大规模死锁的问题。

随着数据中心 RDMA 网络规模的日益扩大，在大型数据中心中，RDMA 开始跨 POD 部署。规模越大，发生 PFC 死锁的概率越大，业务可用度会因此而降低。根据对一定规模 CLOS 组网的数据中心 PFC 死锁概率分析，预估 PFC 死锁可能会造成数据中心业务可用度大幅下降。

以数据中心典型的 CLOS 组网为例，尽管 CLOS 网络本身流量无环路，但当发生链路失效或端口失效或路由失效等瞬间或永久故障时造成重路由，就可能会形成循环缓冲区依赖（Cyclic Buffer Dependency，CBD），进而造成 PFC 死锁。

目前，针对上述问题，业界提出了一种利用扩展 LLDP 协议和算法实现交换机分布式自学习，获得交换机位置（level）和端口角色上联 / 下联（uplink/downlink）属性的方法。所有交换机分布式自学习，逐步学习各自位置对应的端口属性，并自维护、自更新。此外，业界还提出了一种不依赖于交换芯片的智能路由算法，智能动态地识别可能会导致 CBD 的路由信息。通过及时地对发生重路由的报文进行处理从而预防 CBD 的发生，进而预防了 PFC 死锁的发生，

实现无死锁（deadlock-free）一键使能。预防 PFC 死锁示意如图 12-8 所示。

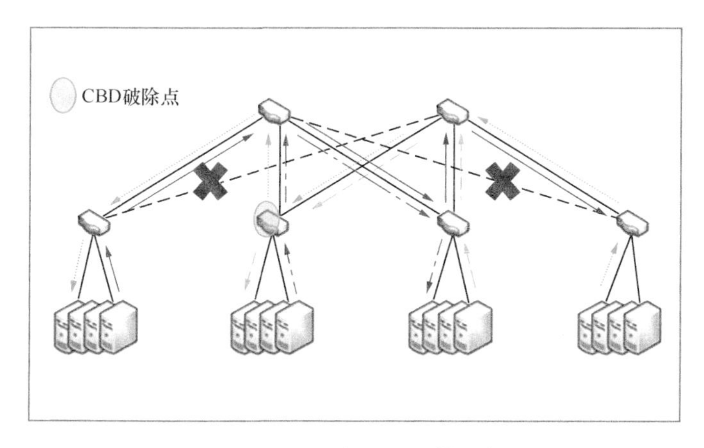

图 12-8 预防 PFC 死锁示意

12.4.2 服务质量融合

前置业务 TCP 流量与高性能业务 RDMA 流量混合场景，流量相互影响严重制约高性能业务的吞吐和时延，制约了多业务的融合。因此在混合流量下充分保障不同业务的 QoS 是三网合一技术的基本要求。

当以太网中 TCP 与 RoCE 混跑时，即使以太网交换机配置了 ETS，TCP 流量仍会占用超过 ETS 配置额度的带宽，主要原因是 RoCE 和 TCP 的控速机制不同，使 TCP 占用过多的缓存，当调度 RoCE 时没有充足的报文，因此带来 QoS 偏差。针对上述问题，业界首先提出了 RoCE 流动态抢占共享缓存，使 RoCE 在保证不丢包的前提下，尽可能多地占用缓存。其次，在保证 K_{min} 前提下实时监测队列缓存，并调整 K_{max} 和丢包率，防止过度流控，保证调度 RoCE 时有充足的报文。

随着数据中心 RDMA 网络 *QP* 数的增多（*QP*>5），TCP/RoCE 混跑 RoCE 占比较小（TCP:RoCE=9:1）时，出现时延突增（从微秒级跳到毫秒级）问题。此时报文 ECN 已 100% 达标，队列积压依旧非常大，ECN 失效。其主要原因是当 *QP* 流数较大时，由于每条流能分到的带宽较小，使每条流的报文时间间隔（即该流能获得的最小的 CNP 报文间隔）大于升速时间间隔，使仍

然处于拥塞状态的流升速，从而导致控速失败。针对上述问题，业界提出了在网络侧根据端口拥塞程度、收到的CNP报文间隔、DCQCN升速的时间间隔，智能地补足CNP报文的方案。由此方案来解决交换机端口出现拥塞时发端仍然升速的问题。补足CNP动作是因为只在端口拥塞较为严重且长时间没有CNP时才介入，所以不会影响DCQCN的正常状态下的升速和吞吐，“ETS+”方案如图12-9所示。

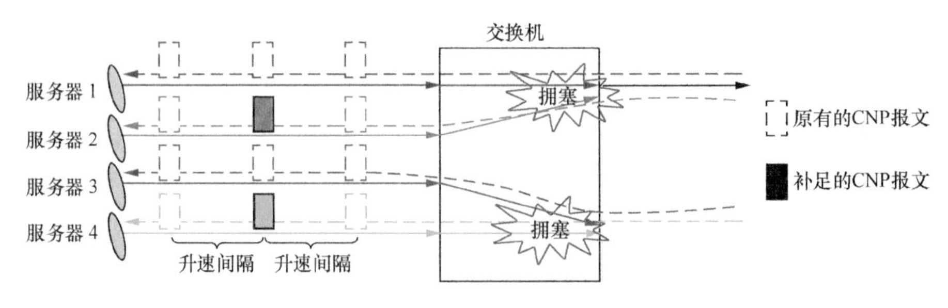

图12-9 “ETS+”方案

随着*QP*数量持续增多（*QP*>60），业务时延会重新跳变到毫秒级，此时无论补多少的CNP报文，队列深度仍远大于k_{max}，CNP失效。其主要原因是服务器速率随着单位时间内处理CNP数的增多而减小；但当速率降为一定值后保持稳定，不再下降。针对上述问题，业界提出了PFC自动调节，调节交换机保证队列积压大于零但小于k_{max}。

12.4.3 参数自动配置

数据中心计算和存储网络对低时延和高吞吐等特性有着越来越强烈的需求。随着计算和存储的云化，伴随着操作的高并发特性，数据中心网络中可能同时存在大量的数据流，这对拥塞控制算法提出了非常高的要求。

目前，基于RDMA（包括RoCE）的数据中心网络主流的拥塞控制算法采用DCQCN技术，网卡侧和交换机侧相关可调参数有20多个，算法效果受可调节参数的影响较大。当网络中的Incast数较高、ECN水线设置过低时，会导致标记的报文数较少，队列积压始终保持在较大值，时延指标劣化；当网络中的Incast数较少，ECN水线设置过高会导致标记的报文数较多，源端过度降速，吞吐指标劣化。在用户不熟悉控制机制的情况下，很难根据应用场景配置满足需求的合理参数。同时，当网络应用场景发生变化时，流量模式也在随之变化，同一套静态配置的参数很难在不同的应用场景下都能够获得理想的时延和吞吐性能。

针对上述问题，业界提出了一种利用 LLDP 协议和启发式动态探索机制的自适应调参算法，能在变化的应用场景下满足客户的需求。本方案可根据用户期望的目标（吞吐、时延优先）确定锚点，在一定的经验初值前提下，动态地探索出满足客户需求且适配于当前应用场景的最佳参数配置。在当前组网内，各个交换机利用 LLDP 获取自身的位置（level）和端口角色上联 / 下联（uplink/downlink）信息，上报给控制节点。控制节点按照模型和当前的客户需求下发参数到各个交换机和网卡。本方案以当前的业务性能和客户需求的差值为反馈，结合启发式算法，动态地探索拥塞算法的参数，经过多次调整迭代将业务性能收敛到目标值附近。本方案能在变化的场景下找到合适的参数并推荐给客户，实时保障客户的需求，满足其所想即所得。

12.5 下一代 RDMA 协议发展分析

12.5.1 RoCEv2 现存问题

网络拥塞是数据中心丢包的主要原因之一，网络拥塞会导致网络性能的急剧下降。在当前 RoCEv2 的拥塞管理机制下，数据发送端会根据数据接收者传来的信息进行拥塞管理决策。这种端到端的拥塞管理机制提供了网络自身状态的部分信息。但是目前端到端的 CNP 消息，所能体现的链路拥塞信息较少，很难让网卡侧针对网络不同的拥塞情况开展差异化、更细粒度的拥塞控制决策。

还有一个问题是，当使用负载均衡时，可能会由于报文乱序而产生丢包的情况，虽然当前 RoCEv2 依赖 PFC 提供无损的 Underlay 网络，但是也不能解决乱序丢包的问题。除此之外，PFC 可能会导致应用性能较差，例如，头端阻塞、不公平等问题。

目前，业界广泛应用的拥塞控制算法是 DCQCN，虽然 DCQCN 被广泛部署，但是由于缺乏正式的算法规格细节，因此各厂商有各自的实现方式，参数过多会导致调试比较复杂，很难实现互联互通。这种目前较为封闭的拥塞控制机制不易于大规模网络的扩展。因此业界已经针对该问题，有了一些新的思路和解决方案。

12.5.2 潜在关键技术方向

1. 网卡开放

目前，业界对于智能网卡已经开展了部分研究。智能网卡超越了原有简单连接性的基本网卡，在网卡上增加了部分开放功能，从而增强网卡网络流量处理的能力。目前，主流网卡已经具备相对简单的可编程功能，例如，基于现场可编程门阵列（Field Programmable Gate Array，FPGA）或者小型处理器等。

无论是何种网卡开放方式，其根本目的都是为了让用户可以根据自身来设计、制订符合需求的网卡功能。目前，网卡的拥塞控制机制较为封闭，那么能否可以在网卡侧做一些更多的开放，让用户可以对网卡拥塞控制协议做一些新的调整，对拥塞控制算法性能展开优化，从而进一步提升端到端的网络拥塞处理能力。

2. 网络协同

目前，主流的 RDMA 拥塞控制机制，例如，DCQCM 均是端到端的流速控制管理，即当网络节点（交换机）发生拥塞时，仅仅会打上拥塞标记，等接收端接收到带拥塞标记的消息时，再通知发送端进行降速发送。这种网卡到网卡的拥塞控制机制可能会造成两个问题：一是当网络节点拥塞时，必须等到接收端通知源端降速才能开始拥塞管理，反馈周期过长，拥塞控制效率较低；二是目前的拥塞标记仅仅能让网卡端感知到网络拥塞，无法得知具体的拥塞点，因此无法根据网络的当前拥塞程度来适时调整发送速度。

针对上述问题，项目组考虑并提出了一种网络网卡协同的新机制。所谓的协同机制，是指网络节点内的网络控制（Net-control）模块（例如，交换机）可以直接返回网络拥塞信息给发送端的网卡,并进一步并入网卡的发送控制中。

目前，该协同机制可以实现两个好处：一是快速收敛，这种网络到网卡的反馈机制可以有效减少拥塞控制反馈 / 控制时间；二是可以具备更为精准的拥塞感知：当网络发生拥塞时，网络可以感知到当前和预期的拥塞程度，并可以根据网络拥塞情况，适当调整流速。这种网络到网卡的控制通道，可以用于网络节点收集拥塞信息，以便进一步纳入发送端网卡的拥塞控制。

12.6 结语

下一代 RDMA 等技术所形成的交换体系是一个很大的新课题，随着新协议、新架构、新设备形态、新技术的出现，必然给数据中心网络带来全新的升级。三网合一将会是数据中心网络发展过程中的重要研究和发展方向。本部分从三网合一理念、RDMA 大规模应用存在的挑战、三网合一关键技术、下一代 RDMA 发展等角度出发，开展了相关研究，以期对三网合一有更深入地认识，进而更好地研究数据中心网络技术和产业的发展趋势。

第五部分　服务器

Part 5

本部分重点关注AI服务器和边缘服务器，前者偏重计算能力的提升，后者重点解决边缘的计算需求。

自2012年以来，业界最大规模的人工智能训练使用的计算量呈指数级增长，平均每隔3.5个月就会翻一倍。为了满足人工智能领域激增的计算需求，作为计算能力主要提供者的服务器技术面临新的挑战，成为业界关注的焦点。

运营商AI平台的规划设计需要考虑以下需求：如何与现有大数据进行计算和存储的共享；集中部署的AI平台如何输出模型到各个垂直领域的业务系统；如何可靠安全地为AI自动驾驶提供服务；如何支持跨平台作业的统一编排等。

随着5G的部署，边缘将承担更多的计算。OTII是ODCC较早提出的面向5G应用场景的定制化服务器方案。在短短几年的发展过程中，已有超过7家供应商完成OTII服务器的产品研发，三大运营商也相继开始采购。由于边缘计算业务呈现多样化的特性，使用一套商用边缘计算系统架构以满足不同业务的需求成为难点和挑战。云边服务器的发布对于实现边缘计算基础设施架构设计的规范化，满足不同应用场景的需求提供了全面的参考。

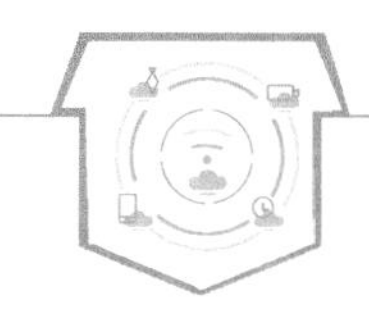

第十三章　AI 服务器

13.1　序言

人工智能是当下的热门技术之一，它的发展对计算能力提出了新的挑战。作为计算能力的主要提供者，面向人工智能的服务器技术成为业界关注的焦点。

当前，基于 x86 架构的中央处理单元（Central Processing Unit，CPU）的服务器是业界的主流。在这类服务器中，最核心的计算部件是 CPU，它一直遵循着摩尔定律，即按照每 18 个月性能翻一倍的趋势发展。但随着芯片工艺面临物理极限，CPU 计算能力与人工智能需求间的差距越来越大。而随着人工智能训练计算量的发展，二者的差距还将进一步扩大。

在这种情况下，人工智能服务器必须拓展新的思路，引入新的计算核心和架构以满足人工智能计算负载的需求。同时，计算芯片作为服务器的核心部件之一，它的变化将直接关系到服务器中与之配合的内存、存储、网络乃至供电、散热、机箱等设计要素的调整与更新，从而形成完备的人工智能服务器技术体系。

13.2　人工智能发展历程

人工智能（Artificial Intelligence，AI）是研究、开发用于模拟、延伸和扩展人类智能的理论、方法、技术及应用系统的一门新的前沿综合性学科。从 20 世纪 30 年代开始，人工智能从早期的数理逻辑萌芽到后来的专家系统，再到神经网络的出现，几经起落，直到最近这轮以深度神经网络为理论基础的人工智能浪潮，算力需求一直是推动人工智能发展的主要动力。人工智能发展历程如图 13-1 所示。

第一阶段：萌芽阶段（1956 年以前）

1956 年以前，数学、逻辑、计算机等理论和技术方面的研究为人工智能的出现奠定了基础。17 世纪法国物理学家、数学家帕斯卡（Pascal）制成了世界上第一台会演算的机械加法器。18 世纪德国数学家、哲学家莱布尼茨（Leibnitz）提出了把形式逻辑符号化，奠定了数理逻辑的基础。1934 年，美国神经生理学家麦卡洛克（McCulloch）和皮茨（Pitts）建立了第一个神经网络模型，为以后的人工神经网络研究奠定了基础。英国数学家图灵（Turing）在 1936 年提出图灵机模型并在 1950 年提出图灵测试，被誉为“人工智能之父”。1946 年，美国科学家约翰·莫奇利（John Mauchly）和埃克特（Eckert）等人共同发明了世界上第一台电子数字计算机 ENIAC，之后冯·诺依曼（Von Neumann）对其进行改进，为人工智能的研究奠定了物质基础。

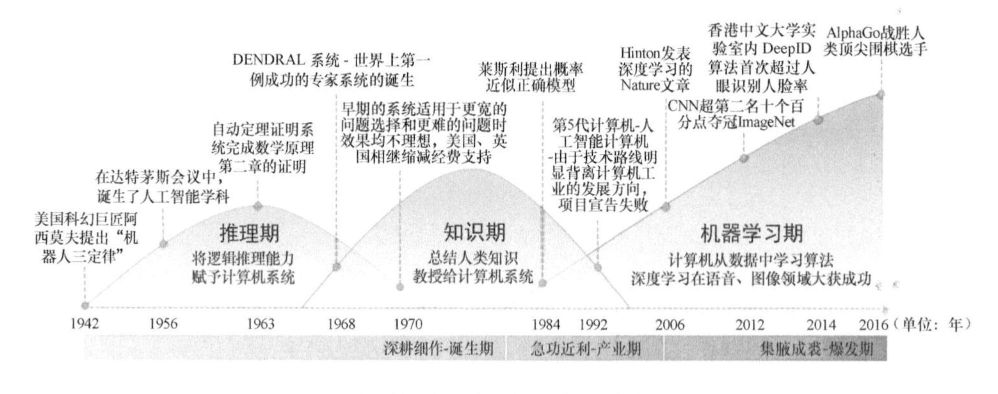

图 13-1　人工智能发展历程

第二阶段：诞生及第一个兴旺阶段（1956—1972 年）

1956 年，人工智能首次在达特茅斯会议中被提出，从而开创了人工智能的研究方向和学科，并推动了全球第一次人工智能浪潮的出现。这个时期人工智能研究的主要方向是机器翻译、定理证明、博弈等，相继涌现了一批显著的成果：1957 年，西蒙（Simon）等开发了最早的一种 AI 信息处理语言（Information Processing Language，IPL）；1959 年，塞缪尔（A.M.Samuel）研制了能自学习的跳棋程序并击败了塞缪尔本人；1960 年，麦卡锡（McCarthy）建立了列表处理语言（List Processing,LISP）；1965 年，鲁滨逊（Robinson）

提出了消解原理，为定理的机器证明做出了突破性的贡献；1966 年，麻省理工学院（MIT）发布了一台叫 ELIZA 的机器，能够实现简单的人机对话；1969 年，国际人工智能联合会议（International Conferences On Artificial Intelligence，ICOAI）成立，它标志着人工智能这门新兴学科得到了世界的公认。当时，一系列的成功案例使人工智能科学家们认为可以研究和总结人类思维的普遍规律，并用计算机模拟它的实现，乐观地预计可以创造一个万能的逻辑推理体系。

第三阶段：第一个萧条波折阶段（1973—1979 年）

由于人工智能所基于的数学模型和数学手段存在的缺陷和呈指数增加的计算复杂度等问题，当人们进行比较深入的研究之后，发现逻辑证明器、感知器、增强学习等只能做很简单、非常单一的任务，人工智能无法应对稍微超出范围的任务。因此各国政府勒令大规模削减人工智能方面的投入，人工智能在这一时期受到了各种责难。以 1973 年《莱特希尔报告》的推出为代表，象征着人工智能正式进入寒冬。这之后的十年间，人工智能鲜有被人提起。

第四阶段：第二个兴旺期（1980—1989 年）

专家系统（Expect System，ES）作为具有专门知识和经验的计算机智能程序，它的出现使人工智能技术研究出现新高潮。1980 年，卡内基梅隆大学为 DEC 公司设计了名为 XCON 的专家系统，一度为该公司每年节省 4000 万美元。1982 年，斯坦福大学国际研究所研制的地质勘探专家系统 PROSPECTOR 预测了一个钼矿位置，其开采价值超过了 1 亿美元。有了成功商业模式的推动，相关产业应运而生，涌现了 Symbolics、Lisp Machines 等硬件公司和 IntelliCorp、Aion 等软件公司。

与此同时，业界出现了许多人工智能数学模型方面的重大发明，其中包括著名的多层神经网络（1986 年）和 BP 反向传播算法（1986 年）等，也出现了能与人类下象棋的高度智能机（1989 年）。此外，其他成果包括通过人工智能网络自动识别信封上邮政编码的机器，其精度可达 99% 以上等。

由于理论研究和计算机软件、硬件的飞速发展，各种人工智能实用系统开始商业化并进入市场，取得了较大的经济效益和社会效益，展示了人工智能应用的广阔前景，人工智能研究从萧条期转入第二个兴旺期并进入黄金时代。

第五阶段：第二个萧条波折阶段（1989—1993年）

20世纪80年代中后期，由于个人计算机性能的迅猛发展，使用“增强智能”看似比人工智能有更大的发展，同时专家系统的机器维护费用居高不下，系统难以升级，软件以及算法层面的挑战没有突破，于是业界开始将资本投向那些看起来更容易出成果的项目。其中，基于通用计算的LISP机器在商业上的失败，成为人工智能再次陷入低迷期的标志。

第六阶段：平稳发展阶段（1993年至今）

这一时期，由于互联网的蓬勃发展、计算机性能的突飞猛进、分布式系统的广泛应用、人工智能多分支的协同发展，以及发展具备实用性和功能性的人工智能成为业界共识，带来了人工智能新的繁荣。其中，包括图模型、图优化、深度学习网络在内的数据工具被重新挖掘或者发明，具有明确数理逻辑的数学模型使理论分析和证明成为可能，摩尔定律驱动下的计算能力提升显著提高了人工智能的研究效率。

其中，1997年IBM深蓝战胜国际象棋大师。2006年，杰弗里·辛顿（Geoffrey Hinton）等人发现了训练高层神经网络的有效算法——深度学习理论（Deep Learning）。2009年，洛桑联邦理工学院发起的“蓝脑计划”声称已经成功地模拟了部分鼠脑。2012年，杰弗里·辛顿的团队在ImageNet（图网）上首次使用深度学习技术完胜其他团队，让深度学习重新回到主流技术舞台。2016年，谷歌AlphoGo以4:1的成绩击败围棋冠军李世石让人工智能进入大众视野，带领人工智能进入又一波高潮。

目前，人工智能技术的发展一路高歌猛进，正在以前所未有的速度快速渗透到生产生活的方方面面。

13.3 AI服务器核心需求

随着互联网的不断发展，海量的数据不断从用户涌向服务器，我国数据中心的数据存储量级已经达到ZB级别，数据量呈指数级别爆炸式增长。大量的数据在提高人们的生活维度，使人们的生活习惯和生活方式依靠数据有了明显改观的同时，也对数据的分析、计算提出了更高的要求。在当前的互联网快速发展浪潮中，数据的爆炸式增长使数据体量成为推动服务器发展不可忽略的重要因素。而这轮以深度神经网络为基础的人工智能，其大规模数据的 AI 模型训练更加剧了对服务器的计算、存储等需求。

与此同时，算法的计算模式以及计算场景随着相关学科理论的创新和计算单元平均算力的提升也在发生着变化。20 世纪 90 年代，传统的机器学习方法支持向量机（Support Vector Machine，SVM）在手写识别场景下，可以把错误率降到 0.8%。而传统神经网络算法由于受到当时 CPU 计算能力的限制，准确度仍停留在理论研究的水平。而随着计算单元的计算能力提升，大数据、图形处理器（Graphics Processing Unit，GPU）等的出现，使神经网络算法焕发出生机。在 2012 年的 ImageNet 举办的图像分类比赛中，人们第一次见识了深度学习的威力。考虑到 AI 服务器的使用计算场景，以深度神经网络（Deep Neural Network，DNN）为代表的深度学习算法，包含有大量卷积、残差网络、全连接等特殊计算处理，对服务器的计算、网络、功耗也提出了新的要求。

根据前文的分析可知，当前以深度学习为基础的人工智能技术与应用的飞速发展对服务器提出了新的需求和挑战，主要体现在并行处理能力扩展、与计算容量匹配的大容量缓存、支持高速数据传输的互联网以及强散热和低功耗几个方面。

13.3.1 并行处理能力扩展

从人工智能的发展历程可以看出：计算能力在人工智能的发展中起着至关重要的作用。当前，引领这轮人工智能发展浪潮的理论基础是 DNN。深度神经网络典型计算模式如图 13-2 所示。

不同于以往的人工智能理论，深度神经网络是典型的并行计算模式。典型的深度神经网络隐藏层主要包括卷积层和全连接层。其基本组成部分是乘法和累加操作，通常可以映射到矩阵乘法进行并行计算。在深度神经网络计算场景中，AI 服务器的主要功能是海量的并行计算。

以往传统服务器主要以 CPU 为算力提供者，CPU 为通用型处理器，采用串行架构，擅长逻辑计算，负责不同类型种类的数据处理及访问，同时逻辑判断又需要引入大量分支跳转中断处理，这使 CPU 的内部结构更加复杂。随着芯片工艺面临物理极限，其性能发展遇到瓶颈，目前，CPU 算力的提升主要靠堆核来实现。因为 AI 服务器不同于普通的服务器，考虑到 AI 服务器的使用计算场景，以 DNN 为代表的深度学习神经网络算法中有大量卷积、残差网络、全连接等特殊计算需要处理，还需要提升运算速度、降低功耗，所以当传统 CPU 放置于服务器中，虽然可用于上述的运算，但是由于 CPU 还有大量的计算逻辑控制单元，这些单元在 AI 计算中是用不上的，造成了 CPU 在 AI 计算中的性价比较低。而想要进一步提升计算力，虽然可以通过堆叠大量 CPU 来提高算力，但这种做法往往得不偿失、代价较大、CPU 的利用率较低、服务器的功耗较大。

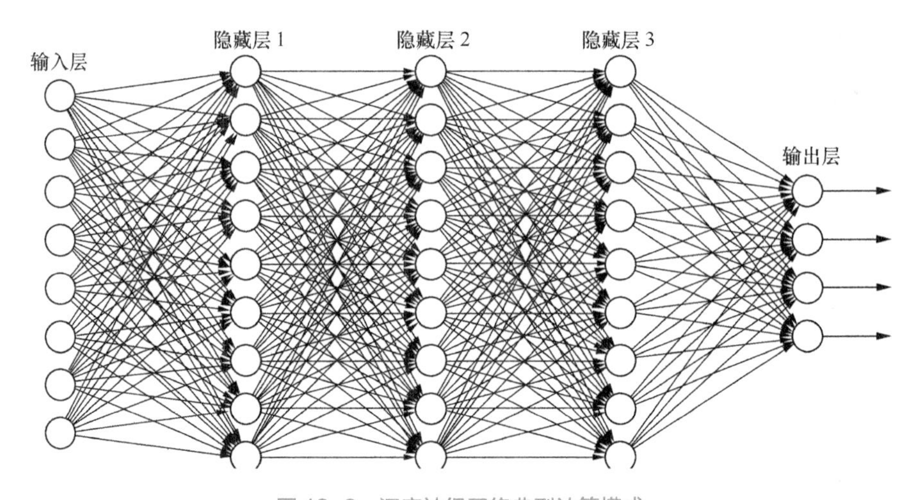

图 13-2　深度神经网络典型计算模式

面对这种情况，引入新型的计算单元进行并行计算，分担人工智能计算负载，弥补单纯依赖 CPU 的不足，扩展服务器并行处理能力成为基于人工智能场景下 AI 服务器面临的核心需求。这些计算单元包括但不限于 GPU、现场可编程门阵列（Field Programmable Gate Array，FPGA）、专门应用的集成电路（Application Specific Integrated Circuit，ASIC）等。

13.3.2 与计算容量匹配的大容量缓存

随着服务器并行计算能力的提升，系统的存储能力将可能成为下一个瓶颈。在人工智能的计算场景下，我们可以发现，人工智能服务器的模型训练通常是一次写入多次读取的数据访问模式。所以一次读写数据的多少与快慢对模型的训练起着至关重要的作用。而AI服务器计算芯片按照冯·诺依曼体系结构（例如，CPU、GPU）被处理的数据将首先从计算部件外的存储器提取，将外存的数据读到内存中；计算时再将内存的数据读到寄存器中，运算单元进行逻辑运算；运算后，在处理完成后再写回相应的寄存器和存储器。这就导致了存储器的访问速度无法跟上计算部件消耗数据的速度，即出现了“存储墙”问题，结果造成瓶颈。

因此在服务器设计中，通过充分考虑不同层级存储容量和性能的适配，增加必要的存储层次，提高与计算量所匹配的内存和缓存容量，提升存储系统对计算能力的适配性，可以极大地提高芯片的计算效率，减少CPU在调度资源时所消耗的时间。这也是当下AI服务器面临的又一重要需求。

13.3.3 支持高速数据传输的互联网络

除了与计算匹配的大容量缓存之外，人工智能应用也在数据传输与共享方面对服务器提出了新的需求和挑战，主要包括数据在计算、存储器间的高性能传输；数据在服务器之间高速互联共享。

随着数据体量的增大以及计算场景的复杂，数据的存储往往存在异构现象。在同一场景下，所需数据往往可能存储在不同介质下，这就要求计算单元在处理模型计算时，与不同存储介质之间具备高速的传输网络和通道。服务器中总线是连接主板上各个部件的重要机制。在传统的以CPU为核心计算部件的服务器设计中，高速串行计算机扩展总线标准（Peripheral Component Interconnect Express，PCIe）总线上的数据传输与CPU处理能力相匹配，但是在人工智能业务场景下，GPU等计算部件具有更高的计算性能，需要更高的总线带宽和传输通道的支持。随着计算能力的提升，数据在计算、存储器间的高性能传输将成为影响服务器处理效率的重要因素。

同样，随着处理数据的指数级增长，单台服务器往往难以满足业务计算需求，服务器集群化、资源池化成为一种方向。服务器之间通过互联网络进行数据传输和交互。这种服务器之间的数据传输往往原地址与目的地址物理层面不在一个机房，有的甚至相隔千里，涉及跨网、跨域间的通信和交换。可靠、高速的数据传输互联网络成为 AI 服务器集群工作效率的关键所在。在传统的服务器网络环境中，通常采用的是 10Gbit/s 以太网传输技术。在人工智能场景下，服务器间互联互通网络成为服务器间数据共享的性能瓶颈，更高速的网络技术需要被引入和应用，例如，100Gbit/s、IB 等技术，以及借助运营商提供的专线网络支撑两点之间高速数据转发，实现数据融合，这将直接影响到 AI 服务器集群的工作成效。

13.3.4 强散热和低功耗

考虑到不同应用场景服务器承担的不同负载任务，我们可以进一步将服务器划分为训练和推理两大类。

在云端侧，我们在云端 AI 服务器上，构建了大量的数据，并使用 GPU 等并行计算专用芯片完成对人工智能算法模型的计算训练。虽然使用 GPU 等可以极大地缩短计算的时间，但是其弊端便是所带来的功耗和散发的热量也是惊人的。这就要求在模型构建的场景下，AI 服务器具有强散热能力，可以在短时间内将并行计算所产生的高热量排除到服务器的外面，保证服务器正常稳定运行。同时，服务器中硬盘和主板散发的热量也需要考虑，虽然与并行计算所产生的热量相比微乎其微，但是这些部件对于 AI 服务器能否稳定运行起着至关重要的作用。因此随着 AI 服务器的计算单元的扩增，良好的散热是 AI 服务器不可缺少的部分。考虑到风扇式散热噪声较大、散热效率较低，当服务器数量达到一定规模时，可以考虑水冷和液氮进行集中散热。

而在推理场景下，我们并不需要大量的并行计算，而此时 GPU 就显得一无是处，不仅功耗大，而且推理的效果也并不理想。因此我们在执行推理任务时，将着重考虑设备功耗。如果将 AI 服务器部署在边缘节点，其低功耗与低噪声显得尤为重要。

13.4 AI服务器工作场景

目前，人工智能不仅能够解决很多问题，而且在很多领域日益发挥着巨大的价值。对于 AI 服务器而言，从部署位置的角度可分为云端服务器和边缘服务器，从计算任务类型的角度可以分为训练服务器和推理服务器。与此相对应，它们的工作场景也可以分为云端、边缘和训练、推理。

13.4.1 云端

13.4.1.1 训练场景

用户依靠大数据经过充分的预处理和数据分析提取出来的各类特征，与人工智能算法结合进行建模和预测，从而衍生出满足各类需求的人工智能应用。而数据的训练需要大数据支撑并保持较高的处理性能。这部分工作一般会放在云端，而服务器则是基于大数据训练的核心部件。

在人工智能训练的过程中，顶层需要有一个海量的数据集，并选定某种深度学习模型。每个模型都有一些内部参数需要灵活调整，以便学习数据。而这种参数调整实际上可以归结为优化问题。在调整这些参数时，相当于在优化特定的约束条件，这就是所谓的训练。云端服务器在收集用户大数据后，依靠其强大的计算资源和专属硬件实现训练过程，提取出相应的训练参数。由于深度学习训练过程需要海量的数据集及庞大的计算量，因此对服务器也提出了更高的要求。云端 AI 服务器平台需具备相当数据级别、流程化的并行性、多线程、高内存带宽等特性。

13.4.1.2 推理场景

等待模型训练完成后，将训练完成的模型（主要是各种通过训练得到的参数）用于各种应用场景（例如，图像识别、语音识别、文本翻译等）。由于目前深度神经网络模型大多比较复杂，其推理过程仍然是计算密集型和存储密集型。若部署到资源有限的终端用户设备中，难度较大，因此云端推理目前在人工智能应用实际需求中比较常见。

在云端推理方面，AI服务器应用在大规模数据中心，其扩展更宽、数据更大、精度更高。云平台 +AI 为推理带来更多的可能性。云端智能的优势在于强大的运算能力，并基于庞大的数据量创造出来的大智慧，在策略性输出上有极大优势，终端的作用仅仅是数据收集和结果感知。基于 AI 服务器，把几类常见的 AI 服务器进行拆分，并在云端提供独立或者打包的服务。所有的开发者都可以通过 API 接口的方式来接入使用平台提供的一种或者多种人工智能服务。部分资深的开发者还可以使用平台提供的 AI 框架和 AI 基础设施来部署和运维自己专属的机器人。所有的人工智能训练和推理均在云端完成，避免传输过程与边缘的负载过大。

13.4.2 边缘

在边缘侧，因受限于体积、电源、功耗、环境温度等条件制约，服务器性能相比云端有一定的差距，不太适合对计算密度大、性能要求高的 AI 模型训练。而推理不同于离线训练，不需要密集的计算能力，对响应时延要求较高。因为边缘侧距离终端用户相对较近，对用户请求方便做出迅速响应，所以企业常常基于边缘服务器进行 AI 推理能力部署。

边缘推理主要有以下几大优势。

（1）网络时延优势

边缘位置优势保证了时间敏感的实时类应用的 AI 推理时延要求。

（2）网络分布优势

让广泛分布的推理申请在末端就得到结果，既减少了网络流量，又降低了云中心集中推理的计算压力。例如，上万个监控视频的推理需求，动态应急布设监控及无人机监控等。

（3）智能终端减负

由于 AI 推理上移到边缘，物联网、智能穿戴等终端的体积、重量、功耗、成本以及价格都将因此而降低，同时也降低了终端的研发门槛。

数据的推断过程既可以在云端进行，又可以在边缘进行。

通过与云端平台协同，在边缘侧基于离线推理能力，AI 服务器可以迅速对数据做出判断，实现实时响应请求。目前，基于 AI 服务器的边缘推理已在交通、医疗、金融等行业场景应用，加快了这些行业的发展。

13.5 AI 服务器架构及关键技术

人工智能服务器架构关键在于引入支持并行处理的计算部件与 CPU 协同工作，通过合理的负载分担实现计算能力的提升。同时，计算芯片作为服务器的核心部件之一，它的变化将直接关系到服务器中与之相配合的内存、存储、网络乃至供电、散热、机箱等设计要素的调整与更新，从而形成完备的人工智能服务器体系。接下来，我们就 AI 服务器总体架构及关键技术体系进行梳理和分析。

13.5.1 总体架构

传统单纯以 CPU 为计算部件的服务器架构越来越难以满足人工智能的新需求，“CPU+ 架构”成为人工智能服务器的核心思路。其中，CPU 依然是服务器中不可或缺的部分，而在人工智能计算负载加速方面，则可以引入拥有更多计算核心的部件，采用并行计算的方式解决。人工智能服务器的“CPU+ 架构”如图 13-3 所示。

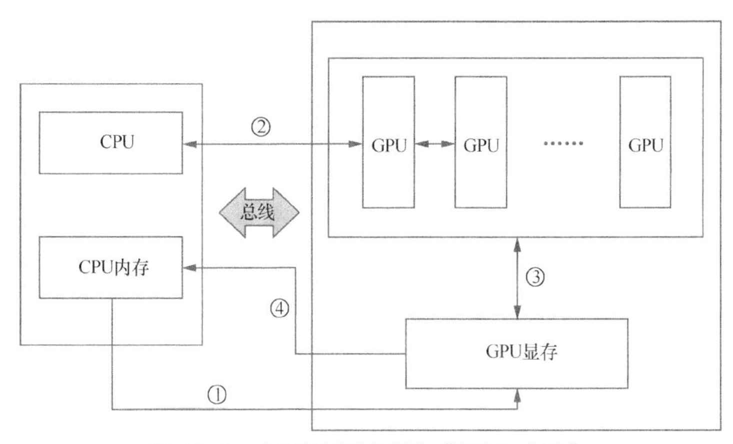

图 13-3 人工智能服务器的“CPU+ 架构”

在图 13-3 中，以人工智能计算领域常用的 GPU 计算部件为例，阐述了在“CPU+ 架构”中人工智能加速部件与 CPU 之间的工作关系。首先，待处理的数据从 CPU 内存复制到 GPU 显存中如图 13-3 中的①所示；其次，CPU 把程序指令发送给 GPU，驱动 GPU 开始并行处理，如图 13-3 中的②所示；再次，GPU 的多计算核心对显存中的数据并行执行相关处理指令，计算的最终结果放在显存中，如图 13-3 中的③所示；最后，计算结果从 GPU 显存复制到 CPU 内存里，如图 13-3 中的④所示。由此可见，在“CPU+ 架构”中，CPU 主要负责总体的工作协调和计算结果的汇总，而大量可并行的计算负载则由类似 GPU 的加速部件完成，从而达到阿姆达尔（Amdahl）定律中阐述的性能提升效果。

虽然人工智能服务器都会遵从“CPU+ 架构”，但是应用在不同场景中的人工智能服务器在设计方案上也会有一些差异。例如，云端训练场景普遍具备大存储、高性能、可伸缩等特点，其数据处理能力会达到千万亿次每秒（PetaFLOPs）。与云端训练场景相比，云端推理场景则更强调数据吞吐率、能效和实时性；与云端相比，边缘推理场景应用需求和场景约束会复杂很多，其目标是把效率推向极致。因此人工智能服务器的技术选型和部件配置需要针对不同的业务场景做相应的调整优化。

总体而言，计算能力的提升会导致人工智能服务器产生一系列新要求，其基本设计思路如下所述。

（1）并行处理能力扩展

服务器中除了 CPU 之外，还需要补充能够开展高性能并行处理的计算加速部件，这些部件包括但不限于 GPU、FPGA、ASIC 等。

（2）存储层次与计算能力匹配

外存、内存、缓存等构成的存储体系会因性能不及计算部件而成为瓶颈，因此合理的存储层次设计是确保服务器性能的关键。

（3）高速的数据传输连接

此部分主要包括主板上各个计算部件间的数据传输以及多台服务器组成集群时各台服务器间的网络连接，高带宽、低时延是其刚性需求。

13.5.2 计算芯片

计算芯片是负责服务器数据处理、逻辑计算的主要硬件单元。传统计算芯片主要由 CPU 构成。随着人工智能（AI）应用兴起，相关数据计算量巨大，CPU 架构被证明不能满足需要处理大量并行计算的人工智能算法的需求，因此 CPU 需要更适合并行计算的芯片。一些专用于高性能并行处理的计算加速的硬件单元开始作为 CPU 的补充，辅助进行 AI 计算，GPU、FPGA、张量处理单元（Tensor Processing Unit，TPU）等各种计算芯片应运而生。

13.5.3 x86/ARM/Power

13.5.3.1 x86

1. 背景概述

指令集是存储在 CPU 处理器内部，对 CPU 运算进行指导和优化的硬程序。CPU 芯片的运行依靠和执行的就是指令集。从指令集架构而言，常见的 CPU 处理器主要可以分为 x86 架构 CPU、ARM 架构 CPU、Power 架构 CPU 等。此外，还有 MIPS（龙芯）、第五代精简指令集计算机（Reduced Instruction Set Computing 5，Risc-V）等其他架构。随着技术的发展，指令集也在不断扩展和变化，例如，x86 增加了对 64 位支持的指令 x86-64。

x86 架构 CPU 处理器是由 Intel（英特尔）首先开发并主导的基于 x86 指令集的一系列处理器的统称。因其高性能、强扩展能力、良好的软件生态，所以占据着处理器市场中很大的一部分份额。

ARM 架构 CPU 开始于低功耗、计算量较小的场景，例如，智能手机、穿戴设备、物联网等领域。随着 ARM 技术不断进步，多核性能大幅提高，尤其是开放的生态，ARM 也从端和边缘计算走向服务器和数据中心。目前，ARM 架构在多核、低功耗等方面发挥优势，在面向大数据、分布式存储和 ARM 原生应用等场景为企业构建高性能、低功耗的新计算平台，这也是计算发展的必然趋势。

2. 技术特点

x86 架构和 ARM 架构 CPU 都属于传统通用型 CPU，从 CPU 通用特点来讲，它们都具有以下特征。

（1）适合逻辑控制、串行运算

CPU 作为通用处理器，除了满足计算要求之外，为了更好地响应人机交互的应用，它需要能处理复杂的条件、分支，以及任务之间的同步协调，所以芯片上需要很多空间来进行分支预测与优化（control），保存各种状态（cache）以降低任务切换时的时延。这也使它更适合逻辑控制、串行运算与通用类型数据运算。

（2）支持通用型负载

虽然 CPU 通用性设计能够更好地支持各种不同的工作负载程序，但是 CPU 性能近年来未能呈现如摩尔定律预测的定期翻倍，于是具有数量众多计算单元和超长流水线、具备强大并行计算能力与浮点计算能力的 GPU 能够依靠相关的机器学习软件和框架程序更好地支持大多数 AI 运算。这让很多人认为人工智能加速程序必须在 GPU 上才能完成。

随着 AI 计算需求的扩大，很多厂商也在新一代的 CPU 指令集中扩展更多的功能，从而更快、更好、效率更高地支持 AI 运算。同时，这些芯片厂商也会投入大量资源对机器学习常用软件框架程序进行优化，使之更好地运行在 CPU 芯片之上，代号为“Cascade Lake”的第二代英特尔至强可扩展处理器就证明了这一点。

此外，ARM 架构 CPU 采用 RISC 精简指令集，内核结构简单小巧，器件的功耗较低，具有以下突出特点。

① 在同样的功能性能下，芯片占用面积小、功耗低、集成度更高，具备更好的并发性能，这种多核高并发优势在大数据、存储等领域具有性能优势。

② 支持 16 位、32 位、64 位多种指令集，能很好地兼容从物联网、终端到云端的各类应用场景。

13.5.3.2　GPU

1. 背景概述

截至目前，全球人工智能的计算力仍然主要是以 GPU 芯片为主。GPU 能够提供的强大而高效的并行计算能力，对于海量训练数据来说，用 GPU 来训练深度神经网络所使用的训练集可以更大，所耗费的时间能够大幅缩短，占用的数据中心基础设施也更少。另外，GPU 还被广泛用于云端进行分类、预测和推理，从而在耗费功率较低、占用基础设施较少的情况下支持比从前更大的数据量和并发吞吐量。与单纯使用 CPU 的做法相比，GPU 具有数以千计的计算核心，可实现 10～100 倍应用吞吐量。

2. 技术特点

当前的 AI 运算很多都属于并行运算密集型场景。CPU 负责把并行运算任务编译为 GPU 可执行的任务，并把计算任务推送给 GPU，GPU 硬件按照 Grid（线程网格）设定，把多个 Work-item（工作项）组成一个 Workgroup（工作组），并按照 Workgroup 把计算任务推送到多个不同的运算内核，并分解成为多条可执行的 Wavefront（波前，是 GPU 代码的最小可执行单元），每个 Wavefront 分配在一个单指令多数据流（Single Instruction Multiple Data，SIMD）上执行。同一个 Wavefront 的 Threads（线程）可以在同一个 SIMD 并发执行，不同的 Wavefront 可以执行不同的运算代码。GPU 并行计算逻辑如图 13-4 所示。

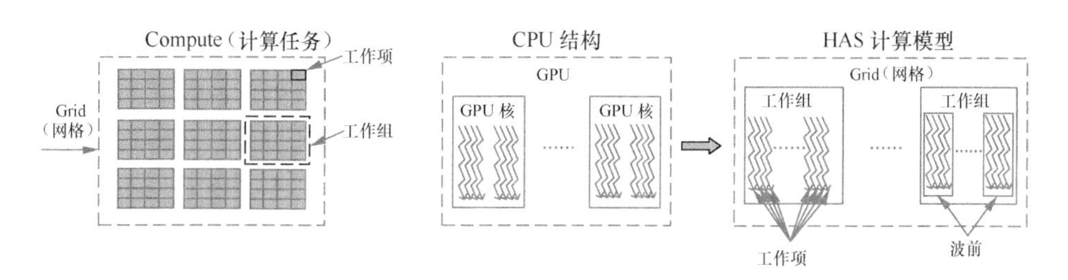

图 13-4 GPU 并行计算逻辑

与传统的 CPU 运算相比，GPU 并行运算有以下特点。

（1）GPU 拥有的核心数量要比高端 CPU 的核心数量多。虽然 GPU 的每个运算核心没有 CPU 的每个运算核心工作频率高，但是 GPU 的单位芯片面积的总体性能以及能效比要比 CPU 高很多，所以在处理多线程的并行计算的任务，GPU 性能较高。

（2）GPU 能够通过大量并行线程之间的交织运行隐藏全局的时延，除此之外，GPU 还拥有大量的通用寄存器、局部存储器、cache 等用来提升外部存储的访问性能。

（3）在传统的 CPU 运算中，线程之间的切换是需要很大的开销的，所以在大量线程开启时，算法的效率还是比较低的。但是在 GPU 中，线程之间的切换比较廉价。

（4）GPU 的计算单元的计算能力比 CPU 强很多。

（5）GPU 使用 GDDR 或者 HBM，访存速度和带宽远高于 CPU。

13.5.3.3 FPGA

1. 背景概述

FPGA 的灵活性介于 CPU、GPU 等通用处理器和专用集成电路 ASIC 之间，在硬件固定的前提下，允许使用者灵活地使用软件进行编程。它的开发周期比ASIC短，不过相较于批量出货ASIC，单个FPGA的成本会更高。

由于FPGA的容错空间相对更大，以前FPGA常被用作ASIC芯片流片前的硬件验证方法。几乎二分天下的赛灵思和英特尔确立了相似的FPGA战略布局，它们均将重心放在了数据中心市场，并都致力于让FPGA的编程更简单。

近年来，FPGA在数据中心的应用日益广泛。目前，FPGA服务器已在全球七大超级云计算数据中心IBM、Facebook、Azure（一款微软基于云计算的操作系统）、亚马逊网络服务（Amazon Web Services，AWS）、百度云、阿里云、腾讯云得到部署。

2. 技术特点

近年来，随着深度学习等计算密集型业务的发展，FPGA由于并行计算方面的优秀特性受到了互联网企业越来越多的关注。这些互联网企业正在研究如何在数据中心发挥FPGA的优势。相较于CPU、GPU等通用处理器，FPGA具有以下优势和特点。

（1）高度可定制

开发者可以使用Verilog（一般是指Verilog HDL，这是一种硬件描述语言）或甚高速集成电路硬件描述语言（Very High Speed Integrated Circuit Hardware Description Language，VHDL）对FPGA的电路逻辑和功能进行灵活开发。由于其具有高度可定制的特点，因此以前FPGA常被用作ASIC芯片流片前的硬件验证方法。

（2）低功耗与高性价比

低功耗是FPGA最引人注目的优势。FPGA计算的绝对性能并不如GPU，但是企业级GPU的功率通常高达数百瓦，而FPGA的功率可以低至20W以下。低功耗带来的直接收益是省电，而对于数据中心而言，低功耗的意义不仅仅是省电。在一台服务器消耗的成本中，机柜成本占有相当大的比例。通常来说，一整个机柜的成本是固定的，并且具有一个功率上限，因此机柜中放置的机器越多，单个机器平均下来的机柜成本就越低。由于GPU的功耗很高，一个机柜仅仅能够承受寥寥数台GPU机器的功耗，导致GPU机器的单机成本很高。而 FPGA 机器功耗较低，机柜密度可以提高，从而降低 FPGA 机器的单机成本。由此可知，虽然 FPGA 计算的绝对性能不如 GPU，但 FPGA 在性价比方面具有潜在的优势。对于云计算来说，FPGA 能够很好地满足对价格和成本更加敏感的用户需求。

（3）计算并行性与流水线控制

FPGA 设计可以做到全定制，设计者可以精确控制 FPGA 内部所有的逻辑单元、寄存器和数字运算单元在任何一个周期的行为。因此 FPGA 上所有的运算单元都可以同时工作，在计算时具有天然的并行性。除此之外，开发者还可以精确地控制流水线，最大限度地对计算单元加以利用。FPGA 在计算方面的并行性，使其适用于以深度学习为代表的各种并行计算的业务场景。

此外，与 CPU、GPU 等通用处理器相比，FPGA 自身存在以下不足。

（1）浮点计算

在多数的计算场景中，数据类型都是浮点型，例如，深度学习、地球物理、流体力学甚至基因计算、高频交易等。而在传统的 FPGA 中，并没有固化在 FPGA 内部的浮点运算单元。传统 FPGA 中的运算单元都是定点的，如果需要浮点运算，必须利用定点的计算单元和逻辑资源去构建“软”的浮点运算器，用这种方法不仅无法获得良好的计算性能，还会占用大量的资源。

（2）存储与带宽

FPGA 片内有存储资源，在 FPGA 内部，数据可以非常灵活地在计算单元和存储单元之间转移。但是 FPGA 片上的存储资源非常有限，其典型大小为 50MB 左右。有限的容量远远无法满足数据庞大的计算密集型业务，通常只能通过外挂双倍速率同步动态随机存取内存（Double Date Rate Synchronous Dynamic Random Access Memory，DDR）来弥补存储资源的不足。但外挂 DDR 后，访问与存储的带宽往往会成为计算的瓶颈。

（3）时钟频率

FPGA 的另一个弱点是时钟频率过低。无论是 CPU 还是 GPU，主频的频率在 2GHz 到 3GHz 之间，甚至更高，而 FPGA 工作的典型频率为 200MHz～400MHz。由此可见，较低的时钟频率成为制约 FPGA 性能的因素之一。

13.5.3.4 ASIC

1. 背景概述

ASIC是一种为专用目的设计的、面向特定用户需求的定制芯片的统称。例如，专用的音频、视频处理器，目前，很多专用的AI芯片也可以看作ASIC的一种。

从目前众多行业巨头的布局来看，它们都在积极布局定制化芯片，特别是AI芯片布局已经成为众多行业巨头的重心。因为深度学习、机器学习、大数据分析及判断、自动决策等各种AI应用如雨后春笋般出现，而针对不同应用打造的特殊应用芯片（ASIC）需求也呈爆发态势。

在无线、网络、物联网等细分市场，客户在设计高性能、低功耗应用时，有时为了实现快速上市和保证灵活性，会首先部署FPGA，然后再迁移到被称为结构化ASIC的设备上，后者可用于优化性能和用电效率。结构化ASIC是介于FPGA与ASIC之间的一种中间技术，其提供的性能和能源效率更接近标准ASIC，而其设计时间更短，成本只相当于ASIC非经常性工程成本的几分之一。

2. 技术特点

ASIC与GPU、FPGA不同，GPU和FPGA除了是一种技术路线之外，还是实实在在确定的产品。而ASIC就是一种技术路线或方案，其呈现的最终形态与功能也是多种多样的。

相较于我们常见的CPU、GPU等通用型芯片以及半定制的FPGA，ASIC芯片的计算能力和计算效率都是直接根据特定算法的需要定制的，所以其可以实现体积小、功耗低、可靠性高、保密性强、计算性能高、计算效率高等优势。所以在其所针对的特定的应用领域，ASIC芯片的能效表现要远远超过CPU、GPU等通用型芯片以及半定制的FPGA。

在人工智能领域，算法复杂度越高，越需要一套专用的芯片架构与其进行对应，而ASIC可以基于多个AI算法进行定制，其定制化的特点使其能够针对不同环境达到最佳的适应状态，在深度学习的训练和推理阶段皆能占据一定地位。

当然，ASIC芯片的缺点也很明显，因为它是针对特定算法设计的。一旦芯片设计完毕，其所适应的算法就是固定的，所以一旦算法发生变化就可能无法使用。

另外，如果专用的芯片的出货量不大，那么芯片的成本就会很高。当然，如果专用的芯片的出货量越大，芯片的成本就会越低。

对于人工智能应用来说，由于目前人工智能技术尚处于发展阶段，大量算法不断涌现、持续优化，而且这种变化以各自的方式在加速。而 ASIC 芯片由于其在设计时就是针对特定算法进行固化的，所以无法适应各种算法。特别是在云端的服务器 / 数据中心，目前更多地还是依赖 CPU、GPU 以及可重复编程、可重新配置的 FPGA 来进行人工智能运算和推理。

13.5.4 存储系统

存储系统是指计算机中由存放程序和数据的各种存储设备、控制部件及管理信息调度的设备（硬件）和算法（软件）所组成的系统，其分为存储芯片和存储介质。存储芯片可暂时存放计算芯片所需的运算数据，直接影响着服务器的计算性能。存储介质作为服务器的数据存储支撑，在整个存储系统架构中有着举足轻重的地位。

由于 AI 服务器对存储系统有着大容量、高并发访问、高带宽的需求，本章将重点介绍面向 AI 的新型存储芯片、存储介质和存储接口。

13.5.4.1 新型存储芯片

1. 背景概述

AI 服务器处理需要多用户、高吞吐、低时延、高密度部署。计算单元的剧增使输入 / 输出（Input/Output，I/O）瓶颈越加严重，要解决这个问题需要付出较高的代价（例如，增加 DDR 接口通道数量、片内缓存容量、多芯片互联）。尽管片上分布的大量缓存能提供足够的计算带宽,但由于存储结构和工艺制约，片上缓存占用了大部分的芯片面积（通常为 1/3 至 2/3），进而限制了算力提升的空间。而以高带宽存储器（High Bandwidth Memory，HBM）为代表的存储器堆叠技术将原本一维的存储器布局扩展到三维，大幅提高了片上存储器的密度，使 AI 进入新的发展阶段。

2. 技术特点

HBM 是一款新型的 CPU/GPU 内存芯片（即“RAM”），其实就是将很多个 DDR 芯片堆叠在一起后和 GPU 封装在一起，实现大容量、高位宽的 DDR 组合阵列。第一代 HBM 每个 Die（晶粒）容量可达 2GB，带宽为 128Gbit/s，总线位宽高达 1024bit/s。效率是第五版图形用双倍数据传输率存储器（Graphics Double Date Rate Version 5，GDDR5）的 3 倍，印制线路板（Printed Circuit Board，PCB）面积比 GDDR5 少 94%。第二代 HBM 每个堆栈的带宽变为 256Gbit/s，每个 Die 的容量达到 8GB，而每个堆栈最多能容纳 8 个 Die，一个 GPU 核心搭配 4 个 HBM 堆栈，那么显存容量最高可达 32GB，带宽可达 1Tbit/s。

HBM 相比 GDDR 等传统显存芯片，其优势主要有以下两个方面。

（1）带宽相近时，HBM 可以带来更低的功耗，降低显存控制器耗费的晶体管数量，节省晶圆面积。

（2）HBM 显存可以直接与 GPU 甚至异构 CPU 核心封装在同一块 PCB 基板上，大大减少相关冗余电路的数量，简化通信连接节点、距离，提高通信速率和电器稳定性。

13.5.4.2 SSD

1. 背景概述

固态硬盘（Solid State Disk，SSD）是用固态电子存储芯片阵列制成的硬盘。SSD 由控制单元和存储单元（Flash 芯片、DRAM 芯片）组成。固态硬盘在接口的规范、定义、功能及使用方法上与普通硬盘完全相同，在产品外形和尺寸上也与普通硬盘完全一致。

传统大容量存储设备多是磁记录设备，例如，现在市场中广泛应用的硬盘。硬盘的读写头沿径向移动到高速转动盘片的读取扇区所在磁道的上方，从而以读写头与盘片配合的方式完成数据的读写。这种通过机械运动读取数据的方式制约了其存取速度、可靠性和使用寿命，同时也被遵循摩尔定律飞速发展的处理器远远抛在身后。

与硬盘不同，现在企业级的固态硬盘一般都是使用与非门闪存（Not And Flash EEPROM Memory，NAND Flash）作为存储介质，其写入和擦除速度较快。它没有机械运动的限制，突破传统磁光记录设备的性能瓶颈，具有存储密度高、存取速度快、可靠性高、功耗小、噪声小、使用寿命长等优点。

2. 技术特点

相较于传统机械硬盘，固态硬盘具有以下技术特点。

（1）读写速度快

将闪存作为存储介质，读取速度比机械硬盘更快。固态硬盘不用磁头，寻道时间几乎为 0。其持续写入的速度非常惊人，固态硬盘厂商大多宣称自家的固态硬盘持续读写速度已超过 500Mbit/s。固态硬盘的速度不仅体现在持续读写上，随机读写速度才是固态硬盘的核心优势。随机读写速度快这一特点直接体现在大部分的日常操作中。与之相关的还有极少的存取时间，最常见的 7200 转机械硬盘的寻道时间一般为 12ms～14ms，而固态硬盘可达 0.1ms，甚至更低。

（2）防震抗摔性

因为固态硬盘使用闪存颗粒制作而成，所以 SSD 固态硬盘内部不存在任何机械部件，这样即使在高速移动甚至伴随翻转倾斜的情况下也不会影响其正常使用，而且在发生碰撞和震荡时能够将数据丢失的可能性降到最低。相较于传统硬盘，固态硬盘占有绝对优势。

（3）低功耗

固态硬盘的功耗要低于传统硬盘。

（4）无噪声

固态硬盘工作时的噪声值为 0 分贝。基于闪存的固态硬盘在工作状态下的能耗和发热量较低（但高端或大容量产品的能耗会较高）。内部不存在任何机械活动部件，不会发生机械故障，也不怕碰撞、冲击、振动。由于固态硬盘采用无机械部件的闪存芯片，所以具有发热量小、散热快等特点。

（5）工作温度范围大

典型的硬盘驱动器只能在 5℃～55℃工作。而大多数固态硬盘可在 -10℃～70℃工作。固态硬盘比同容量机械硬盘体积小、重量轻。固态硬盘在接口规范、定义、功能及使用方法上与普通硬盘相同，在产品外形和尺寸上也与普通硬盘一致。其芯片的工作温度范围较大（一般在 -40℃～85℃）。

（6）轻便

固态硬盘的重量更轻。

NAND Flash 内部有多个存储单元（Cell）。按照每个单元存储数据数量的不同，又可将其分为单层式存储（Single Level Cell，SLC）、双层式存储（Multi Level Cell，MLC）、三层式存储（Triple-Level Cell，TLC）和四层式存储（Quad-Level Cell，QLC）。其中，SLC 的每个单元只存储 1 个数据，性能最好，寿命最长，成本也最高；MLC 的每个单元存储 2 个数据，性能、寿命和成本比较均衡；TLC 的每个单元存储 3 个数据，成本较低，容量大；QLC 的每个单元存储 4 个数据，理论寿命更低，但成本和容量优势明显。

由于 NAND Flash 存在擦写次数的限制，因此固态硬盘的使用寿命一般比机械硬盘短。衡量 SSD 寿命的指标主要有两个：一是总写入字节（Total Bytes Written，TBW），表示 SSD 总共可以写入多少 Bytes；二是每日整盘写入次数（Drive Writes Per Day，DWPD），表示在保修期内，用户每天可以全盘写入多少次。TBW 和 DWPD 之间可以采用如下公式换算。

TBW=DWPD×SSD 容量 × 保修年数 ×365

采用 SLC 芯片的固态硬盘，其 DWPD 值通常大于 10，一般只在密集型操作场景下使用。对于采用 MLC 的固态硬盘，其 DWPD 的范围通常在 3 到 10 之间，一般应用于对固态硬盘耐久性有较高要求的场景。而对于企业级 TLC 固态硬盘，DWPD 通常在 1 到 5 之间，基本上可以满足大多数的使用场景。企业级 QLC 固态硬盘的 DWPD 值常常小于 1，一般在 0.3 左右，适用于读密集型场景。

13.5.4.3 新型存储介质

1. 背景概述

NAND Flash 提升存储密度的研究一直在进行，Flash 生产厂商更在意如何通过堆叠提升密度、如何通过制程改进降低成本，而性能的改进有些停滞不前。

2017 年年初，英特尔对 3D XPoint 技术正式商品化，这是首个被商用化的存储级内存（Storage Class Memory，SCM）技术。Optane SSD、Optane Memory 等多款产品被推向市场。其高速度、低时延、强 I/O、长耐久等优势大大优于各类 NAND 产品。三星也公布了与成本演进 V-NAND（3D NAND 技术）平行的性能演进技术 Z-NAND，兼具接近 DRAM 的性能与 NAND 的非易失性。

2. 技术特点

SCM 也被称为非易失性存储器（Non-Volatile Memory，NVM）或者持久性内存（Persistent Memory，PM），其作用是弥补系统中内存与存储之间的性能差距。目前，商用的 SCM 有英特尔的 Optane 系列。

SCM 的关键特性如下所述。

（1）比 Flash 访问时延低

SCM 介质的访问时延普遍小于 1μs，比当前常用的 NAND Flash 快 2～3 个数量级且时延稳定。

（2）持久存储

SCM 介质在数据保持能力方面的表现远超 NAND Flash。

（3）大容量

接近 NAND Flash 的容量密度。

（4）字节寻址

更小的访问粒度，例如，按照 CPU Cache Line 访问（64B），读写时也没有 NAND Flash 顺序写入和写前擦除的约束，操作过程更简单。

（5）磨损寿命

SCM 介质在寿命方面的表现也远超 NAND Flash，在 10^5 到 10^9 之间，是 NAND Flash 介质的 100 倍左右。

Z-NAND 基于第四代 V-NAND，具有一些新的特性（介于 DRAM 内存和 NAND 闪存之间）。由于其包含独特的电路设计与优化后的主控，所以三星用 Z-NAND 来命名这款闪存芯片。相比其他 NAND，Z-SSD 的时延大幅降低而读取速度提高近 2 倍。目前，商用的有三星 Z-SSD（SZ 系列）。

Z-NAND 的关键特性如下所述。

（1）低时延

Z-NAND 随机读时延可以达到 1.5μs，并且 Z-NAND 产品非常稳定，能够在整个生命周期内保持同样的时延，不会因为使用时间长短而改变时延性能。

（2）高 QoS

相较于传统 TLC，Z-NAND SSD 的 Read QoS（99.999%）可以缩短到 300μs。

13.5.4.4 新型存储接口

1. 背景概述

固态硬盘的类型按照硬盘接口或协议的不同，可以分为串行高级技术附件（Serial Advanced Technology Attachment，SATA）、串行小型计算机系统接口（Serial Attached Small Computer System Interface，SAS）、非易失性内存主机控制器接口（Non-Volatile Memory express，NVMe）三种类型。

（1）SATA 固态硬盘是最常见的固态硬盘，使用 SATA 物理接口，执行 ATA 协议标准，SATA3.0 接口速度可达 6Gbit/s。

（2）SAS 固态硬盘使用 SAS 物理接口，执行 SCSI 协议，向下兼容 SATA，支持双端口，SAS3.0 接口速度可达 12Gbit/s。

（3）NVMe 固态硬盘使用 PCIe 物理接口，运行 NVMe 协议。PCIe3.0 单通道的接口速度为 8Gbit/s，一般有 4 个通道，可提供 32Gbit/s 的接口速度，时延较低。

2. 技术特点

（1）SATA

SATA 是一种计算机总线，负责主板和大容量存储设备（例如，硬盘及光盘驱动器）之间的数据传输，主要用于个人计算机。串行 ATA 与串行 SCSI 的排线兼容，SATA 硬盘可接上 SAS 接口。

2000 年 11 月，由“Serial ATA Working Group”团体所制订的取代旧式 PATA（Parallel ATA 或旧称 IDE）接口的旧式硬盘，因采用串行方式传输数据而得名。在数据传输方面，SATA 的速度比以往更加快捷，并支持热插拔，即计算机在运作时可以随时插上或拔除硬件。在性能方面，SATA 总线使用嵌入式时钟频率信号，具备比以往更强的纠错能力，能对传输指令（不仅是数据）进行检查，如果发现错误会自动矫正，提高数据传输的可靠性。不过，SATA 和以往最明显的区别是使用较细的排线，有利于机箱内部的空气流通，从某种程度上增加了整个平台的稳定性。

目前,SATA有SATA 1.5Gbit/s、SATA 3Gbit/s和SATA 6Gbit/s三种规格。

SATA 结构简单，支持热插拔，传输速度快，执行效率高。串行 ATA 总线使用嵌入式时钟信号，具备更强的纠错能力。其最大的进步在于能对传输指令（不仅是数据）进行检查，如果发现错误会自动矫正。这在很大程度上提高了数据传输的可靠性。SATA 的物理设计可以说以 Fibre Channel（光纤通道）作为蓝本，采用四芯接线，需求的电压降低至 250mV（最高 500mV），是传统并行 ATA 接口（5V）的 1/20。因此厂商可以给 Serial ATA 硬盘附加上高级的硬盘功能，例如，热插拔等。更重要的是，在连接形式上，除了传统的点对点（Point-to-Point）形式，SATA 还支持星形连接。因此就可以给 RAID 这样的高级应用提供设计上的便利。在实际的使用中，SATA 的主机总线适配器（Host Bus Adapter，HBA）就好像网络上的交换机一样，以通道的形式可以和单独的每个硬盘通信，即每个 SATA 硬盘都独占一个传输通道，所以不存在像并行 ATA 那样的主 / 从控制的问题。

（2）SAS

串行 SCSI 是一种电脑集线的技术，其功能主要是为周边零件的数据传输，例如，硬盘、CD-ROM 等设备而设计的接口。串行 SCSI 由并行 SCSI 物理存储接口演化而来，是由美国国家标准学会—国际信息技术标准委员会（American National Standards Institute-the International Committee for Information Technology Standards，ANSI-INCITS）T10 技术委员会（T10 committee）开发和维护的新的存储接口标准。与并行方式相比，串行方式能够提供更快的通信传输速度以及更简易的配置。另外，SAS 支持与串行 ATA（SATA）设备兼容，且两者可以使用类似的电缆。SAS 由三种类型的协议组成，根据连接的不同设备，使用相应的协议进行数据传输。

① 串行 SCSI 协议（SSP）——用于和 SCSI 设备沟通。

② 串行 ATA 通道协议（STP）——用于和 SATA 设备沟通。

③ SCSI 管理协议（SMP）——用于对 SAS 设备的维护和管理。

第一代 SAS 为数组中的每个驱动器提供 3.0Gbit/s（3000Mbit/s）的传输速率。第二代SAS为数组中的每个驱动器提供 6.0Gbit/s(6000Mbit/s)的传输速率。

SAS 的接口技术可以向下兼容 SATA。SAS 系统的背板（Backplane）既可以连接具有双端口、高性能的 SAS 驱动器，也可以连接大容量、低成本的 SATA 驱动器。因为 SAS 驱动器的端口与 SATA 驱动器的端口形状看上去类似，所以 SAS 驱动器和 SATA 驱动器可以同时存在于一个存储系统中。需要注意的是，由于 SATA 系统并不兼容 SAS，所以 SAS 驱动器不能连接到 SATA 背板上。

SAS 技术是结合了 SATA 与 SCSI 二者的优点而诞生的，同时串行 SCSI（SAS）是点到点的结构，因此除了提高其性能之外，每个设备在连接到指定的数据通路上提高了带宽，从而为数据传输与存取提供了必要的保障。

（3）NVMe

NVM Express（NVMe）或称非易失性内存主机控制器接口规范（Non-Volatile Memory express），它是一个逻辑设备接口规范。它是与 AHCI 类似的、基于设备逻辑接口的总线传输协议规范（相当于通信协议中的应用层），用于访问通过 PCIe 总线附加的非易失性内存介质。

此规范的目的在于充分利用 PCIe 通道的低时延、并行性，以及当代处理器、平台与应用的并行性，在可控制的存储成本下，极大地提升固态硬盘的读写性能，降低由 AHCI 接口带来的高时延，彻底解放 SATA 时代固态硬盘的极致性能。

NVMe 的具体优势如下所述。

① 性能有数倍的提升。

② 可大幅降低时延。

③ NVMe 可以把最大队列深度从 32 提升到 64000，SSD 的 IOPS 能力也会得到大幅提升。

④ 自动功耗状态切换和动态能耗管理功能大幅降低。

⑤ NVMe 标准的出现解决了不同 PCIe SSD 之间的驱动适用性问题。

13.5.5 主板总线

随着 AI、深度学习技术的发展，以及摩尔定律遇到的功耗瓶颈，传统 CPU 计算能力的提升已经不能满足高性能和数据密集型计算的需求。因此硬件加速器（Hardware Acceleration）技术在AI计算中被普遍使用，以GPU、FPGA、ASIC芯片为代表的硬件加速方案得到了蓬勃发展。当应用程序在加速器之间进行数据转移时，传统的以CPU为中心的I/O体系结构会带来非常高的CPU开销。同时，现代的高性能计算系统为了适配不同的容量和存取速度的要求，会综合采用多种存储技术，例如，cache、DDR、SCM、SSD等，并且会在不同的加速器之间共享内存空间，这些都带来了适配不同内存访问机制以及多处理器间缓存一致性的问题。综上所述，针对高性能或AI计算的服务器，需要一些更高性能的计算总线来实现加速器之间以及与CPU的高效互联。高性能或AI计算应用的总线相较于传统的服务器总线，需要具备以下特点。

1. 更高接口带宽

现代的高性能AI处理器已经可以实现100TFlops/s（一万亿次浮点指令每秒）以上的计算能力，为了充分发挥其算力，需要有高吞吐量的总线实现多处理器之间的海量数据传输。

2. 更高可靠性和更低传输时延

当多处理器之间协同处理复杂任务或者共享统一的内存空间时，在多处理器之间有频繁的数据交换，更高的可靠性和更低的传输时延可以有效降低处理器的重传或等待时间，提高计算效率。

3. 缓存一致性

由于外部存储器带宽的限制，高性能处理器普遍在内部使用更高速的cache缓存单元。当在多处理器之间共享统一的外部内存地址空间时，为了避免错误的数据操作，需要有专门的硬件协议保证各处理器之间缓存的一致性。

13.5.5.1 PCIe

1. 背景概述

PCIe总线是PCI总线的串行版本，广泛应用于显卡、GPU、SSD卡、以太网卡、加速卡等与CPU的互联。PCIe的标准由PCI SIG（PCI Special Interest Group）组织制订和维护，目前，其董事会主要成员有Intel、AMD、NVIDIA、Dell EMC、Keysight、Synopsys、ARM、Qualcomm、VTM等公司，全球会员单位超过700家。

2. 技术特点

PCIe 的物理层（Physical Layer）和数据链路层（Data Link Layer）根据高速串行通信的特点进行了重新设计。上层的事务层（Transaction）、总线拓扑都与早期的 PCI 类似，典型的设备有根设备（Root Complex）、终端设备（Endpoint），以及可选的交换设备（Switch）。

在物理层方面，PCIe 总线采用多对高速串行的差分信号进行双向高速传输，每对差分线上的信号速率可以是第 1 代的 2.5Gbit/s、第 2 代的 5Gbit/s、第 3 代的 8Gbit/s、第 4 代 16Gbit/s、第 5 代的 32Gbit/s。其典型连接方式有金手指连接、背板连接、芯片直接互联、电缆连接等。根据不同的总线带宽需求，其连接位宽可以选择 x1、x4、x8、x16 等。如果采用 x16 连接、第 5 代的 16Gbit/s 速率的话，理论上可以支持约 128Gbit/s 的双向总线带宽。另外，2019 年年中，PCI SIG 宣布采用 PAM4 技术、单 Lane 数据速率达到 64Gbit/s 的第 6 代标准规范也在讨论中，预计会在 2021 年发布。PCIe 总线几代物理层技术的特点及规范推出时间见表 13-1。

表 13-1 PCIe 总线几代物理层技术的特点及规范推出时间

	PCIe1.0	PCIe2.0	PCIe3.0	PCIe4.0	PCIe5.0
Base 规范时间	2003 年	2006 年	2010 年	2017 年	2019 年
数据速率	2.5GT/s	5GT/s	8GT/s	16GT/s	32GT/s
编码方式	8b/10b	8b/10b	128b/130b	128b/130b	128b/130b
编码开销	20%	20%	1.5625%	1.5625%	1.5625%
理论总线带宽（x16 双向）	8Gbit/s	16Gbit/s	32Gbit/s	64Gbit/s	128Gbit/s
发送端预加重技术	-3.5dB	-3.5dB，-6dB	2 Tap FIR（11preset）	2 Tap FIR（11preset）	2 Tap FIR（11preset）
接收端均衡技术	None	None	CTLE+1 Tap DFE	CTLE+2 Tap DFE	2nd order CTLE +3 Tap DFE
典型链路（无中继）	50.8cm+2 个连接器	50.8cm+2 个连接器	50.8cm+2 个连接器	50.8cm+1 个连接器	50.8cm+1 个 SMT 连接器

注：GT/s 为千兆传输 / 每秒，Giga Transation per second 的缩写，每一秒内传输的次数

13.5.5.2 NVlink

1. 背景概述

随着 AI 和深度学习应用的普及，多 GPU 阵列可以有效扩展单节点的 AI 性能，但多 GPU 系统的性能提升会受到 GPU 之间互连性能的约束。随着 GPU 性能的提高，以及实际应用中 GPU 与 CPU 比率的提升，NVIDIA 公司于 2014 年在其P100系列GPU上推出NVLink高速总线，主要用于多个GPU之间进行高效、高速互联。NVLink 的协议由 NVDIA 公司定义和推广，目前已经发展到 2.0 标准。

2. 技术特点

NVLink 是一种高速、高性能、近距离的网状互联总线，可以有效提高 GPU 与 GPU 之间，甚至 GPU 和 CPU 之间的互联带宽。每组 NVLink 连接称为一个 Brick（块），由 16 对高速的差分线（8 对发送，8 对接收）组成，采用直流耦合、85 欧姆差分阻抗、类似 PCIe 的编码方式和嵌入式时钟。NVLink 的第 1 代标准就支持 20Gbit/s 的数据速率，远远超过当时 PCIe3.0 的 8Gbit/s。第 2 代标准更是把数据速率提升到 25Gbit/s，再加上每个 GPU 芯片可以支持多组（4～6 组）NVLink 连接，使其总线带宽得到进一步的扩展。NVLink 总线 1.0 和 NVLink 2.0 性能比较见表 13-2。

表 13-2 NVLink 总线 1.0 和 NVLink 2.0 性能比较

	NVLink 1.0	NVLink 2.0
发布时间	2014 年	2017 年
Lane 数据速率	20Gbit/s	25Gbit/s
编码方式	128b/130b	128b/130b
Lane 数量 /Brick	8out+8in	8out+8in
理论带宽 /Brick	40Gbit/s	50Gbit/s
单芯片 Brick 数量	4 组	6 组
理论总带宽（双向）	16Gbit/s	300Gbit/s
典型产品	NVDIA P100，IBM Power8	NVDIA P100，IBM Power9
典型链路	<50.8cm PCB，无连接器	<50.8cm PCB，无连接器

根据实际使用的 GPU 芯片数量以及每个 GPU 支持的 Brick 数量，可以构成不同的 GPU 阵列。例如，4 组 NVLink 可以支持 4 个 GPU 芯片的网状连接，而 6 组 NVLink 可以支持 8 个 GPU 芯片的网状连接。在第 2 代 NVLink 总线

中，还支持 CPU 和 GPU 之间的统一内存地址访问和管理，以及缓存一致性（cache coherence）协议来缓存 GPU 内存，使 CPU 能够更高效地访问 GPU 的数据。

13.5.5.3 OpenCAPI

1. 背景概述

开放一致加速处理器接口(Open Coherent Accelerator Processor Interface，OpenCAPI）规范由 IBM、NVIDIA、AMD、Google、Mellanox、WD、Xilinx 等公司于 2016 年 10 月联合推出，旨在创建一个开放的高性能总线接口协议标准，以满足数据中心服务器日益增长的高性能异构计算需求。

OpenCAPI 标准总线最大的特点就是性能较强，每个通道的数据不仅可达 25Gbit/s，远远超过 PCIe3.0 的 8Gbit/s，而且也支持多通道绑定。借助这一开放式总线，CPU 可以和加速器、一致性网络控制器、高级内存、一致性存储控制器等高速互联，大大提高其整体性能。

2. 技术特点

OpenCAPI 标准中定义了全新的传输层（Transaction Layer）和数据链路层（Data Link Layer）协议，可以将 CAPI 看作通过 PCIe 或其他接口的一个特殊隧道协议。它允许 PCIe 适配器看起来像一个特殊用途的协处理器或加速器来读 / 写应用处理器的内存。简单直接的数据包定义，使命令解码和内存访问时延比传统的 PCIe 减少 1 个数量级（从几百 ns 到几十 ns）。OpenCAPI 不同版本下实际总线带宽性能的比较见表 13-3。

表 13-3 OpenCAPI 不同版本下实际总线带宽性能的比较

	CAPI1.0 PCIe Gen 3x8 Measured BW@8Gbit/s	CAPI2.0 PCIe Gen 4x8 Measured BW@16Gbit/s	Open CAPI3.0 25 Gbit/sx8 Measured BW@25Gbit/s
128B DMA 读	3.81 Gbit/s	12.57 Gbit/s	22.1 Gbit/s
128B DMA 写	4.16 Gbit/s	11.85 Gbit/s	21.6 Gbit/s
256B DMA 读	N/A	13.94 Gbit/s	22.1 Gbit/s
256B DMA 写	N/A	14.04 Gbit/s	22.0 Gbit/s

13.5.5.4 CCIX

1. 背景概述

用于加速器的缓存一致互联协议（Cache Coherent Interconnect for Accelerators，CCIX）是一种面向加速器应用的、支持缓存一致性的高速互联总线，其由AMD、ARM、华为、Mellanox、Qualcomm、Xilinx 等公司发起的 CCIX 协会进行标准化和推广工作，目前有 50 多家会员单位。CCIX 协会于 2018 年发布 CCIX 1.0 版本标准。

2. 技术特点

CCIX 定义了一种用于计算和加速器芯片高速互连的协议，可以在共享虚拟内存的扩展设备之间实现无缝数据共享。该规范增强了缓存在跨不同厂商设备时保持一致性的能力，当多个处理器共享并访问相同的内存空间时，可以通过专门的硬件协议交流该内存中各部分已缓存的和/或可缓存的状态来避免读写错误，而不必使用效率低下的上层软件协议。CCIX 在推出时就支持比当时 PCIe 接口更高的数据传输速率。在 CCIX 总线支持的物理层的数据速率中，扩展速度（Extended Speed Mode，ESM）Data Rate0 和 Rate1 对应的数据速率分别为 20Gbit/s 和 25Gbit/s。CCIX 总线支持的物理层的数据速率见表 13-4。

表 13-4　CCIX 总线支持的物理层的数据速率

<table>
<tr><th></th><th></th><th>PCIe 标准模式</th><th>ESM 模式</th></tr>
<tr><td rowspan="8">物理接口类型</td><td rowspan="4">PCIe4.0</td><td>2.5 GT/s</td><td rowspan="4">不可用</td></tr>
<tr><td>5.0 GT/s</td></tr>
<tr><td>8.0 GT/s</td></tr>
<tr><td>16.0 GT/s</td></tr>
<tr><td rowspan="4">ERD 扩展数据速率</td><td>2.6 GT/s</td><td>2.5 GT/s</td></tr>
<tr><td>5.0 GT/s</td><td>5.0 GT/s</td></tr>
<tr><td>8.0 GT/s</td><td>ESM Date Rate0</td></tr>
<tr><td>16.0 GT/s</td><td>ESM Date Rate1</td></tr>
</table>

13.5.5.5 GenZ

1. 背景概述

目前，AI、VR、大数据对多媒体的信息要求越来越多，数据呈爆炸式增长，现有的数据交互总线架构的访问带宽日益成为制约新兴技术发展的瓶颈。

2015 年，由 AMD、ARM、IBM、镁光、三星、海力士、希捷、西数等 12 个厂商成立了一个名为 Gen-Z 的联盟，意在开发一个针对数据中心和服务器的全新开放系统互联总线，使存储元件的管理抽象化，附以现有的内存管理模式进行读写访问操作，使数据之间的交互更加高效、时延更少。

2018 年，Gen-Z 联盟发布了 Gen-Z1.0 协议规范，其针对内存访问，提供了开放一致的高速互联接口标准。

2. 技术特点

Gen-Z 和前述的很多高性能计算总线一样，是一种高速、高效率、灵活的互联总线。传统大部分计算架构把内存管理和与存储介质有关的控制逻辑混在一起，因此需要根据不同的介质类型设计不同的控制接口。Gen-Z 规范中通过统一的内存读写协议，把处理器的内存管理工作和与介质有关的控制工作分开，因此可以支持各种不同类型和速率的存储介质（例如，易失性或非易失性存储）或组件之间有效地通信。根据具体的数据速率和传输距离的不同，Gen-Z 总线支持三种物理层接口。Gen-Z 总线不同的速率和传输损耗标准见表 13-5。

表 13-5 Gen-Z 总线不同的速率和传输损耗标准

Gen-Z 物理层接口类型	数据速率	编码类型	信道总损耗
Gen-Z-E-NRZ-25G-Fabric	25.78Gbit/s	64b/66b	30dB
Gen-Z-E-NRZ-25G-Local	25.78Gbit/s	64b/66b	10dB
Gen-Z-E-NRZ-PCle（16G）	16Gbit/s	128b/130b	28dB

Gen-Z 总线和 PCIe 一样可以支持多条链路以提高接口数据带宽，并且基于市面上已经广泛使用的 SFF-8639 连接器（即 U.2 连接器）专门定义了适用于 Gen-Z 的接口规范，可以应用于 6.35 厘米固态硬盘等领域。

13.5.5.6 CXL

1. 背景概述

计算快速连接（Compute Express Link，CXL）是由英特尔等公司于 2019 年 3 月发布的一种开放高速互联标准，旨在消除 CPU 和数据中心专用加速器芯片之间的瓶颈，可在 CPU 主处理器和加速器、内存缓冲器、智能 I/O 设备等设备之间提供高带宽，低时延连接。

CXL 总线针对数据中心、高性能计算、AI 等领域，拥有更高的带宽，能够让 CPU 与 GPU、FPGA 或其他加速器之间实现高效、高速的互联，带来更低的带宽和更好的内存一致性。CXL 是建立在完善的 PCIe5.0 的物理和电气实现上的，不用通过专门设计接口，简化了服务器硬件的设计难度，降低了整体系统的成本。

2. 技术特点

CXL 支持丰富的协议集之间的动态复用，例如，I/O（基于传统 PCIe 的 CXL.io）、缓存（CXL.cache）、内存（CXL.mem）语义等。这个协议在 CPU 和外部设备之间维持一个一致的内存空间，可以允许 CPU 和外部设备共享资源以实现更高的性能，同时减少了软件堆栈的复杂度。CXL 的物理层基于 PCIe5.0，也可以在降级模式下支持 16Gbit/s 或 8Gbit/s 的速率。CXL 总线支持的数据速率和位宽选择见表 13-6。

表 13-6 CXL 总线支持的数据速率和位宽选择

连接速率	固有宽度	支持降级模式
32GT/s	x16	x16 @ 16 GT/s 或 8 GT/s；x8，x4，x2，或 x1 @ 32 GT/s 或 16 GT/s 或 8 GT/s
32GT/s	x8	x8 @ 16 GT/s 或 8 GT/s；x4，x2，或 x1 @ 32 GT/s 或 16 GT/s 或 8 GT/s
32GT/s	x4	x4 @ 16 GT/s 或 8 GT/s；x2，或 x1 @ 32 GT/s 或 16 GT/s 或 8 GT/s
32GT/s	x2	x2 @ 16 GT/s 或 8 GT/s；x1 @ 32 GT/s 或 16 GT/s 或 8 GT/s

13.5.6 网络 I/O

13.5.6.1 100GE

1. 背景概述

以太网的标准最早起源于 20 世纪 70 年代，负责以太网标准化的 IEEE 组织（国际电气电子工程师学会）是世界上最大的专业技术组织之一，拥有来自

175个国家和地区的42万个会员。100G以太网标准和40G以太网标准最早一期制订完成于2010年。此标准初期主要用于交换机之间的网络连接。随着100G标准和芯片技术的逐渐成熟，其在一些高性能的服务器（例如，用于AI计算）上也开始使用。

2. 技术特点

以太网主要使用TCP/IP协议，其最大的优点是广泛的行业基础以及快速推进技术革新。目前，400G的接口和设备已经逐渐走向商用，广泛的行业基础也使其具有兼容性较强、组网较灵活、网络建设成本低等优势。再加上一些新的针对高性能计算网络协议的推进（例如，无损网络、RoCE等），以太网仍然是目前使用最广泛的网络接口技术。

目前的100G以太网普遍采用4路25Gbit/s的信号实现，网络的物理接口形式从CFP、CFP2、CXP基本统一到QSFP28封装。四芯小型可插拔28（Quad Small Form-Factor Pluggable 28，QSFP28）接口是针对40Gbit/s的“QSFP+接口”的速率升级版，也是采用4路电或光信号进行数据传输，其数据速率可以提升到25Gbit/s（电信号）或28Gbit/s（光信号）左右，可以支持以太网、Fiber Channel、IB、SAS等多种协议标准。不同连接速率和距离的25G/50G/100G网络接口的速率和距离比较见表13-7，对于服务器到交换机间的短距离连接来说，使用比较多的是100G-SR4或者有源光缆（Active Optical Cables，AOC）电缆，特别短的距离（例如，小于5米）也有采用无源铜缆的。

表13-7 25G/50G/100G网络接口的速率和距离比较

光口标准	光口速率	传输距离	规范	封装规范
25G-SR/AOC	1×25.78Gbit/s NRZ	70m@ OM3 100m@ OM4	IEEE 802.3by	SFP28
25G-LR	1×25.78Gbit/s NRZ	10km@ 1310nm	IEEE 802.3cc	SFP28
50G-SR/AOC	1×53Gbit/s PAM4	70m@ OM3 100m@ OM4	IEEE 802.3cd	SFP56/ QSFP28
50G-FR/LR	1×53Gbit/s PAM4	2/10km@ 1310nm	IEEE 802.3cd	SFP56/ QSFP28

（续表）

光口标准	光口速率	传输距离	规范	封装规范
100G-SR4/AOC	4×25.78Gbit/s NRZ	70m@ OM3 100m@ OM4	IEEE 802.3bm	QSFP28
100G-SWDM4	4λ×25.78Gbit/s NRZ	70m@ OM3 100m@ OM4	100G SWDM4 MSA	QSFP28
100G-PSM4	4×25.78Gbit/s NRZ	500m@ 1310nm	100G PSM4 MSA	QSFP28
100G-CWDM4	4λ×25.78Gbit/s NRZ	2km@ 1310nm	100G CWDM4 MSA	QSFP28
100G-4WDM-10	4λ×25.78Gbit/s NRZ	10km@ 1310nm	100G 4WDM-10 MSA	QSFP28
100G-SR4/AOC	2×53Gbit/s PAM4	70m@ OM3 100m@ OM4	IEEE 802.3cd	SFP DD/ QSFP28
100G-DR	1×106Gbit/s PAM4	500m@ 1310nm	IEEE 802.3cd	SFP DD/ QSFP28

随着芯片和PAM4技术的发展，为了减小体积和功耗，100G以太网也在向2路50Gbit/s甚至单路100Gbit/s的技术方向演进。在需要更高传输性能的场合，未来可能会使用200Gbit/s甚至400Gbit/s的网卡。另外，虽然目前100G的以太网交换机已经非常成熟，但对服务器来说，网卡实际能够达到的传输速率还受限于其PCIe接口的速率。例如，如果采用x16的PCIe接口，要想充分发挥200G网卡或双100G接口网卡的性能，则必须采用PCIe4.0的接口。

为了解决以太网的丢包和时延问题，目前也有一些支持RoCE的网卡可在以太网上承载RDMA协议，可以在以太网网络上提供极低时延的高效数据传输，最大限度地提高集群的即时处理数据能力。

13.5.6.2 IB

1. 背景概述

IB是一种用于高性能计算、服务器、通信设备、存储、嵌入式系统外部互联的高速接口，其由Mellanox、Broadcom、HP Enterprise、IBM、Intel、

Microsoft、Qlogic 等组成的 IBTA 联盟（InfiniBand Trade Association）进行标准定义。

IB 作为一种支持多并发连接的“转换线缆”技术，是新一代服务器硬件平台的 I/O 标准。由于它具有高带宽、低时延、可扩展等特点，非常适用于服务器和服务器、服务器和存储、服务器和网络之间的数据互联和数据通信。IB 此前主要用于高性能计算、高性能存储等场景，它们的共同诉求是低时延（<10μs）、低 CPU 占用率（<10%）和高带宽（可达 100Gbit/s），而 IB 的这些特性在人工智能领域也发挥着重要作用，为人工智能服务器组网提供了新的技术选择。

2. 技术特点

IB 采用交换式、点对点的通道进行数据传输，其最大的特点是低时延、高带宽以及非常低的软件处理成本。IB 规范中定义了可以支持可靠消息传递（发送 / 接收）和内存操作语义，例如，RDMA（Remote DMA）的硬件传输协议。在传统互连中，操作系统是共享网络资源的唯一所有者。这意味着应用程序无法直接访问网络，必须依赖操作系统将数据从应用程序的虚拟缓冲区传输到网络堆栈及线路上。而 RDMA 使服务器到服务器之间的数据直接在应用程序内存之间移动，应用程序不依赖于操作系统传递消息，也无须任何 CPU 参与，从而可以提高性能和效率，同时还可以显著降低时延（典型网卡时延 <1μs）。

由于以太网技术的广泛使用，RDMA 现在也正被具有 RoCE（Run Over Ethernet）功能的以太网网络所支持，这时 IB 的传输层承载在以太网的数据链路层上，可以提供传统 TCP/IP 网络不具备的远程 DMA、内核旁路等功能。IBTA 开发了 RoCE 标准并于 2010 年发布了第一个规范。RDMA 基于传统以太网和 IB 的两种典型硬件实现方式如图 13-5 所示。

IB 接口的链路宽度可以支持 1x、4x、8x、12x 模式，速率也有 2.5Gbit/s、5Gbit/s、10Gbit/s、14Gbit/s、25Gbit/s、50Gbit/s 等多种选择。速率和位宽在上电阶段收发双方都可以进行协商。随着 PCIe4.0 的逐渐普及，支持 HDR 速率的 200G 网卡（或双口 100G 网卡）也逐渐走向实际应用。IB 接口速率的发展路线如图 13-6 所示。

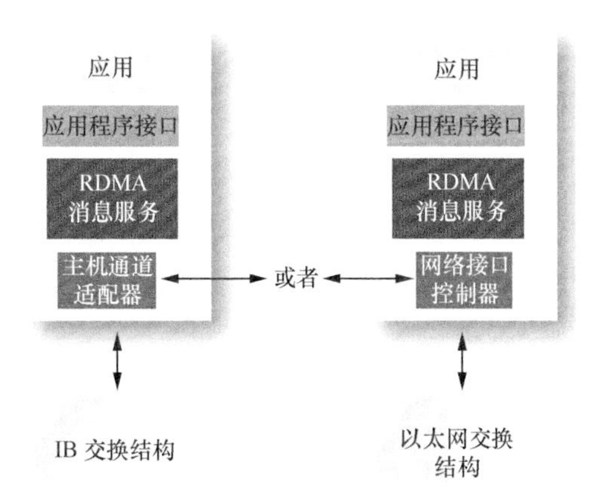

图 13-5 RDMA 基于传统以太网和 IB 的两种典型硬件实现方式

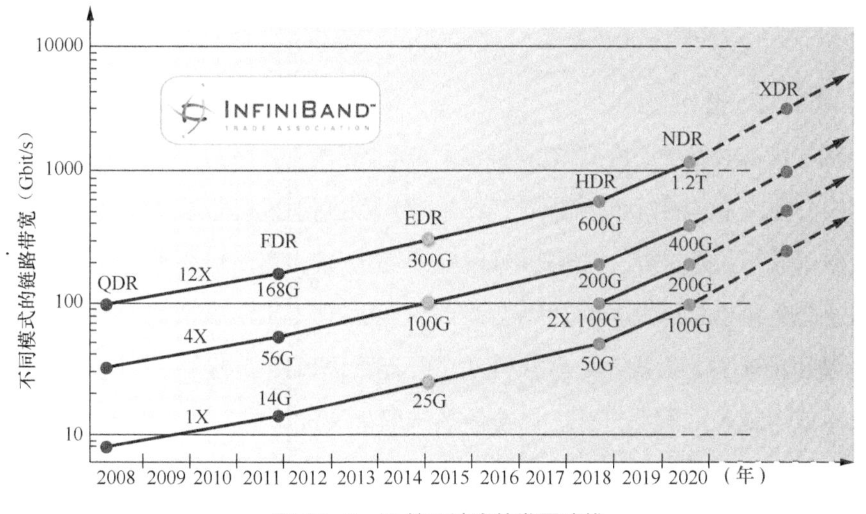

图 13-6 IB 接口速率的发展路线

13.5.6.3 OPA

1. 背景概述

Omni-Path（OPA）是英特尔公司于 2015 年推出的一种针对高性能计算的网络接口技术。目前，市面上典型的 OPA 有带 OPA 接口的 CPU、PCIe 到 OPA 接口的网卡、OPA 交换机、连接电缆、AOC 等。

2. 技术特点

与 IB 相比，OPA 具有与 IB 相似的网络架构。在物理介质层，OPA 引入 1.5 层的概念，被称作链路传输层（Link Transport Layer，LTL），基于 Cray

的 Aries 基础互联技术优化底层数据通信，提供可靠的 2 层数据包交付、流控和单链路控制。Omni-Path 每个连接支持 4 条链路，每条链路的数据速率为 25Gbit/s，总计为 100Gbit/s。

在接口扩展上，Omni-Path 除了可以像传统网卡一样通过 PCIe 接口进行扩展以外，在英特尔某些型号的 CPU 平台上可直接提供 OPA 接口的输出，这样可以进一步减小系统功耗和时延。

在服务质量保证、高吞吐率方面，Omni-Path 具有典型的自适应路由和分散路由、交通流量优化（Traffic Flow Optimization，TFO）、数据包完整性保护（Packet Integrity Protection，PIP）等特点。

13.5.7 电源 & 散热

13.5.7.1 散热

为了解决数据中心的高效散热问题，产业界做了大量的尝试。例如，阿里云数据中心利用千岛湖自然冷源进行散热，而华为则通过机器深度学习，对大量的历史数据进行业务分析，探索影响能耗的关键因素，实现制冷系统的自动控制，最终通过规范化的实践引导和目标导向评测不断调整优化，获取均衡的 PUE。

从目前来看，数据中心散热现在主要还是以风冷散热为主，也有部分已采用液冷或者新风的散热方式。风冷散热一般都会设计成自动调整风扇转速，根据压力不同，在数据中心基板管理控制器（Baseboard Manager Controller，BMC）系统中自动调整转速。在液冷方面产业界也开始进行尝试，特别是类似超算中心等地方，高密度计算的能耗特别高，用液冷会大大节省电费，降低成本。而采用液冷技术也是今后 AI 服务器散热的一个趋势。目前来看，液冷主要有冷板式液冷、浸没式液冷、喷淋式液冷三种技术路线。

1. 冷板式液冷

冷板式液冷的主要部署方式是在液冷机柜上配置分水器，给液冷计算节点提供进出水分支管路，分支管路进出水管分别与液冷计算节点的进出水口对接，与液冷计算节点的内冷板管路连通，实现液冷计算节点内液冷循环。液冷计算节点的液体在机柜级汇聚，机柜级有一进一出两个与外部管路连接的接头，该接头与外置或内置冷量分配装置（Cooled Distribution Unit，CDU）连接，实现整机液冷循环，并带走液冷计算节点的热量。在冷板式液冷系统的液冷节点中，CPU 等大功耗部件采用液冷冷板散热，其他少量发热器件（例如，硬盘、接口卡等）仍采用风冷散热。

这种散热方式与风冷相比，密度更高、更节能、防噪声效果更好。由于冷板式液冷技术不需要昂贵的水冷机组，所以部署后，在减少总体拥有成本的同时，数据中心的能源利用效率显著增加。目前，在风冷技术下，每个机柜的功耗最多只能到 30kW。而冷板式液冷在每分钟 60 升的流量配置下，每个机柜的功耗能达到 45kW，从而使数据中心的密度更高。

2. 浸没式液冷

浸没式液冷是近年来备受业界关注的新型散热技术，尤其在 SC14 全球超级计算大会上，来自国内外的多家服务器企业均展示了浸没式液冷散热产品，极大地提升了液冷的关注度。浸没式液冷具有明显的优势：首先，在浸没式液冷中，冷却液与发热设备直接接触，具有较低的对流热阻，传热系数较高；其次，冷却液具有较高的热导率和比热容，运行温度的变化率较小；再次，这种方式无须风扇散热，降低了能耗和噪声，制冷效率较高；最后，冷却液的绝缘性能优良，闪点高不易燃，且无毒、无害、无腐蚀。所以液冷技术适用于对热流密度、绿色节能需求高的大型数据中心、超级计算、工业及其他计算领域和科研机构，特别是对于地处严寒的高海拔地区，或者地势较为特殊、空间有限的数据中心，以及对环境噪声要求较高，距离人们日常办公、居住场所较近，需要静音的数据中心具有明显的优势。浸没式液冷系统为一种新型高效、绿色节能的数据中心冷却解决方案，相较于冷板式液冷，它能够更直接地进行热交换，散热效率更高，但也会因其直接接触发热设备的特性而带来更高的技术挑战。

3. 喷淋式液冷

喷淋式液冷作为液冷的一种，其主要特征为将绝缘非腐蚀的冷却液直接喷淋到发热器件表面或是与发热器件接触的扩展表面上进行吸热后排走，排走的热流体再与外部环境大冷源进行热交换。喷淋式液冷需要对 IT 设备进行改造或者部署相应的喷淋器件。在设备运行时，有针对性地对发热过高的器件进行冷却。

这种方式的特点是不需要对机房基础设施做太大的改动，只需要对服务器进行少量的改造就能实现较好的冷却性能。喷淋式液冷机柜系统包括喷淋式液冷机柜系统（包含管路、布液系统、回液系统、PDU 等部件）、液冷服务器和冷却液 3 个部分。喷淋式液冷机柜通过管路与室内热交换器相连，即机柜内芯片的废热被冷却液吸收后传递到室内热交换器并与室外热交换器换热。在该系统中，服务器内各个发热器件要求采用分布式布局，建议发热器件的传热表面的方向不与重力方向相同；机柜内部器件的电功率建议不超过 56kW；服务器内无风扇，存储硬盘需要保护和隔离；各个接口可以实现快插快拔。喷淋液冷系统具有器件集成度高、散热效率强、高效节能、静音等特点，是解决大功耗机柜在 IDC 机房部署以及降低 IT 系统制冷费用、提升能效、降低总拥有成本的有效手段之一。

13.5.7.2 电源

随着电网自动化控制、智能化运营和现代化管理服务水平的不断提升，服务器电源的安全稳定运行要求日益凸显。电源系统是支撑服务器平稳运行的重要因素，安全可靠的电源系统是服务器为用户提供良好服务的基础和必要的前提。构建安全可靠的稳定的电源系统需要定期开展电源维护，及时发现并消除电源系统的安全隐患，降低或避免通信电源系统故障的发生。随着电力通信系统的发展，会难以避免地出现通信电源因整流容量小、运行年限长、走线不合理等问题而进行更换的情况。同时，在更换电源时，传统的停电更换方式会造成服务器电源撑电的情况。因此这就要求服务器具有良好的不间断的供电能力和稳定持续的电流输出。

同时，回顾电信行业的发展历程，我们可以清晰地看到随着电信行业重要性的不断提升，其对供电系统的要求也越来越高。因此服务器的机房电源环境得到了持续完善，包括单项产品的技术进步以及多种产品整合促成的供电方案的改进。这些变化都是基于电信企业对其供电环境品质的一贯追求，那就是供电系统的高可靠性、高效能使用以及低运营成本的宗旨。可以这样说，这个追求首先体现在其直流供电系统的不断改进与完善上，从早期的相控电源到模块化开关电源的引入，直到今天，服务器的直流电源已经成为一个成熟的专业化电源方案，具有高度的可靠性和管理性，并形成了比较规范的行业标准。

而在业界，48V 直流电源技术已经非常成熟。它是一种模块化的设备，并直接使用蓄电池组作为后备电源，一般后备工作时间在数小时以上，远比交流后备时间长，具有工作可靠、维护方便的特点。这种供电方式经过数十年的实际运行，被证明是安全有效、切实可行的，同时，也是最适合服务器应用需求的方式之一。考虑到在通信行业内，通信设备的电源规格也为 48V，因此从通用性的角度来看，服务器的电源设置为 48V，这样有利于与通信设备电源的互通，保证二者在部署上的一致性，也提高了二者在电力供应上的容错性。

此外，从电源安全供电的角度来看，由于本质的区别，相较于直流电源系统，交流电源系统的安全系数要低得多。在交流电源系统方面，虽然就单个设备而言，通过冗余技术可以使其 UPS 设备本身的可靠性大幅提高，但整个交流供电系统有很多不可备份的系统单点故障点，例如，逆变器、同步并机板、静态开关、输出开关等。这些单点故障点的故障都可能导致整个通信系统因掉电而瘫痪。而任何信息技术设备，其最终任意电路板芯片都是工作于低压直流电的，例如，±12V、±5V、±3V 和 ±1.1V 等。因此理论上直流电源供电系统的效率比交流电源供电系统要高，且直流电源对于通信精密电子设备的干扰较小，具有良好的电磁兼容性，有利于系统稳定、安全运行。

因此服务器采用 48V 直流供电系统，所有设备统一使用现有的 48V 直流电源供电，这种供电系统是最安全、最可靠、最经济、最合理的方案之一。

13.6 AI 服务器发展趋势

服务器是当代社会最重要的 ICT 基础设施之一，为全网提供计算资源。过去几年，云计算、AI、物联网等技术发展带来了多样化的计算需求，也让服务器从技术到架构发生了变化。AI 服务器也发生了一些革命性的变化，包括更多地采用专用化定制芯片的硬件计算方案，结合软件开发工具包（Software Development Kit，SDK）优化，提供软硬一体的 AI 计算处理引擎；在大规模并行计算下，追求更低的功耗和节能；为满足边缘计算等场景需求，提供更小的尺寸规格；量子计算技术在人工智能、并行计算平台上的应用落地。

13.6.1 软硬融合

13.6.1.1 概述

随着人工智能的发展，传统服务器已经难以应对人工智能的个性化场景。针对模型训练效率、推理准确度、功耗等方面的更高要求，目前越来越多的 AI 计算方案采用“专用芯片 + 软件 SDK”的方式，基于专用芯片实现算法优化和软件定制裁剪，提供软硬融合优化的 AI 计算处理引擎，这样能在达到计算的高性能的同时实现功耗小的目标。特别是在一些特定场景下，经过定制优化、基于软硬融合的 AI 计算方案，其模型训练效率及推理准确度相较于通用型 AI 计算方案有大幅度提升。

目前，英伟达 GUP、英特尔 VPU 等都已经通过发布与自家 AI 计算芯片相匹配的软件驱动和加速引擎 SDK，为用户提供最优的性能表现和简单方便的应用开发环境。FPGA 因为硬件编程模式的不同，需要软件加速堆栈的支持才能作为计算处理器为用户所用。

13.6.1.2 特点

软硬融合 AI 计算方案的主要特点表现为以下几个方面。

第一，在硬件层面，主要通过扩展专用计算芯片，例如，GPU、FPGA、ASIC 等，扩展 AI 计算能力，提高 AI 计算效率。目前，越来越多的服务器将 FPGA 作为 AI 计算芯片扩展方案，利用 FPGA 的硬件可编程模式为特定场景或应用需求设计和定制专用硬件计算单元，从而提供比通用 CPU 更快的计算性能、更少的运行能耗、可定制的计算能力。

第二，在软件层面，通过 SDK 或开发平台去适配和支持专用芯片的架构和指令集，针对相关场景和网络模型进行性能调优和算法优化，为了在尽可能降低能耗的条件下，基于此计算平台让用户应用发挥出最大的计算性能。同时，在基础层面通过软件 SDK 具备软件通用性和适配性，并在此基础上具备一个强大的 AI 算法引擎以适配不同的应用场景。也就是说，在软件层面，AI 服务器在面对定制化和个性化的硬件时，具有最基础的开发库、开发套件、运行环境和驱动。例如，通过 GPU 提供的相应硬件驱动能力，构建一套完整的 AI 算法引擎，并将其部署到 AI 服务器中。该引擎可以为用户提供模板化的模型计算和训练，当然也可以提供软件 API 以辅助用户快速构建自己的算法场景。

而 FPGA 与 ASIC 也可以通过定制化的场景构建相应的配套软件算法引擎和 API，帮助用户完成 AI 算法的训练和使用。高性能、低功耗的 FPGA 产品与云计算系统的异构融合可以为人们提供更加智慧的功能应用，让用户不再为专业的 FPGA 硬件设计而烦恼，可以使用户轻松调用基于 FPGA 加速的功能应用。

13.6.2 节能低功耗

1. 概述

AI 服务器要求有大量的计算单元，GPU 的增加以及异构 FPGA 和 ASIC 芯片的增加必然会导致服务器的功耗和热量增加，这就需要 AI 服务器具有极强的散热功能。但传统的风扇降温制冷相较于 GPU 的高功耗，不仅制冷效率较低、噪声较大，而且使用风扇时所需的功耗也较大。因此这就需要改变传统的风扇制冷方式而采用液冷的方式进行制冷。在服务器数量众多的情况下，我们可以采用大规模的液冷降温方式来进行集中式制冷，这样不仅可以提高制冷效率，还可以降低冷却时需要的能耗。同时，我们也可以考虑通过建立相关的软件算法，使用风冷与液冷协同制冷降低服务器的热量与功耗。

此外，AI 服务器的节能与低功耗不仅要求在制冷时需要降低能量和功耗，还要求减少和降低服务器自身的功耗。因此如何降低服务器自身的功耗也成为 AI 服务器发展的又一个重要方向。

例如，当我们在训练模型、计算数据时，可以使用功耗较大、通用计算能力较强的 GPU 来完成训练任务；而当我们经过一系列的计算后，需要构建计算模型和推理时，由于我们采用了异构的计算单元，我们可以不使用 GPU 进行推理，而使用其他的计算单元来完成相应的推理过程。这样的模式不仅可以提高推理时的计算速度，而且可以降低推理时的功耗，从而降低服务器的整体功耗。

2. 特点

（1）比热容大，散热效率高

液冷是指将液体作为热量传输的媒介降低数据中心的温度，液体可以直接导向热源带走热量，不需要像风冷一样间接通过空气制冷。液冷将大部分热量通过循环介质带走，单台服务器需求风量降低，机房整体送风需求也随之降低，大大减少了机房回流导致的局部热点。液冷有效抑制了 CPU 等元件内部温度的瞬间提升，因此可以在一定程度上允许 CPU 超额工作，增大部署密集，提高集成度。此外，液体的比热容远远高于气体，可以吸收大量的热而使温度变化保持平稳，散热效率得到极大提升。

（2）降低能耗，减少支出成本

2017 年，我国在用的数据中心机架总体规模达 166 万架，在运行中产生了大量的电量消耗。这些惊人的耗电量背后是高昂的电费支出，其中，散热系统占绝大部分。采用液冷技术后，风扇、空调等不间断耗电的风冷方式可以被全部或部分取代，能耗迅速降低。以市面上某款液冷服务器为例，它在 CPU 芯片和内存上安装了固定水冷板以解决服务器核心部件的散热问题。与风冷相比，该服务器 CPU 满载工作时的温度降低了 20℃，整机能耗降低了 5%。

（3）节能环保，降低噪声指标

电力在数据中心的能源消耗只有一小部分是供给 IT 负荷的，绝大部分来自散热负荷，散热能耗远高于 IT 设备能耗本身。通过液冷系统削减散热系统的消耗，可以大幅降低整个数据中心的能源消耗，极大地降低了机房的 PUE。此外，由于液冷系统的泵等元件比风扇的声音小，整个液冷系统的噪声相较于风冷系统大幅降低，基本可以达到“静音机房”的效果。

3. 案例

百度自主研发的顶置冷却（Overhead Cooling Unit，OCU）新型空调末端和水侧免费冷却系统就是通过在服务器整机柜顶端加装末端送风系统，利用空气对流原理，让服务器排出的热风上升，通过水冷系统后变成冷风，自然下沉，形成循环。

位于浙江千岛湖的阿里云数据中心借助水冷却，其运营中 90% 的时间都不需要电制冷，与普通数据中心相比，全年可节省电量达千万度，这个数据相当于 1 万多吨标煤的碳排放量。阿里云数据中心因地制宜地采用了湖水制冷，深层湖水通过密闭管道流经数据中心，帮助服务器降温，再流经 2.5 千米的青溪新城中轴溪，作为城市景观呈现，自然冷却后最终回到千岛湖。除了节能，阿里云数据中心还可以节水，设计年平均水资源利用效率（Water Utilization Efficiency，WUE）为 0.197，打破了此前由 Facebook 俄勒冈州数据中心创下的 WUE 为 0.28 的最低纪录。

13.6.3 小规格

1. 概述

小体积的服务器也逐渐成为服务器的发展方向。传统的机架式服务器不仅功耗高、体积大，而且在扩展上也不尽如人意。传统的服务器虽然可以扩展存储介质、网络传输介质、CPU 等设备，但是当传统服务器扩展新的人工智能计算单元时便显得束手无策。因此，当我们将服务器中的硬件逐渐模块化后，这种方式带来的好处便可以逐渐显现。

首先，模块化的设计可以逐渐降低服务器内部的多余空间，进而压缩服务器的体积；其次，模块化的设计可以使服务器具有良好的异构能力，即不同架构的芯片和设备通过相同的模块和接口插入服务器中来协同处理各种任务，当然这就对服务器的主板提出了更高的要求。此外，这种设计模式也可以明确空间的划分。异构芯片的厂商只需在模块所指定的空间内完成芯片的设计即可，这样有利于明确各方的职责，从而缩减服务器体积、实现服务器异构芯片的通用性。

2. 特点

（1）体积小、耗能低

小规格的 AI 服务器随着规格的降低，体积也在逐渐变小。同时，设备的耗能也在随着服务器体积的减小而降低。当然，小规格的 AI 服务器与大型服务器的功能也不尽相同。

（2）基于边缘位置的推理场景

小规格的 AI 服务器由于体积较小、功耗较低，因此其应用场景也较为独特，主要将这些 AI 服务器放置在互联网中的边缘位置，用来提供模型的推理和数据的预处理。在边缘计算的大环境下，这种小规格的服务器能更加便利地卸载云服务器的部分任务到边缘侧，降低云服务器的负担。

（3）模块化发展，易于拆卸

小规格的服务器更易于实现模块化的设计。如果将大量元器件集成在一起，不仅不便于服务器的元器件替换和更新换代，而且也不利于服务器的散热。

3. 案例

由中国电信、中国移动、中国联通、英特尔等联合发起的 OTII 服务器项目一直致力于面向电信 IT 基础设施服务器深度定制，其中一个重要方向就是边缘场景下服务器规格的标准定制。相较于普通服务器，边缘 OTII 服务器在宽度相同的情况下，深度仅为 450mm，还不到普通机柜深度的一半。这与很多通信行业所用到的交换机等设备规格相同。因此这一规格的服务器将很容易部署在基站附近的设备机架上，可以实现更好的兼容性。目前，浪潮等厂商都已推出专用于物联网、边缘计算等场景设计的 OTII 服务器。

此外，由 Facebook 发起的开放计算项目（Open Compute Project，OCP）中也定制和发布了多款小型服务器，例如，Tioga Pass 服务器（一款计算机服务器）等。

13.6.4 量子计算

1. 概述

不论是 CPU、GPU、FPGA，还是 ASIC，这些芯片采用的都是传统的计算方式，按照不同的计算方式去处理不同的业务场景。而量子计算是一种新的计算方式，这种新的计算方式不同于目前的计算方式。

量子计算是一种遵循量子力学规律调控量子信息单元进行计算的新型计算模式。对照传统的通用计算机，其理论模型是通用图灵机。通用的量子计算机的理论模型是用量子力学规律重新诠释的通用图灵机。从可计算的问题来看，量子计算机只能解决传统计算机所能解决的问题，但是从计算的效率上看，由于量子力学叠加性的存在，目前某些已知的量子算法在处理问题的速度要快于传统的通用计算机。

当然，量子计算概念最早由美国阿岗国家实验室的 Benioff（贝尼奥夫）于20世纪80年代初期提出，他提出二能阶的量子系统可以用来仿真数字计算；稍后费曼（Feynman）也对这个问题产生兴趣而着手研究，并在1981年于麻省理工学院举行的“First Conference on Physics of Computation（第一届计算物理会议）”中发表了一场演讲，勾勒出以量子现象实现计算的愿景。1985年，牛津大学的戴维·多伊奇（David Deutsch）提出量子图灵机（quantum Turing machine）的概念，量子计算才开始具备数学的基本形式。然而上述的量子计算研究多半局限于探讨计算的物理本质，还停留在比较抽象的层次，尚未跨入发展算法的阶段。

但随着量子计算的发展，1994年，贝尔实验室的应用数学家 P. Shor（彼得·肖尔）指出，相较于传统电子计算器，利用量子计算可以在更短的时间内将一个很大的整数分解成质因子的乘积。这个结论开启了量子计算的一个新阶段：有别于传统计算法则的量子算法（quantum algorithm）确实有其实用性。自此以后，新的量子算法陆续提出，而物理学家接下来所面临的重要课题之一就是如何去建造一部真正的量子计算器来执行这些量子算法。许多量子系统都曾被点名作为量子计算器的基础架构，例如，光子的偏振（Photon Polarization）、腔量子电动力学（Cavity Quantum Electrodynamics，CQED）、离子阱（Ion Trap）以及核磁共振（Nuclear Magnetic Resonance，NMR）等。截至2017年，考虑到系统的可扩展性、操控精度等因素，离子阱与超导系统走在其他物理系统的前面。

在发展趋势上，量子计算将有可能使计算机的计算能力大大超过今天的计算机，量子计算的高算力无疑为AI服务器的发展带来了新的希望，同时这种计算模式的改变也将为传统的算法提供无限的算力，使其在算法上有进一步的突破和发展。

2. 特点

（1）节省时间、计算能力强

量子计算机处理数据不像传统计算机那样分步进行，而是同时完成，这样就节省了不少时间，适用于大规模的数据计算。传统计算机随着处理数据位数的增加所面临的困难越来越多，但是利用一台量子计算机，依靠其强大的计算能力在几秒内就可得出结果。

（2）体积小，集成率高

随着信息产业的高度发展，所有的电子器件都在朝着小型化和高度集成化的方向发展，而作为传统计算机物质基础的半导体芯片由于晶体管和芯片受材料的限制，体积减小也是有限度的。而每个量子元件的大小堪比原子的尺寸，由它们构成的量子计算机不仅运算速度快、存储量大、功耗低，体积还会大幅缩小。

（3）安全系数高

目前的计算机通常会受到病毒的攻击，会直接导致计算机瘫痪或个人信息被窃取。由于量子计算机具有不可复制的特性，这些问题不会存在，因此在用户使用量子计算机时能够放心地上网，不用担心个人信息泄露。

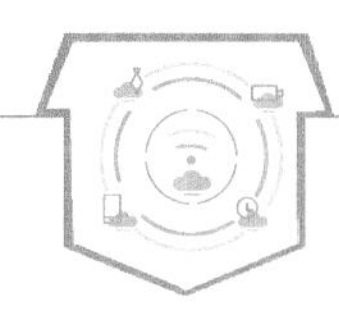

第十四章 人工智能平台关键技术

14.1 需求分析

运营商的 AI 平台的规划设计需要考虑以下需求：如何与现有的大数据湖进行计算和存储共享，集中部署的 AI 平台如何输出模型到分布在各个垂直领域的业务系统，如何安全可靠地为电信大网 AI 自动驾驶提供服务，如何支持跨平台作业的统一编排等。

14.2 GPU 训练平台技术要点

GPU 训练平台在架构方面有两个流派：因为面向电信大网业务的模型训练要从大数据湖中的业务支撑系统（Business Support System），简称 B 域 / 操作支撑系统（Operation Support System），简称 O 域 / 管理支撑系统（Management Support System），简称 M 域数据中进行提取、转换和预处理，故从与大数据平台架构的一致性考虑，GPU 训练平台的调度器使用另一种资源协调者（Yet Another Resource Negotiator,YARN）有其合理性和必要性；但从与推理平台架构的一致性考虑，训练平台更适合使用 K8S 调度器，不过 Kuburnetes（一个开源的、用于管理云平台中多个主机上的容器化的应用，简称 K8S）原生调度器不如 YARN 调度器在成组协作、任务调度等方面所提供的支持更完善。近两年的形势发生了一些变化，随着近几年容器化承载大数据集群技术的成熟，不少扩展后的 K8S 调度器应运而生，它们能很好地支持训练平台的分布式作业。考虑到 K8S 在基础架构底层领域已经处于优势地位，故目前采用支持 K8S 的深度学习调度器更符合长远的技术选型趋势。

从功能上看，GPU 训练平台应支持以下方面：应支持训练平台与大数据平台的多租户统一认证，以便训练平台用户直接从大数据平台安全提取预处理后的数据；除了分布式文件系统协议（Hadoop Distributed File System，HDFS），训练平台对网络文件系统（Network File System，NFS）、服务信息块（Server Message Block，SMB）、简单存储服务（Simple Storage Service，S3）协议均需要支持，因为混合存储已经成为大数据湖的一个确定的演进趋势。为了防止内部不同业务的项目组用户提交重复的训练作业，造成资源浪费，需要有统一的训练任务及模型共享管理平台；需要支持任务模板技术，系统预置[例如，自然处理语言（Natural Language Processing，NLP）、视频训练、语音训练等]按照业务分类的模板，同时预置（例如，TensorFlow 等）也应该按照 AI 框架分类的模板，模板要支持一键部署；训练平台应支持 25G 的 RoCE，以支持分布式多机多卡训练；要支持使用本地 CPU 资源池完成数据标准和模型应用，使用远程 CPU 资源池进行模型训练，以最大限度地保证敏感数据不出安全域。

调度器技术的要点包括支持多租户、支持资源池与租户的动态绑定、支持细粒度的资源池配额保障、支持按照优先级进行作业抢占、支持 gang（组）调度、支持作业组容错和不良硬件感知，同时其应兼容 K8S 的调度程序。

训练平台还需要支持自动化机器学习自动机器学习（Auto Machine Learning，AutoML）：应支持特征工程、神经网络结构搜索、超参优化、模型压缩；支持在不同的训练环境(本地、远程、云环境）中，通过并行运行由调优算法生成的实验作业来搜索最佳神经网络结构或超参；调优算法应具有可扩展性，可以根据需要定制业务的优化器。

在调度器方面，微软的 OpenPAI 平台做得比较好。OpenPAI 的架构如图 14-1 所示。

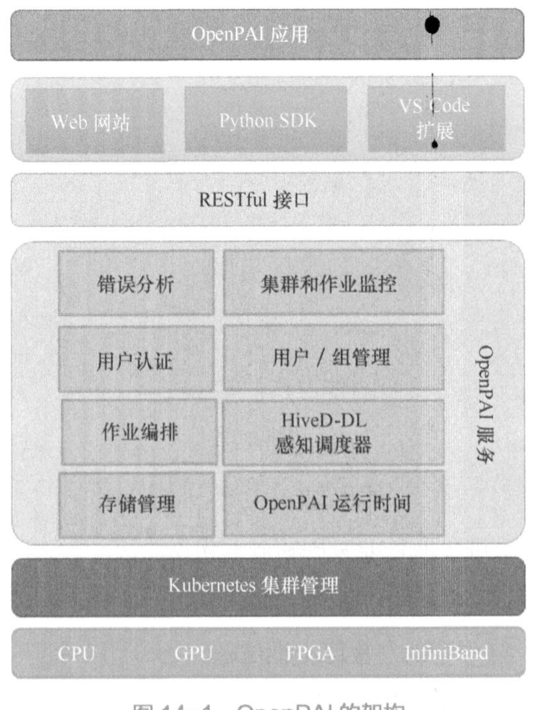

图 14-1 OpenPAI 的架构

14.3 GPU 推理平台技术要点

GPU 推理平台以 K8S 为底座，在架构设计上的考虑如下所述：相比训练平台的集中化部署，GPU 推理平台要支持跨数据中心统一管理和多接入边缘计算（Multi-access Edge Computing，MEC）环境；应同时支持虚拟化，因为运营商会外购商用的语音识别等引擎，这些引擎往往以虚机形式私有化部署；支持基于 lstio（一个连接、安全加固、控制和观察服务的开放平台）实现灰度发布和在线服务导流。

推理资源池中的 GPU 卡利用率往往不高，有三种技术路线可以提升其利用率：第一种是基于英伟达 GND（网格）技术实现高度隔离的 GPU 虚拟化，但重量级的 GND 技术更适用于在桌面云中运行大型工业用的 3D 设计软件场景，因为这种场景必须解决大量应用软件兼容性的问题；第二种是基于英伟达的 TensorRT（一个高性能的深度学习推理优化器）Server 实现在一张卡上并行提供多个模型的推理服务；第三种是基于虚拟化统一计算设备架构（Virtual Compute Unified Device Architecture，vCUDA）技术，截获容器中应用层对统一计算设备架构（Compute Unified Deuice Architecture，CUDA）库的调用转为对宿主机本地或远程 GPU 服务器的网络调用，但这种技术一般只适用于 AI 训练场景，容易实现各种 AI 训练框架的适配。

14.4 AI/ 大数据跨域混合计算技术要点

运营商的特点是在不同阶段建设了很多平台，包括 AI 平台、大数据平台、PaaS 平台。从稳定性和经济性考虑，运营商一般不会全面推倒重新建立一个统一的平台，而是通过上层的编排器对接这些平台，实现业务的集中管理和平滑演进，而且要考虑跨域互访问题。

AI 平台设计侧重于提供 GPU 算力，其 CPU 算力和存储都满足不了大型 AI 作业对 TB 以上训练数据集持续不断地进行预处理的实时性要求。故如何针对运营商现网架构提供透明的、高效的 AI 与大数据混合计算方案使 AI 平台在无须重复建设自己的大数据集群的情况下就可以远程使用现有大数据平台的计算能力和存储能力。此方案非常具有挑战性和实际价值，也是当前的行业热点。

这种方案的其中一种系统实现思路如下所述。

从 PaaS 集群远程调用物理机上的大数据 Spark（一种快速、通用、可扩展的大数据分析引擎）服务实现跨域计算，增加 Spark livy（一个基于 Spark 的开源 REST 服务，它能够通过 REST 的方式将代码片段或是序列化的二进制代码提交到 Spark 集群中去执行）中间件，容器平台中的 POD 与 Spark livy 通过 RESTful API 进行交互，只要实现 livy IP 对 POD 可见即可。在这方面，开源的成熟案例有很多，需要进一步把 livy 提供的服务封装为 Open Service API，以利于统一资源调配。这个思路的难点在于如何与大数据湖使用统一的鉴权和资源管控平台。

增加以 Alluxio（世界上第一个以内存为中心的虚拟的分布式存储系统）为基础的跨域存储加速器，具体包括 Alluxio 控制模块、数据共享管理模块、热数据缓存编排模块等，同时会有大量工作消耗在系统配置调优上，以适应 AI 数据集的尺寸极端、高并发、目录不平衡、海量小文件等存储特征。

14.5 基于 GPU 的高维特征向量检索系统

与 CPU 云主机利用率很低的情况完全相反，从运营统计上看，如果采用高效的 GPU 卡级别作业调度，十台 GPU 服务器可以通过高效的共享满足上百个项目一年的训练需求。如何利用数据中心的大量 GPU 卡直接创造生产价值是一个重要的课题。随着 5G 的推进，运营商数据湖存储扩容的压力越来越大，而从输入数据湖的原始数据中不失真地提取数据特征保存可以极大地节约空间，故把 GPU 卡用于高维特征向量数据仓库非常有意义。该仓库不仅要能支持海量数据的存储，还要能提供各种近似搜索算法以支持应用快速地检索出 Top*N*（头部的 *N* 个）向量集合。

目前，用于向量检索的工具是 Facebook 开源的 FAISS（Facebook 于 2017 年开源的一个相似度检索工具）向量搜索库和微软的空间划分树与图（Space Partition Tree And Graph，SPTAG）库。用户无须深入了解向量聚类和向量相似性计算的算法，就能使用这些库实现简单的向量检索。但是这些只是最基础的工具库，其功能并不包括对向量数据的管理，不具备高可用性，缺乏监控手段，没有提供分布式方案，缺少各种语言版本的 SDK 等，这也使用户需要基于它们进行大量的开发以满足生产环境的要求。

14.6 AI 云网融合

人工智能辅助大网自动驾驶的建设需要考虑以下方面：首先要根据大数据湖中的生产数据构建一套完整的大网仿真系统，尽管建设过程非常耗时，但有了这套数字孪生环境，才能预先验证、驱动各个控制面网元的 AI 模型自动决策的合理性和系统状态回退策略的可行性，否则 AI 模型永远难以实时做出正确决策并实际控制大网运行；GPU 特征仓库具有重要价值，只有把通过历史故障数据或通过深度学习推导出来的高危场景的特征向量都存入仓库中，才能依靠高效的数据湖中的实时流处理计算引擎尽早发现大网的运行问题并自动实施相关处理措施。

第十五章 OTII：面向 5G 及边缘计算的定制化服务器

15.1 引言

近几年来，全球主要的通信运营商都在推动以网络功能虚拟化（Network Functions Virtualization，NFV）为核心的网络云化转型，以通用服务器来替代传统电信设备。而 5G 的商用、垂直行业和边缘计算业务的发展如火如荼，都在网络和业务中进一步向靠近用户的边缘延伸。这些业务的发挥也对边缘数据中心和 IT 基础设施带来了全新的挑战。

15.2 需求和挑战

为充分发挥 5G 网络高带宽、低时延、大连接的优势，助力垂直行业和边缘计算业务的发展，运营商和互联网、云计算服务商的网络和业务在不断的“下沉”，从原来相对集中、规模较大的数据中心逐渐扩散到地市、区县及以下的边缘。这些服务和业务不仅包括核心网用户面下沉的用户面功能（User Plane Function,UPF）网元、提供网络能力开放的 MEC 网元、无线接入网（Radio Access Network，RAN）设备中央单元 / 分布单元（Centralized Unit/ Distributed Unit，CU/DU）虚拟化，也包括内容分发网络（Content Delivery Network，CDN）、本地互联网数据中心（Internet Data Center，IDC）等，对承载的 IT 设备以及数据中心提出了新的要求。

15.2.1 网络及边缘业务对服务器的需求

网络及边缘业务种类繁多，不同的上层业务由于负载特征不同，对底层硬件平台提出了不同的技术需求，具体包括以下几个方面。

1. 服务器性能需求

不同网元的性能关注点有所差异，例如，UPF 网元对网络带宽、转发时延和性能稳定性要求极高，需要服务器支持非统一内存访问架构平衡（Non-Uniform Memory Access Architecture，NUMA）Balance 功能，保证性能稳定。

2. 时钟与同步精度要求

对于部分涉及计费功能的网元，服务器需要具有较高的时钟精度，部分对时钟同步精度要求高的网元，例如，RAN 无线同步基站高精度时间，服务器需要支持以太网时钟同步以及全球定位系统（Globe Positioning System，GPS）和 1588（IEEE 1588v2 协议的高精度时钟）整秒对齐。

3. 异构计算要求

大量网元的虚拟化部署（例如，核心网和 RAN 的 CU/DU 虚拟化等）需要配置 FPGA、先进的 RISC 机器（Advanced RISC Machine，ARM）等硬件加速卡来满足性能要求。例如，在 AI 场景下，需要支持 AI 加速卡。同时，这些加速卡的尺寸规格给服务器的设计也提出了要求。

15.2.2 边缘机房环境限制

边缘机房的环境通常与数据中心不同，以运营商为例，其保有大量的区县、汇聚、综合接入、基站等边缘机房。与核心数据中心相比，边缘机房在很多方面无法满足常规通用服务器的部署及运维要求，带来了诸多挑战。

1. 机架空间限制

传输及接入机房机架的深度大部分为 600mm，少部分为 800mm，而通用服务器的深度一般为 700mm～800mm，以目前的机架空间来看，无法部署通用服务器。

2. 环境温度稳定性

大部分边缘机房无固定油机，空调的制冷稳定性无法得到保证，在制冷系统出现故障或长时间停电时，机房温度可能会达到 40℃甚至 45℃以上。未来随着业务下沉，机房内部署的设备逐渐增多，温度升高问题将会更加严重。而通用服务器的工作温度一般在 10℃～35℃，无法适应边缘机房的环境温度。

3. 机房承重限制及洁净度问题

由于大量边缘机房为居民楼、商铺、写字楼等普通民用建筑，同时空调过滤效果一般，所以承重和空气洁净度都无法与数据中心相比。

4. 抗震需求

由于边缘业务的特点决定了边缘计算能力需要就近部署，所以边缘机房的选址很难避开地震烈度高的区域，也无法保证周围没有施工、重型运输设备等所导致的振动，设备将面临抗震方面的要求。

边缘机房相较于大型数据中心，条件差异大、数量众多，导致改造成本较高，边缘的业务特点也限制了选址新建机房的灵活性。因此为降低机房的选址、改造难度，提高部署效率，采用面向边缘业务和数据中心环境的定制化服务器可以被视为最有效的边缘计算部署方案。

15.2.3 业界当前解决方案的局限

针对边缘计算的特殊需求，Nokia 在开放计算项目（Open Compute Project，OCP）提出一种名为 OpenEDGE（开放边缘）的边缘服务器方案。该服务器的深度在 450mm 以内，能安装在 600mm 深度的电信机柜中，可采用前维护，支持更大的温度范围。这些特点提升了该服务器对边缘数据中心的适应性。

但从服务器节点来看，该服务器是 3U 多节点形态，支持 1U 和 2U 的半宽节点，集中供电。从计算性能来看，每个节点都是单路 CPU，无双路 CPU 节点；从扩展性来看，相同 U 数下的硬盘槽位数和 PCIe 扩展槽位数较少；从灵活性来看，边缘场景的业务形态多样，在部署规模不定的情况下，该方案每次都要部署 3U 多个节点，所以方案的灵活性相对较差。自从 Nokia 提出此方案，在产业中的接受度较一般。

15.3 OTII 定制化边缘服务器

针对以上需求及挑战，2017 年 11 月，中国移动联合中国电信、中国联通、中国信息通信研究院和 Intel 公司在 ODCC 中发起了开放电信 IT 基础设施（Open

Telecom IT Infrastructure，OTII）项目，计划定制一款面向5G及边缘计算的深度定制、开放标准、统一规范的服务器方案。项目组联合行业合作伙伴，在对业务和数据中心环境进行了一系列前期调研分析的基础上逐步确定了OTII服务器技术方案。

15.3.1 OTII服务器方案

针对边缘机房的环境并综合分析边缘计算业务的需求，OTII首先制订的是一款2U规格的小尺寸服务器方案。

在规格尺寸上，为满足600mm的机架深度，服务器的深度被定义在450mm左右，最大不超过470mm。服务器机框和机柜装配示意如图15-1所示。从图15-1中可以看到，服务器前面预留了90mm的出线空间，保证网口出线，后面预留了60mm的出线空间，保证电源出线。服务器挂耳设计为可调，通过调整挂耳位置确保前后出线距离。服务器宽度与标准的服务器机架兼容，为482.6mm。在高度方面，经过基于对通用服务器市场、边缘计算需求的调研，决定将服务器的高度定义为2U，基本能够同时满足存储（配置2.5寸硬盘）、网络和少量异构计算的需求。对于未来一些大存储会考虑采用磁盘簇（Just a Bunch of Disks，JBOD）、闪存簇（Just Bunch of Flash，JBOF）等一系列扩展性方案。

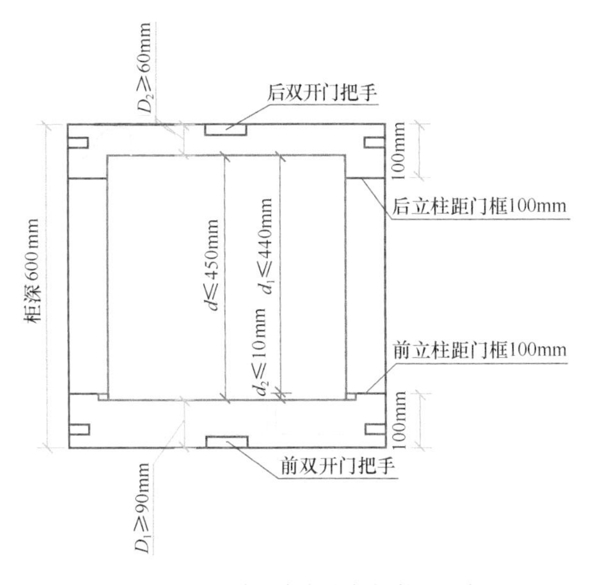

图15-1 服务器机框和机柜装配示意

在前后面板布局上，将服务器硬盘、I/O 部分等都放在前面板并且分成 3 个功能区域，服务器前面板布局如图 15-2 所示。服务器电源和风扇放在后面板，服务器后面板布局如图 15-3 所示。

图 15-2　服务器前面板布局

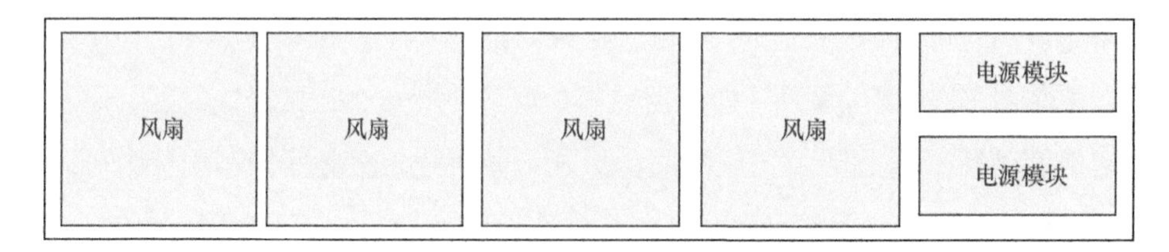

图 15-3　服务器后面板布局

这样的设计具有以下 3 个方面的优势。

（1）方便运维

通用服务器一般存储在服务器前端，而 I/O 部分位于后端，所以在硬盘插拔、网线插拔、故障监控等维护操作时需要前后来回操作，OTII 服务器将硬盘、I/O 部分都放在前面板，而不用运维人员前后来回操作。

（2）防尘设计

由于边缘的空气质量无法有效保证，服务器的风扇需要及时清理，所以我们将风扇从通用服务器机箱内放到了后面板，并支持热插拔。

（3）节省空间

通用服务器的主板被切割成硬盘区域、风扇区域、CPU 处理区域、PCIe 扩展区域等，占用空间大，而 OTII 服务器将硬盘区域、PCIe 区域统一放在前面，同时将风扇区域放在后面，布局相对紧凑，可以节省大量空间。

在配置规格设计上，支持 Intel、ARM、海光 3 种 CPU 平台，支持 16 条内存、6～8 块硬盘以及 6 个 PCIe 插槽的扩展性，并且支持两块全高全长双宽 GPU 卡，能够满足绝大部分边缘计算需求。对于双路服务器，可采用 NUMA balance 的设计，有助于提高网络及边缘应用的性能稳定。在部件选择上采用标准组件，标准组件具有广泛的生态支持、更好的可用性及相对便宜的价格，同时也避免了不被个别厂商绑定的情况。

在工作温度的设计上，由于边缘机房的制冷设备远未达到数据中心的水平，如果出现故障会导致机房温度过高，因此需要服务器能够在 45℃下长期运行（通用服务器为 35℃），并且这一设计不会带来过多的成本投入。

在抗震设计上，传统的电信设备需要有抗震的要求，边缘机房可能被设置在任何地点，包括地震频发的地方。根据国标要求，服务器需满足 7 烈度*以上，这对服务器来说是极高的，需要制订机架与服务器的协同设计方案。

在服务器管理方面，核心机房设备通常要求“7×24”小时运维。但是很多边缘机房地处偏远地区且分布广泛，很难达到这样的级别。这就对服务器本身提出更高的要求，因此 OTII 制订统一的 Redfish（可扩展平台管理 API 规范）接口、统一上层管理平台的开发、提升集成的速度，并且有全面的硬件故障检测和诊断功能，保证能提前预警、及时上报、快速定位等。

OTII 服务器和通用服务器的主要区别见表 15-1。

表 15-1　OTII 服务器和通用服务器的主要区别

	通用机架式服务器	OTII 服务器
深度	>700mm	≤ 470mm
工作温度	10℃～35℃	长期 5℃～40℃，短期 -5℃～45℃
维护方式	前后维护	前维护
防尘设计	机架防尘设计	风扇后置并支持热插拔，以满足及时清理的要求
抗震	无明确要求	7 烈度以上地区使用应当经过抗震性能检测（针对电信业务）
电磁兼容	无明确要求	电信中心 A 级，非电信中心 B 级（结合机柜实现）
支持 NUMA Balance	无明确要求	支持，保证高带宽下的性能稳定性

* 烈度：地震烈度（Seismic Intensity）表示地震对地表及工程建筑物影响的强弱程度。

15.3.2 产业推进和应用情况

自2017年11月OTII立项以来，该项目受到业界的广泛关注。截至目前已有35家成员公司，包括运营商、互联网公司、原始设计制造商/原始设备制造商（Original Design Manufacturer/Original Equipment Manufacturer，ODM/OEM）以及部件厂商，OTII项目已经成为行业内具有较大影响力的5G和边缘计算硬件开源项目。2020年1月，OTII由ODCC服务器工作组的一个项目提升为OTII领域，并设立面向NFV、边缘计算、工业及室外场景等多个场景的子领域。

OTII项目也引起了国际运营商的注意。2019年2月，基于Intel最新一代Cascade Lake（英特尔的CPU系列）平台的OTII边缘服务器在巴塞罗那通信展上正式发布。在展会期间，北美和欧洲运营商表现了对OTII服务器的极大兴趣。2019年6月，O-RAN联盟在开放产业论坛宣布与ODCC建立合作意向，意在共同推进OTII白盒服务器，满足无线网领域的应用需求，并已将OTII方案纳入O-RAN白盒方案。为更好地支持O-RAN（开放无线接入网联盟）的需求，OTII成立专门的项目组，面向无线小站场景定制了1U服务器设计方案。目前，该方案已经基本成型并开始向产业界征集意见。

截至目前，已经有超过7家供应商完成OTII服务器的产品研发。中国移动、中国电信和中国联通都在不同的业务场景中开展了OTII服务器的试点。2019年10月，中国移动已完成业界第一次OTII服务器的规模采购。

15.4 结语

OTII服务器是面向5G、边缘计算、O-RAN等应用场景深度定制、统一规范、开发标准的服务器技术方案。其与通用服务器最显著的区别是深度在470mm以内，可以安装在运营商网络机房的600mm深度机柜内，并可适应更加恶劣的边缘数据中心环境，能有效地利用运营商现有的网络边缘基础设施，降低5G、边缘计算、O-RAN等建设成本。

同时，OTII服务器提供了面向网络加速、异构计算、AI等许多场景的可扩展性需求，有效促进了信息与通信技术（Information and Communication. Technology，ICT）融合发展。OTII服务器目前已在CDN、UPF、MEC、O-RAN等多种场景中进行了广泛试点，得到了业界大部分供应商的支持。经过业界的不断努力，OTII 服务器及其针对边缘场景的服务器设计理念必将更好地支撑5G 和边缘计算的发展。

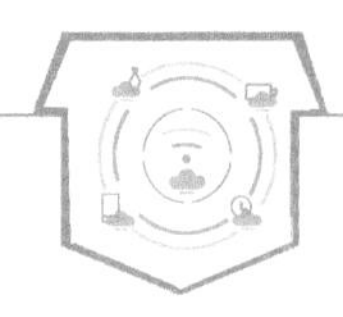

第十六章　云边服务器

16.1　背景

随着物联网、虚拟现实、5G 移动网络等技术的发展，互联网数据流量迎来了爆炸式增长。据统计，个人日常通信和生活消费产生数据 150GB，无人机作业每日产生 18TB，智能汽车每日产生数据 4TB，增强现实和虚拟现实（Augmented Reality，AR/Virtual Reality，VR）沉浸式游戏每分钟产生 3TB 数据。5G 移动通信的到来进一步刺激了视频类媒体流量的发展，互联网移动视频流量每年增长 45%，到 2023 年占总体移动数据流量的 73%。全球互联网数据流量正在逐年提升，截至目前，已达到 40ZB。

如果将海量的数据流量从终端直接传回云端数据中心进行处理，将对通信运营商的网络架构以及互联网云厂商提供的计算、储存、智能分析等相关服务造成巨大的挑战。同时，新兴业务应用不断涌现，其中具有代表性的包括智慧交通、无人零售、智慧医院、智能家居、智能工厂、智能电网、自动驾驶等。这些新兴业务对于低时延、高带宽、多连接以及高可靠的应用运行环境有严格的要求。传统的“云—端”架构服务模式面临变革。边缘计算作为一种新型计算模型，在靠近用户或数据源的位置提供计算、存储、网络等服务，驱动计算模型架构从“端—云”演进到“端—边—云”。

边缘计算是指数据或任务能够在靠近数据源头的网络边缘侧进行计算的一种新型服务模型，允许在网络边缘存储、处理数据并进行云计算协作，在数据源端提供智能服务。网络边缘侧可以理解为从数据源到云计算中心之间的任意功能实体，这些实体搭载着融合网络、计算、存储、应用核心能力的边缘计算平台。边缘计算不仅能够实现流量的本地化处理、降低对远端数据中心的流量冲击，而且能够提供低时延和高稳定的应用运行环境，有利于计算框架在终端和数据中心间的延展，有助于实现场景需求、算力分布、部署成本的最佳匹配。

边缘计算在从学术理论到工程开发、商业部署的发展过程中，逐渐形成以互联网云服务企业、通信运营商以及设备商、工业互联网企业为代表的三大阵营。互联网企业以消费物联网为主要阵地，将云服务能力延伸到网络边缘侧，用于满足低时延、大带宽、多连接的新型业务需求；通信运营商与设备商以边缘计算为突破口，发力于网络架构和连接设备设计变革，构建灵活开放的网络能力，为万物互联、数据互联提供技术支撑；工业互联网企业发掘自身工业网络连接及其平台服务领域的优势，在网络边缘侧加强算力、储存、安全管理体系建设，实现 IT 技术与操作技术（Operational Technology,OT）的深度融合。目前，三大阵营步入了边缘计算商业开发的早期阶段，取得了一些具体业务运用初期试点成果。但是，推动边缘计算的大规模商业部署、打造健康稳定的边缘计算产业生态仍然面临不少的问题和挑战。云边服务器（Cloud Edge Server，CES）作为“端—边—云”新型计算架构的重要基础设施之一，具备数据中心服务器的性能以及丰富的有线和无线通信能力、基于云的原生软件架构，可稳定工作于严苛的边缘环境，承载靠近数据源端的本地高性能智能服务，实现云边无缝协同。云边服务器将推动混合云基础设施变革，其架构设计成为边缘计算基础设施规模化商用部署的关键挑战之一。

商用云边服务器架构设计目前处于早期阶段，边缘计算的大规模商用开发部署需要业界跨领域协作。三大阵营厂商和云企业根据各自领域的应用需求探索定义、开发云边服务器系统，推动边缘基础设施加速向前发展。由于边缘计算业务呈现多样化的特性，使用一套商用边缘计算系统架构满足不同业务的需求成为难点和挑战。云边服务器的发布对于边缘计算基础设施架构设计的规范化和满足不同应用场景的需求提供了全面的参考。

本部分内容源自百度、英特尔、富士康等 ODCC 会员单位联合开发、商用试点的云边服务器。不同于其他边缘设备，云边服务器架构设计适用于在严苛边缘环境中需要高性能服务器的业务应用，例如，户外车路协同、户内新零售物流调度等应用。云边服务器采用创新的三防设计（防水、防尘、防雷击）和散热技术，重构了数据中心服务器架构，能够在易波动的高低温环境中安全地工作，同时可以通过基于模块化的结构设计实现不同部件的灵活组合，使一套系统架构满足多种边缘计算业务需求。本部分对云边服务器的架构设计进行详细介绍，突出了设计难点和创新点，主要内容包括系统架构设计综述、主板和系统板的标准化设计、灵活的电源配置、多散热方案并存可选、模块化结构设计、三防优化设计、高速信号设计在边缘计算系统中的分析与建议、云边服务器分布式管理设计等关键技术。

16.2 云边服务器系统架构设计综述

云边服务器主要应用于边缘计算节点，它既是云服务向边缘侧的延伸，同时也给前端应用作数据计算及存储支撑，实现数据应用的本地化，是连接云服务和前端数据应用的关键节点。目前，云边服务器典型的业务场景包括智慧家庭、智慧城市、车路协同、新零售、电信 MEC 等。云边服务器业务需求见表 16-1。云边服务器的主体架构从实际应用和业务出发，定义具体系统软硬件架构，体现了业务定义架构的设计思路。

表 16-1 云边服务器业务需求

业务场景	业务需求	部署场地
智慧家庭	中等性能，小尺寸	室内
智慧城市	低时延，空间有限	户外
智慧医院	可操作性和易维护，常规尺寸	室内
智慧电网	中等性能，小尺寸，无线、有线网络访问	室内
智能工厂	中等性能，大储存	室内
车路协同	高性能，人工智能推理能力，低时延，丰富的无线、有线网络接口	户外
新零售	中等性能，无线网络	室内
电信 MEC	高性能，IDC/ 电信设备机柜，网络转发能力，网络云化	室内

根据各业务场景需求，云边服务器的系统架构和功能主要分为室内和户外两大类别。室内和户外不同的环境条件（例如，温度、湿度、腐蚀度等）使室内和户外设计有着不同的设计考量。因此云边服务器架构需要采用标准模块化

设计，以便在不同的定制化设计之间实现模块的复用，从而使云边服务器系统架构能够满足室内、户外不同应用场景的需求。

（1）室内系统架构设计

需要适应标准机架式服务器架构，可以部署在标准机架中，满足电信MEC、新零售、工业互联网等针对不同业务、应用场景的设计规范与设计需求。

（2）户外系统架构设计

主要针对车路协同、智慧城市等户外应用需求，需要提供较强的算力，针对人工智能等算法的硬件加速，以满足人工智能等高性能运算需求。同时，需要提供丰富的外设接口以满足各类外接设备的接入需求。另外，由于户外环境的多样性，户外系统需要设计智能的机构和散热解决方案，以应对严苛的环境。

云边服务器配置设计典型需求见表16-2。

表16-2　云边服务器配置设计典型需求

设备	室内	户外
CPU	单路至强服务器处理器	
内存	支持6通道DDR4内存	
PCIe扩展	支持5个标准PCIe插槽	
网络	支持千兆及以上网络	支持千兆及以上网络
	支持802.11ac无线网络	支持4G/5G和GPS网络
	支持其他短距离传输无线网络	支持POE网络
存储	支持6盘位及以上存储设备	支持2盘位及以上存储设备
	支持2个高速存储设备	支持2个高速存储设备

成熟的云边服务器系统架构要求在同一套系统架构下，通过灵活的配置满足室内或户外环境下不同业务类型的需求。云边服务器系统采用标准模块化设计、灵活的机构组合、优化的电源及散热解决方案和多样的板卡配置，可以通过不同组合配置适配室内和户外的不同应用。云边服务器系统架构可以最大限度地实现模块的重复利用，降低开发周期和经费投入，从而减少系统的整体部署成本。云边服务器室内典型系统如图16-1所示，云边服务器户外典型系统

如图 16-2 所示。

图 16-1　云边服务器室内典型系统

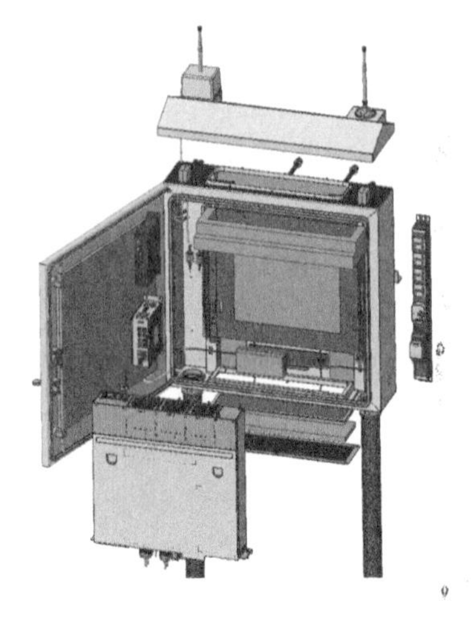

图 16-2　云边服务器户外典型系统

16.3　主板和系统板的标准化设计

16.3.1　主板标准化设计

作为边缘计算节点，云边服务器需要支撑大量的本地计算和存储需求，因此云边服务器采取了单路英特尔至强可扩展处理器平台解决方案，创新性地在 uATX 标准主板规格（9.6×9.6）上实现了平台部署以及 6 通道 DDR4 内存设计，可以全面兼顾标准化、高性能和高密度设计需求，有效释放英特尔至强可扩展处理器的计算能力。

另外，云边服务器主板也创新设计兼容英特尔至强 W-3200 系列平台。采用 W-3200 系列处理器可以在至强可扩展处理器的基础上扩展更多的 PCIe 通道，便于实现更多网络以及存储设备的接入。

云边服务器为扩展更多的网络端口和存储设备设计了多种标准高速设备接入接口，包括 5 个标准 PCIe 插槽、3 个 Slimline（细线连接器）、2 个 M.2 SATA、6 个 SATA 接口等。此外，云边服务器也提供了丰富的人机交互接口和管理功能，包括 VGA 接口、USB 接口、RS485 接口、RS232 接口等。管理单元采用了主流 ASPEED 基板管理控制器（Board Management Controller，

BMC）芯片。主板布局如图 16-3 所示。

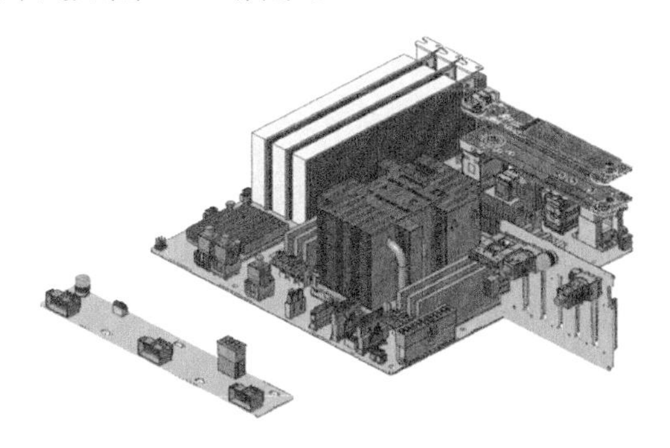

图 16-3 主板布局

16.3.2 面板接口排布

云边服务器面板接口排布如图 16-4 所示，符合典型的电信、云服务以及工业互联网厂商对于接口排布的要求。

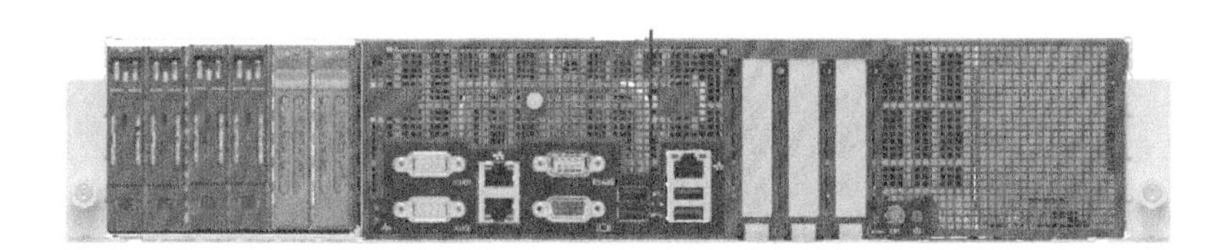

图 16-4 云边服务器面板接口排布

16.3.3 系统板卡

在云边服务器的设计中，系统板卡可以扩展主板设计各接口的用途，使系统设计能够更加灵活地配置。在云边服务器中，系统板卡涉及 PCIe 扩展卡、PCIe 转接卡、高速背板、电源转接板卡等多种类型，极大地丰富了系统的可扩展性和配置的灵活性。

云边服务器通过系统板卡的灵活配置和使用，可以在系统中实现多种高速接口配置，适应不同业务需求和应用场景。通过系统板卡，云边服务器的整体系统可以实现高达 5 个标准 PCIe 插槽、2 个 M.2 SATA 硬盘接口、6 个 6.35 厘米 SATA 接口、2 个高速 U.2 NVMe 硬盘接口以及 10 到 12 盘的云边服务器存储运用。

16.4 灵活的电源配置

相比传统云服务器适配的室内环境，云边服务器需要适配多种应用场景，尤其需要适配不同的户外和室内环境。对于室内场景，环境温度可控，云边服务器在满足温度空间散热等可靠性要求的情况下，需要尽可能地提升性能；对于户外场景（例如，车路协同、智慧城市等），环境温度相对恶劣、对系统的散热要求苛刻，还有防水防尘的特殊要求，而CPU性能功耗可以相对降低，从而降低对电源容量的要求。云边服务器需要灵活实现不同的电源配置来满足不同的应用场景。对于室内应用，支持“1+1”冗余大容量电源设计，支持高功耗、高性能CPU；对于户外应用，云边服务器需要实现对ATX标准三防电源的兼容使用，从而优化电源成本和可靠性。无论是户外还是室内电源型号，都满足80Plus铂金级效率指标。通过灵活的电源配置，使同一套云边系统能够实现对室内、户外等多种不同环境的支持，提高云边系统的使用率，降低应用成本。

16.5 多散热方案并存可选

云边服务器绝大部分需要部署在户外，这就需要严格的防尘、防腐、防水设计。同时，苛刻的运行环境温度要求为-25℃～55℃。除了机构设计之外，散热设计也面临极大的挑战。本书给出了4种不同的系统参考设计，以应对严苛的环境设计要求。

1. 全风冷散热（Air-Cooling）

全风冷设计比较直观，系统进风温度就是户外的空气温度，即-25℃～55℃。

防尘：在外箱的左右两侧采用过滤网结构以达到防尘的效果。在散热设计中，过滤网的阻抗值取标准扬尘测试后的阻抗值，以放置最坏的情况出现。

防腐：防腐一般可以通过三防漆实现，同时在过滤网设计中可以加装过滤有害物质的。

防水：一般来说，水的来源主要有两个方面：雨水和凝露。防雨可以通过本章的16.6节所述的模块化结构设计实现，除此之外，需要着重解决的是防止凝露在机箱内部积聚。从物理角度解释，凝露的产生有两个必要条件：一是高湿度环境；二是温差，即外箱内壁（接近于户外环境温度）和内箱系统出风之间的温差。由于改变空气湿度需要额外的干燥系统，所以我们建议主要考虑通过消除两个方向的温差：一是冷热通道分离，即内箱进风和出风口隔离；二是在必要的时候采取点阵加热方式加热部分外箱内壁达到消除温差的目标。通过消除这两个方向的温差，从而达到消除凝露的目的。

2. 浸没式液冷（Immersion Cooling）

浸没式液冷属于接触式冷却的一种方式。一般来说，浸没式液冷有两大关键要素：冷却液和电子元器件兼容性。从第一次提出到现今的近 20 年间，浸没式液冷在电子散热行业一直没有得到广泛的应用，主要有以下原因。**一是缺乏“杀手级”应用场景。**目前，风冷和冷却分配器（Cooling Distribution Unit，CDU）加冷板方案可以解决绝大部分的散热问题，并不需要浸没式液冷。严格地说，目前，没有任何应用场景是必须要浸没式液冷才能解决的。**二是冷却液成本。**因为目前的主要媒介是氟化液，而氟化液主要应用于半导体行业，所以成本一直居高不下。**三是电子元器件的兼容性。**兼容性测试与认证需要花费巨大的人力资源与物力资源。由于浸没式液冷的行业接受度不高，芯片、内存乃至电容、电感等的元器件供应商并没有很大的动力去推动和完成测试认证。同时，成本和元器件兼容这两大难题也可以归结为产业链的极度不完整。

需要支持 IP65/67 规范的云边服务器户外运用是浸没式液冷运用实践的最佳场景之一。云边服务器浸没式液冷设计方案目前处于工程测试阶段，在此本部分不做介绍。

3. 主动制冷散热（Refrigeration Cooling）

主动制冷散热设计属于风冷设计范畴，但不同于以上所提及的风冷，此方案可以达到完全密闭以满足 IP65/67 的设计要求。主动制冷散热设计如图 16-5 所示，在外箱增加压缩机主动制冷模块，通过冷热通道隔离实现系统进风温度远低于户外环境温度，使云边服务器可以在极限高温环境中运行。同时，在低温环境系统无法启动时，可以对系统入口空气进行加温。直观地讲，搭载主动制冷散热的云边服务器就是一个只有一台系统的迷你数据中心。

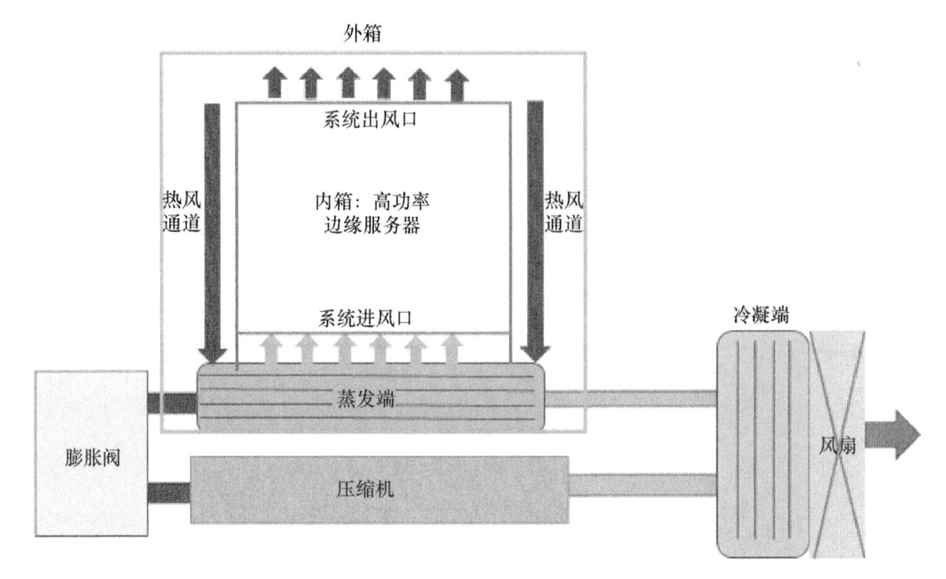

图 16-5 主动制冷散热设计

4. **后窗冷板方案（Rear IO Heat Exchanger）**

此方案比较直观，其主要技术点就是在内箱系统后窗加装冷板，冷板通过外部迷你 CDU 进行换热。该方案相较于传统的系统内部各主要元件加装冷板方案，其最大的优点是易于维护。因为系统内部还是风冷，所以维护时不需要拆装内部冷板，大大提高了效率，简化了冷板结构设计。该方案也可以实现系统完全封闭。后窗冷板方案模块化结构设计如图 16-6 所示。

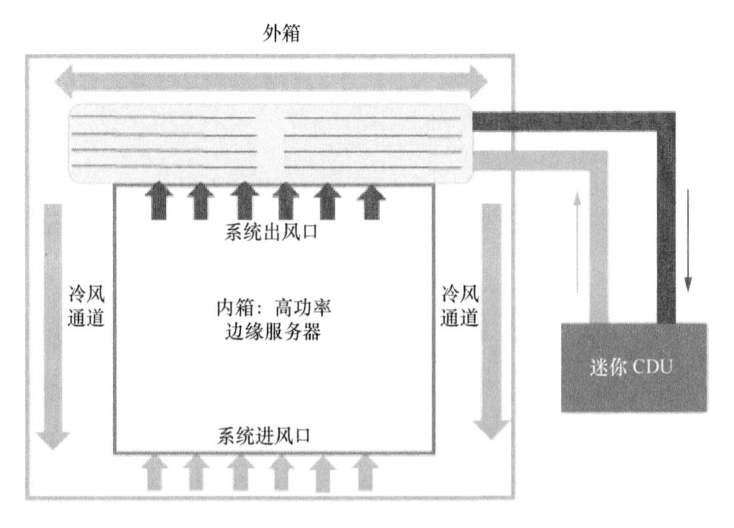

图 16-6 后窗冷板方案模块化结构设计

16.6 模块化结构设计

云边服务器有着丰富的应用场景，例如，室内边缘机房、室内新零售、户外车路协同等。为了最大限度地满足和覆盖各种应用场景下的不同需求，本部分建议通过采用模块化设计，以最大限度地降低开发及部署成本。

户外与室内应用场景下有诸多不同的需求。

（1）室内与户外的环境差异，例如，在户外场景下需要考虑防水、防尘、防辐射、安全等需求，而在室内边缘机房场景下则不需要考虑防水、防尘等额外需求。

（2）在尺寸需求方面，边缘云室内机房需要考虑到机架的规范尺寸，而在户外场景下尺寸限制则不敏感。

（3）具体服务器配置的微小差异。

鉴于以上各因素，我们建议在室内场景下（包括室内新零售场景）采用标准2U机架服务器尺寸规范（EIA-310-D），在户外场景下沿用室内机架服务器，通过额外增加外壳来实现防水、防尘、防辐射、安全等需求，同时容纳户外场景下所需的模块，例如，Wi-Fi、4G、电源等。户内标准2U机架云边服务器如图16-7所示。云边服务器户外配置如图16-8所示。

对于户外和室内场景下内部配置的需求差异，云边服务器架构在设计上应该都能做到兼容，从而使企业可以按照具体配置需求在终端进行实际部署。

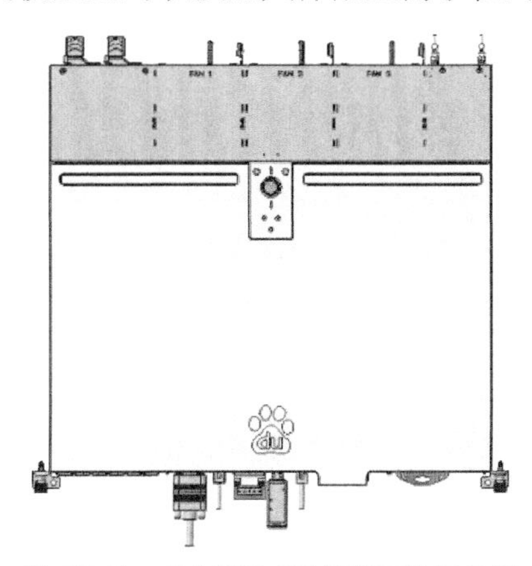

图16-7 户内标准2U机架云边服务器

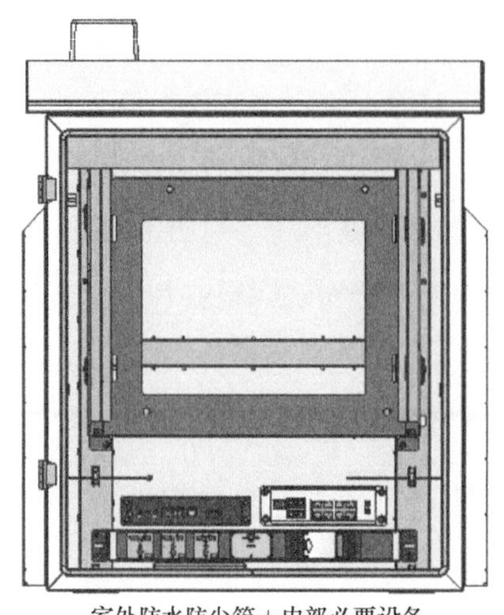

室外防水防尘箱 + 内部必要设备

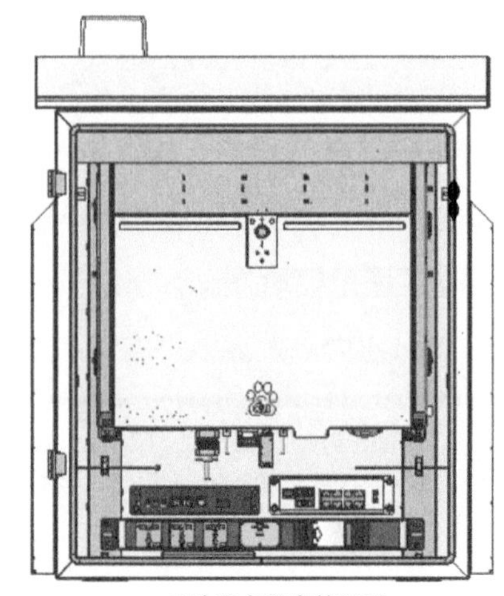

云边服务器室外配置

图 16-8 云边服务器户外配置

16.7 三防优化设计

云边服务器在户外应用场景中需要应对严酷的环境，例如，雨水、凝露、灰尘、太阳辐射和腐蚀等。服务器在开发设计中要注意防水、防尘、防辐射和防腐蚀，同时也要兼顾产品性能与可靠性。在技术要求上，中短期目标是实现 IP55 标准，长期目标是实现 IP65/67 标准。

1. 目前的技术

（1）防水、防辐射和防腐蚀的技术实现难度不大，一般可以满足要求。例如，防水一般采用鱼鳞板、迷宫设计等；防辐射和防腐蚀采用防辐射油漆等。在此，本部分不做过多描述。

（2）在防尘方面，初期一般采用防尘网技术，可以满足绝大部分灰尘浓度较低（空气质量较好）的地区。但是在某些灰尘浓度较高的地区，可能会因此增加服务器维护防尘网的频率，进而增加成本。

2. 中期创新概念

（1）云边服务器防尘设计

想要改善现有设备，设备内部防尘网内侧可以布置一些风扇。其目的是定期规律性地关闭系统主风扇，开启这些防尘网内侧的风扇，产生反向气流，清理掉累积的灰尘。通过这样的设计在防尘方面实现一定意义上的免维护。云边服务器防尘设计——反向气流如图 16-9 所示。

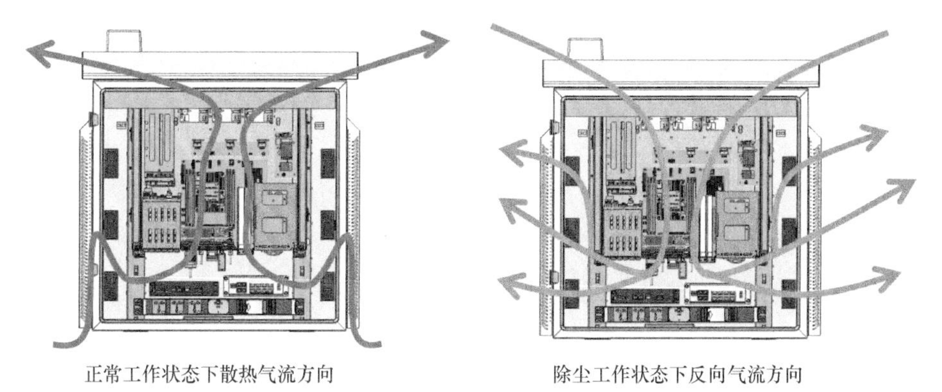

图 16-9 云边服务器防尘设计——反向气流

（2）云边服务器防尘设计

想要改善现有设备，在设备进气口外面增加一种旋流预滤器（在市场上选购）。其目的是排除空气中的灰尘，尤其是颗粒较大、容易堵塞防尘网的灰尘。其设备的工作原理为利用离心力将大颗粒灰尘排出，而只保留洁净空气。此方法可以有效降低防尘网的维护频率。在具体实现上，应采用空气浓度传感器控制旋流预滤器的开启与关闭，以节省电力。云边服务器防尘设计——旋流预滤器如图 16-10 所示。

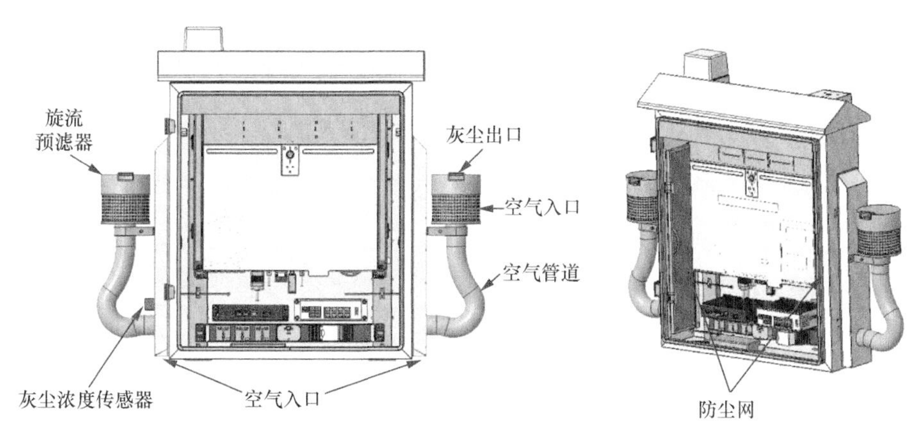

图 16-10 云边服务器防尘设计——旋流预滤器

3. 长期 IP65/67 要求下的技术发展

IP65/67 要求较高，但好处是设备要做到完全密闭，从而没有水、灰尘等顾虑。设备的可靠性和寿命也会因此大大提高，以下为一些实现方法。

（1）浸没式液冷，详见本章的16.5节多散热方案并存可选中的具体内容。

（2）主动制冷散热设计，详见本章的16.5节多散热方案并存可选中的具体内容。

16.8 高速信号设计在边缘计算系统中的分析和建议

众所周知，随着PCIe、DDR等高速信号速率以及服务器主板设计密度的不断增加，高速信号的完整性设计直接影响着高性能服务器的性能。不同于部署在温度、湿度、空气质量可控环境中的传统服务器，云边服务器的部署环境比较复杂。在本案例中，云边服务器需要正常工作在-25℃～55℃，湿度范围为5%～95%的苛刻环境。部署环境中变化频繁的温度和湿度给云边服务器主板设计中的高速信号的完整性带来了新的挑战。

16.8.1 高速信号完整性在边缘环境全风冷散热设计中的挑战和建议

1. 温度和湿度对插入损耗的影响

服务器主板PCB的插入损耗量测建议在相对低温、干燥的环境中进行。例如，IPCTM-650 Method 2.5.5.12A[23℃ ±2℃（73.4°F±3.6°F）和40%RH±5%]。服务器系统实际运行在高温、高湿度等环境下将导致插入损耗的增加。可能遇到的最坏的情况如下所述。

（1）中级损耗PCB板材将增加16%的额外插入损耗。

（2）低损耗PCB板材将增加11%的额外插入损耗。

（3）超低损耗PCB板材将增加8%的额外插入损耗。

在此，我们建议设计者在参考处理器、服务器平台设计规范中，结合云边服务器部署环境温度和湿度的变化范围，重点分析高速信号从芯片端到芯片端全通道的插入损耗是否仍在处理器平台的设计规范内。

2. 温度和湿度对阻抗的影响

用来量测PCB信号走线阻抗的样品分为低温干燥和高温高湿两种，理论分析和实验数据均显示温度和湿度对阻抗几乎没有明显的影响。

3. 温度和湿度对串扰的影响

在分析中，没有发现温度和湿度对串扰有明显影响。实验验证数据将在后续信号完整性专题的设计文档中更新。

16.8.2 高速信号完整性在边缘环境全风冷散热三防漆涂覆设计中的挑战和建议

在边缘环境全风冷散热设计中，服务器的 PCB 主板表层常常会用三防漆做涂覆处理，以避免或者减缓空气对主板的化学腐蚀。三防漆涂覆设计中的信号完整性挑战包括以下几个方面。

1. 对三防漆的要求

（1）对三防漆材质介电常数（Dk Dielectric Constant）、耗散因子（Df Dissipation Factor）的要求：三防漆 D_k、D_f 对 PCB 表层阻抗、插入损耗、串扰影响的仿真分析和测试验证正在进行中，在此，本部分不做介绍。

（2）对三防漆涂覆厚度的要求：三防漆涂覆厚度对 PCB 表层阻抗、插入损耗、串扰影响的仿真分析和测试验证正在进行中，在此，本部分不做介绍。

2. 对三防漆涂覆的服务器主板设计的建议

（1）最大限度地避免 PCB 表层走线。

（2）在无法避免表层走线的情况下，通过仿真分析三防漆对表层走线的阻抗和插入损耗的影响。在此，我们建议和 PCB 板厂沟通对阻抗和插入损耗的制成要求，以满足平台设计指导要求。

（3）对于涂覆三防漆的 PCB 表层走线，应对其高速信号执行完整的板级、系统级信号完整性进行验证。

16.8.3 高速信号完整性在边缘环境浸入式液冷中的挑战和建议

为避免在传统全风冷散热设计中被常见的空气腐蚀，同时使云边服务器能够在可控温度、湿度环境中运行，浸入式液冷技术正在被考虑应用在高端云边服务器部署环境中。其中，冷却液体与 PCB、电子元器件的兼容性表现给高速信号的完整性带来了新的挑战。浸入式液冷环境下的信号完整性挑战包括以下几个方面。

1. 对浸入冷却液体的要求

冷却液体的介电常数 D_k 必须小于 2.3，以满足高速信号对处理器插座

（Socket）和连接器的阻抗要求。过高的 D_k 值会导致处理器插座和连接器的特征阻抗偏低，信号的大部分能量会被反射回去，从而降低高速信号的信号完整性。

2. 冷却液体对 PCB 微带线和带状线的影响

（1）对微带线插入损耗的影响

损耗有小幅增加，但总体上对损耗影响不大。建议尽量减少高速信号的微带线设计。参考处理器平台设计规范，例如，高速信号全通道插入损耗接近规范的边缘值，建议做全通道的仿真分析。PCB 浸入冷却液体中信号线的损耗量测如图 16-11 所示。

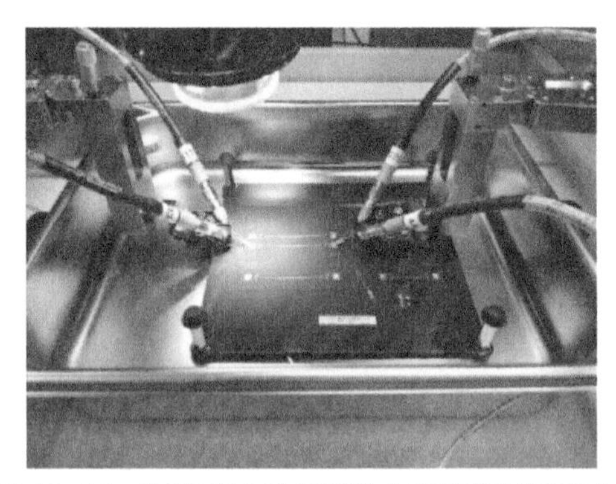

图 16-11 PCB 浸入冷却液体中信号线的损耗量测

（2）对微带线阻抗的影响

对阻抗有 3%～5% 的影响，考虑到原有 PCB 微带线的 10% 的制造误差，可以建议提高部署在浸入式液冷环境下的专用 PCB 上高风险的高速信号的阻抗制造误差要求，例如，从原有的 10% 提高到 5%。

（3）对微带线串扰的影响

远端串扰略微减少，近端串扰不变，串扰影响不影响信号完整性设计。

（4）对带状线的影响

损耗、阻抗、串扰都没有明显变化，性能基本不变。

3. 冷却液体对处理器插座、连接器和电缆的影响

典型的处理器插座、连接器和电缆是基于空气作为周围介质而设计的。当处理器插座、连接器和电缆浸入冷却液体中时，其设计的目标阻抗很可能会发生变化。当空气介质被液体取代时，建议建立新的模型，用以信号完整性性

能分析，例如，高频结构仿真软件（High Frequency Structure Simulator，HFSS）等三维电磁仿真软件。

4. 关于关注液体老化对高速信号完整性的建议

液体老化的潜在风险是液体材料性质发生变化将会影响信号完整性性能，例如，冷却液体化学物质性质变化、外界环境污染、内部器件材料冲刷污染等。可以采取的必要防护措施为在部署浸入式液冷之前，适当地清洁器件并使用过滤系统。来自内部污染和外部污染的液体会引起电气性能问题，从而导致信号性能改变，建议维护人员定期检测液体电气特性参数，以确保这些参数处于规定的使用范围之内。

16.9 云边服务器分布式管理设计的关键技术

云边服务器分布式管理架构面临着两大关键技术挑战：一是远程管理接口可扩展设计关键技术；二是高服务质量、高可用性以及高安全性设计关键技术。

16.9.1 远程管理接口可扩展设计关键技术

Redfish 协议基于 Restful 的工业管理标准，已经有大量的使用场景。其具有良好的扩展性和易于集成性，能够很好地作为统一接口管理标准。在大量设备的管理中可以很好地组合和简化管控的协议，并通过少量接口连接下发到下一层的管理控制器中。

1. 接口的统一性

在把业务往云边分散的同时，原本服务器和数据中心内的管理模式也同样被扩展到远程管理中。在设计远程管理接口时，要考虑如何充分运用和灵活管理数据中心、“云—边—端”的资源来达到云边融合、云边一体。把数据中心的管理接口和云边服务器的管理接口统一，减少了重新设计的开发成本和时间成本。同时，从云边融合的角度来看，统一的管理接口减少了管理的复杂程度。

2. 可扩展性

今天的云基础设施的优化已经非常细化了。为了削减整体运维成本，可以用不同种类、定制化的机型和设备组件来支撑日益增长的业务，与此同时也带来了多样化资源管理的挑战。同样，在云边方向上同样需要对不同种类资源的管理进行支持。在架构方案上，不仅仅要考虑当前已有设备的支持，而且也需要在扩展接口、易于增加新的接口上做设计。

3. **易于集成性**

在“云—边—端”时代，接口可读性提升设计成为关键。不管是云和边的业务接口，还是端设备管理，在不同的细分领域中使用相同的协议标准将简化系统管理集成的复杂程度。系统管理集成使用比较多的是可扩展标记语言（eXtensible Markup language，XML）和一种轻量级的数据交换格式（JavaScript Object Notation，JSON）格式，Restful 接口已经成为主流。

4. **管理中的并发问题**

在大量业务的驱使下，海量级的机器管理成为常态，需要整个体系能够同时支持百台、千台甚至更多设备的管理。传统的点对点协议很难支持大规模的管理，基于 Redfish 的管理架构设计可以有效提升网络流量、遥测和管控中的成功率和容错率。

16.9.2 高可靠性管理设计关键技术

云边服务器包含多种带有固件的设备，具体涉及基本输入输出系统（Basic Input Output System，BIOS）、基板管理控制器（Baseboard Management Controller，BMC）、微码、网络设备、存储电源等。灵活有效地解决系统更新、固件漏洞修复、新功能激活等问题是边缘设备系统安全保障的关键。

1. **固件的容错**

在系统正常运行中出现异常和死机的原因除了硬件的故障之外，固件出错也占了较大的比例。在固件的容错设计中，比较常见的是固件冗余机制：当其中一个固件出现异常时，应及时切换至备用固件，保障系统正常工作。

2. **固件的升级**

对于固件的更新和补丁，在绝大多数情况下需要重启系统，进行固件激活。一般需要首先停止业务服务，关机并使用新的固件重新启动机器；然后再启动操作系统（Operation System，OS）；最后重新恢复业务。这个过程一般要花费几分钟的时间。这对于服务的质量来说，会产生比较明显的影响。固件升级中的在线升级如图 16-12 所示。

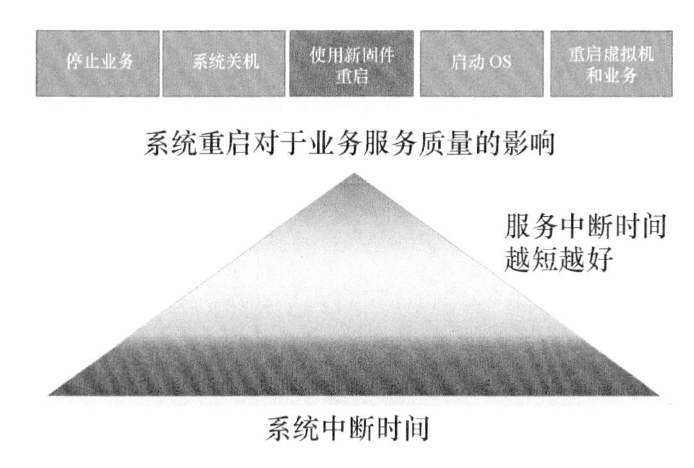

图 16-12　固件升级中的在线升级

在云边场景下，我们建议要考虑固件在线升级和在线激活两个方面。

（1）在线升级

离线升级对于业务的影响也是非常大的。虽然云边一体的业务有服务冗余能力，但还是可能带来一定程度上的服务质量的降低。通过在线升级，可以减少因固件升级而对业务产生的影响，改善对服务质量的影响。此外，在传统的数据中心中，运维可以直接接触到机器，因此还有大量的情况可以通过运维人员在现场做人工的离线升级。但是在云边场景下，各个节点的部署非常分散。因此，我们建议通过应用远程在线升级的方案来进行固件升级，从而降低运维成本和提升补丁修复的时效性。

（2）在线激活

除了在线升级之外，还需要考虑到升级之后的激活问题。因为即便是在线更新后，在绝大多数情况下，还是需要重启来进行固件激活的。固件升级后的在线激活流程如图 16-13 所示。在云边服务器固件在线激活的过程中，首先，固件模块被触发激活，OS 以及当前运行的业务暂停；然后，再次触发固件的激活动作，协同关联的硬件暂停当前所有的操作，保护当前的系统数据并确保上下文不被改变；在固件激活后，系统进行重载和恢复动作；在系统恢复工作后，进行服务和业务的恢复。整个过程不需要重启机器，并且对于业务的影响是在激活阶段，因此对于整个过程的影响从数分钟以上缩短至几分钟甚至几秒钟，大大减少了对于服务的影响时间。

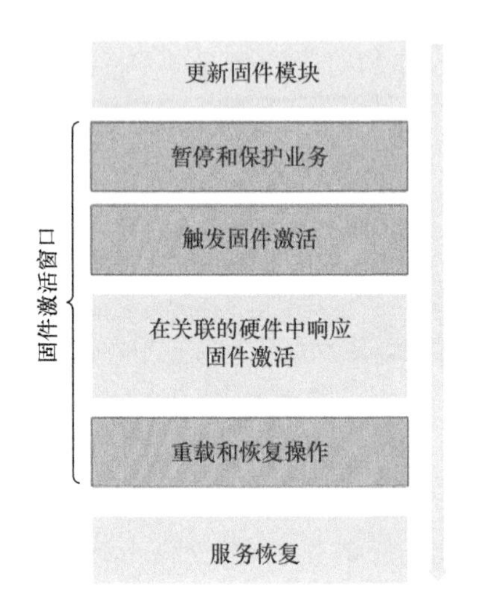

图 16-13　固件升级后的在线激活流程

第六部分　数据中心管理

P a r t 6

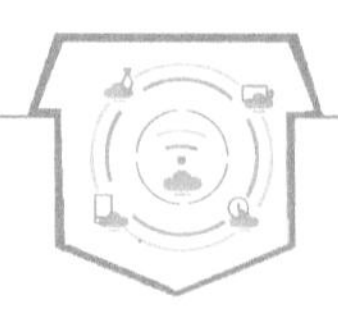

第十七章　数据中心智能化运营管理

17.1　数据中心智能化运营管理背景

近年来，随着云计算、大数据、人工智能等技术的不断发展，数据中心的建设需求不断增多，高速化、规模化和集约化建设成为数据中心的主要发展趋势。然而，越来越先进的基础设施配置并没有为数据中心带来更高效的运行，数据中心运营管理的弊端逐渐凸显。

一方面，数据中心的设备数量大、种类多，对应的监控系统也是不同品牌的不同产品，缺乏集中式统一管理，导致传统的运维方式任务繁重，无法保证数据中心可靠运营。另一方面，不断上涨的能源成本和不断增长的计算需求，给数据中心的运营带来了巨大的压力，如何提升数据中心的运营效率、如何减少数据中心的运营成本都是目前亟须解决的问题。

17.2　数据中心智能化运营管理的特点

针对数据中心运营管理面临的若干问题，需要一套涵盖数据中心监控管理、容量管理、运维管理、配置管理、数据中心服务门户等功能的运营管理系统，支持对数据中心的电力系统、制冷环境、安防环境进行监控和智能化分析，并为数据中心外部客户提供透明化的服务体验。这样的一套运营管理系统能够基于对基础设施的大数据采集、智能化分析提供面向数据中心的一系列智能化场景应用，帮助数据中心进行精细化的运营和智能化的管理。

17.3　数据中心智能化运营管理系统框架

关于数据中心的智能运营管理，我们认为应该围绕以下 4 个方面进行开展。数据中心智能运营管理如图 17-1 所示。

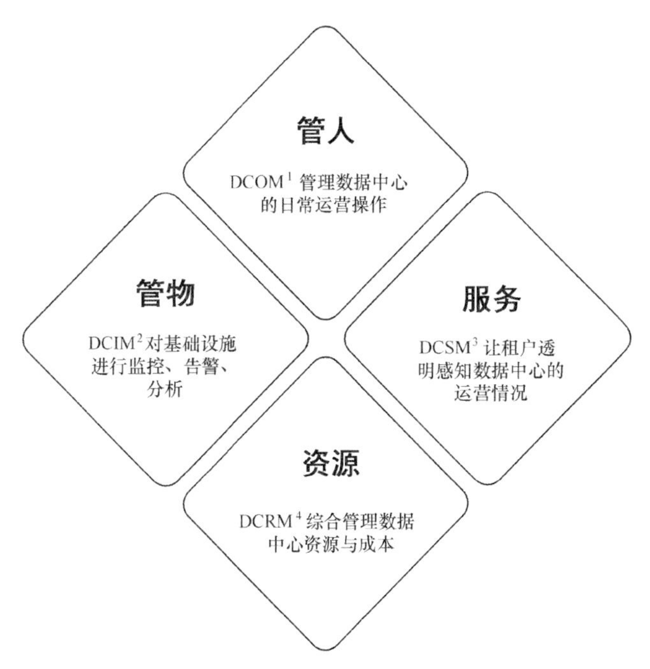

1. 数据中心运营管理（Data Center Operation Management，DCOM）
2. 数据中心基础设施管理（Data Center Infrastructure Management，DCIM）
3. 数据中心服务管理（Data Center Service Management，DCSM）
4. 数据中心资源管理（Data Center Resource Management，DCRM）

图 17-1　数据中心智能运营管理

“管物”是指对数据中心场域内的所有基础设施进行监控、告警、分析。尤其需要重视的是基础设施采集点的数据质量情况，数据是管理系统做分析的基础，正所谓“差之毫厘，谬以千里”，如果没有准确有效的基础采集数据，上层的告警、分析等应用都将是“无源之水，无本之木”。如何保证数据质量的可靠性，我们认为首先需要一套标准的南北向数据接口协议，清楚地定义每个测点的编码、名称、参数值及相关值说明，这样无论我们接入管理多少个数据中心，都能行之有效地快速准确地完成接入工作；其次我们需要通过数据质量维护工具来无间断地监控测点数据上传的及时性和准确性，并对产生过大的数据抖动自动进行过滤和屏蔽。

“管人”是指通过将标准化的作业流程固化在系统上，由系统来驱动数据中心运营中每个人员每次操作的合理性与合规性。一般来说，我们将数据中心的日常运营分成事前、事中、事后 3 个环节，3 个环节的关键点分别在于预防、解决和分析。

对于IDC运营者来说，数据中心就是运营商的产品，“服务”是其构筑差异化竞争力的重要武器。传统的数据中心通过纸质文档、邮件、电话向客户提供服务，因为有时效差无法及时透明地了解服务的过程。因此“服务”是指如何通过系统平台的能力，让客户直观了解所租用的设施在数据中心运营的情况，同时也能通过平台进行相应的服务申请并了解服务的进度。对于运营者而言，还可以进一步对数据中心的经营情况进行整体分析，确保数据中心可持续地运营和发展。

除此之外，“资源”也是IDC运营者非常关注且必须了解的生命线。IDC运营者必须充分掌握有多少资源可以利用，多少资源在建，才能更好地平衡供需之间的关系，并且需要多维度地分析数据中心的建设成本和运营成本，以期更合理地制订富有竞争力的市场定价，从而使数据中心运营得更好。

因此结合以上思路，我们整理出数据中心智能化运营管理系统架构，具体如图17-2所示。

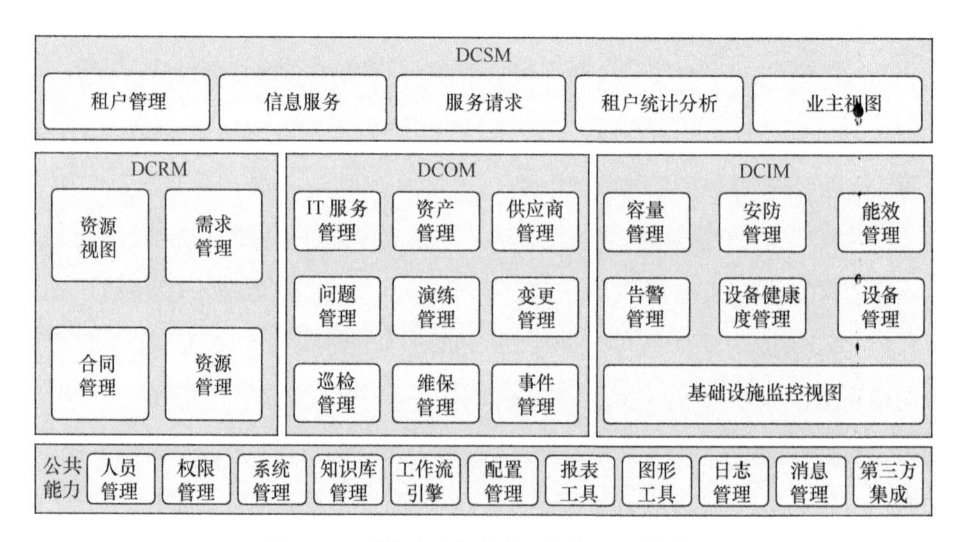

图17-2 数据中心智能化运营管理系统架构

17.4 数据中心基础设施管理

1. 基础设施监控视图

基础设施监控视图应该能以跨越风火水电不同专业维度的方式汇总数据中心的总体运营信息。用户可以通过该服务快速地了解数据中心在安全运营、市电、IT 负载、PUE、变压器、制冷系统、环境温湿度、IT 资源、MDC 等方面的运行概况。各类关键信息以数值、曲线、饼图等多种方式呈现给用户。同时，由于数据中心受自然灾害影响较大，系统应该提供应急综合视图，针对台风等自然灾害，提供应急状态下数据中心需要关注的指标进行综合呈现。

2. 电力视图

电力服务支持用户在机房整体、房间、机架等多个维度查看电力的使用情况。此外，电力服务还支持电力拓扑在线展示，用户可以通过图形化的视图快速地了解数据中心的电力系统架构，并快速查看关键数据。

3. 制冷视图

暖通服务提供冷源系统图形化视图和曲线视图。用户可以通过图形化的视图快速地了解制冷系统架构设计信息，还可以通过曲线视图查看冷机、冷塔、水泵、总管等冷源设备的关键参数。

4. 环境视图

环境服务包含环境温湿度和漏水检测两个子服务。用户可以通过环境温湿度服务快速获取局部热点信息，查看历史趋势数据，还可以通过漏水检测服务了解实时漏水检测结果和历史漏水汇总报告。

5. 安防管理

安防服务提供用户实时 / 历史视频远程查看功能，同时允许用户远程查看门禁状态和刷卡记录。同时，系统需要更智能的视频安防解决方案，能够将传统的事后追溯、被动式的视频监控提升为事前预警、主动发现的视频物联网系统。依托普通摄像头即可完成对人员的跟踪和定位，从而获取园区内所有人员全方位的时空动态信息，把对物的监控提高到对人的管控，实现关键区域人员入侵、异常行为识别、人员随工监测等功能。另外，需要支持数据中心进出管理与参观管理等流程，线上管理和跟踪数据中心内的人员、车辆以及物资进出和参观等事宜。

6. 3D 可视化视图

系统应该支持对监控内容的 3D 可视化展示，提升用户体验，提高信息传递的交互效率。系统包括但不限于园区鸟瞰图，大楼整体图，楼层与房间模型图，设备监控视图，楼房、机房、微模块、机柜、设备的 3D 视图，UPS、空调等基础设施设备与机柜内 IT 设备的安装位置等功能。

系统应该支持用户顺畅地从常规 2D 视图切换到 3D 视图，也可以对三维可视化内容进行操控，包括但不限于自由放大、缩小、旋转、拖拽、虚化、恢复原始大小、适配到最佳窗口等功能。

（1）温度云图可视化

温度云图可视化以 3D 可视化的方式，直观、全局地展示机房温度的分布，包括机柜 3D 界面的上、中、下 3 个水平面的温度截面、显示实时温度值、温度颜色分阶显示等功能。

（2）等温图设置

等温图设置可以对等温图例进行设置，包括阈值和颜色、温度颜色分阶显示等功能。

（3）云图分权分域设置

云图分权分域设置可以针对机房云图的范围进行分权分域的权限控制，确保不同客户可以看到不同区域信息，包括机房分区域权限控制、机柜分数量权限控制等功能。

（4）热力分析

热力分析可以对冷热孤岛进行有效识别，显示出机房内排名前五的温度的最高点与最低点，根据温度阈值超限后自动生成告警等功能。

（5）温度阈值设置

系统可以对探测温度的阈值进行设置，包括但不限于根据温度阈值，超限后自动生成温度告警，派发温度告警工单等功能。

7. 告警管理

告警管理是数据中心运营中非常关键的一环，如何及时准确地发送告警并对其进行高效处理，一直是数据中心的难点。传统的告警一般只是对相应测点设定阈值，在告警风暴产生时往往无法快速定位准确的告警源，也就谈不上如何及时有效地对告警信息进行处理，因此智能化告警管理优先需要解决这个问题。

（1）告警溯源

系统首先需要实现告警数据格式、内容、策略的标准化处理，同时对告警事件能够根据拓扑图进行关联分析并自动收敛告警源，将所有次生告警收敛于根因告警。

系统包括但不限于告警页面（例如，集中管理所有设备和子系统告警，显示当前告警、历史告警）、告警级别（例如，4 级告警级别，阈值可设置）等功能。

（2）告警策略

告警策略配置支持对设备的关键指标进行自定义阈值告警。当某个关键指标落入自定义的阈值范围内，就会上报一条相应的告警，让用户及时感知到该指标的变化。同一个指标可以划分为多个阈值范围，从而提供各种级别的告警。

告警策略配置支持表达式定义，支持用户灵活使用加减乘除等运算符制订需要的告警策略，对现场异常进行监测。

（3）360° 告警处理

告警系统支持在告警发生时，针对告警提供 360° 全方位处理能力，包括设备信息、历史信息（巡检、维保、事件）、告警点物理位置、逻辑关联、告警点位置视频、告警处理建议，方便处理人员快速定位问题并处理告警。

（4）告警查询

通过告警服务的实时告警视图，用户可以查看当前已经产生并且还没有解除的告警；通过告警服务的历史告警视图，用户可以查看过往产生的告警。

（5）告警配置

支持用户自定义告警配置（IDC 告警和 MDC 告警），包括告警设备、告警机房、告警类型、告警表达式、恢复表达式、告警等级等，并支持告警配置的新增、删除、修改、查询以及批量导入。

（6）告警分析

告警系统支持在告警发生时，系统结合当前基础设施运行情况、告警设备历史故障记录和运营专家经验，分析并得出告警处理建议，方便运维人员快速处理告警，恢复生产。

（7）告警屏蔽

当现场进行变更或者维护等操作时，用户可以使用告警屏蔽功能暂时停止某个设备某条策略的告警检测，防止因现场正常作业导致的无效告警。

（8）值班视图

值班视图支持以空间平面图的形式展示数据中心内各个楼层的告警情况，便于运维人员迅速定位告警地点，同时支持告警列表展示当前的告警情况。

8. 设备健康度管理

我们理解传统告警管理是基于经验配置相应的阈值，超过阈值的事件定义为告警。但由于阈值设定存在人为因素的不确定性，我们需要对设备的运行情况进行数据抽象建模，通过大数据分析和机器学习算法的结合，在未达到阈值前预先对设备进行判断或提出预警信号。

（1）健康度视图

健康度视图展示数据中心内相关设备的健康度情况，支持搜索查询，以及手动筛选设备进行查看，便于管理和运维人员对设备进行及时查看和维护。

（2）电池健康度管理

电池健康度管理基于大量电池的使用数据，通过大数据分析多维度地进行异常电池的筛查，建立有效的电池健康状态综合分析模型，快速精确地定位异常电池，进而确保电池的可用性，实现对电池健康度的准确评估。

① 电池可用性分析

系统能够查看电池组的趋势数据，支持不少于两年的电池组的电压趋势分析、内阻趋势分析、温度趋势分析，支持不少于两年的放电数据趋势分析，支持数据导出，并支持查看单体电池的趋势数据，支持不少于两年的单体电池的电压趋势分析、内阻趋势分析、温度趋势分析。

② 电池健康度

电池健康度管理服务能够预测电池的完整生命周期，并在电池出现问题之前，通过系统预测电池健康度，准确地进行异常预判，从而实现故障前的准确预警，达到提前发现问题和处理问题的目的。

③ 异常单体告警

当电池出现问题时，系统可以进行精准告警，快速定位故障电池，以便运维人员快速发现和及时处理问题电池。

9. 容量管理

容量管理是当前数据中心运营精细化的一个重要表现。目前，我国数据中心的机架量在一线发达区域（北上广深）处于供不应求的状态，除了新建更多的数据中心之外，精细化运营存量数据中心，更好地掌握并挖潜数据中心既有容量也是必不可少的步骤。

（1）容量视图

容量视图会综合数据中心各类容量数据进行汇总统计，以图形化和曲线的方式进行数据呈现，容量视图包括以下几个部分的关键内容。

① 整体容量信息：提供数据中心总机架数、总服务器数、总U位数等信息。

② 机位与机架电力利用率：统计数据中心整体机位利用率和机架电力利用率的数据，并进行图形化的呈现，让用户可以综合机位和电力两类数据分析当前数据中心的容量瓶颈。

③ U位与市电利用率：统计数据中心整体U位利用率和市电利用率的数据，并进行图形化的呈现，让用户可以综合U位和市电两类数据分析当前数据中心的容量瓶颈。

④ 服务器与电力：以房间为维度统计服务器的平均功耗，用户可以看到不同房间的服务器单机平均功耗分布，查看不同管理区域的功率差异。

⑤ 机架与电力：统计机架电力的累计分布曲线，以累计占比的形式将统计数据呈现给用户。用户可以灵活地查看当前数据中心低于某一功率的机架占比，同时获取分布在某个区间内机架功率的占比，从而更加了解数据中心机架的用电情况。

（2）容量分析及模拟

容量分析功能可以结合数据中心各类容量数据，例如，电力使用情况、空间使用情况，分析数据中心当前的电力和空间使用情况，并给出容量优化建议。

容量模拟支持用户通过自定义配置数据中心的各类参数，模拟各个机架容量的变化情况，并给出容量优化建议，例如，当数据中心内发生故障或突发情况时，显示容量变化情况及如何优化容量配置。

（3）容量告警

超电告警提供机架/列电力超出阈值的检测服务，并给出告警信息。超电告警包括以下几个部分的关键内容。

① 列超电告警监测：后台自动统计一段时间内列的功率数据，根据用户设定的阈值和一段时间内的列功率数据进行综合分析，当列功率满足告警条件时，自动提供超电告警。

② 机架超电告警监测：后台自动统计一段时间内机架的功率数据，根据用户设定的阈值和一段时间内的机架功率数据进行综合分析，当机架功率满足告警条件时，自动提供超电告警。

③ 告警信息呈现：自动汇总超电列和超电机架的信息并进行展示。用户可以查看超电列和超电机架的电力数据及机位数据，根据页面内容进行异常判定。

（4）容量预警

超电预警综合分析空闲机位和电力信息，在机架电力超出阈值之前进行预警，防止出现超电问题。超电预警包括以下几个部分的关键内容。

① 机架超电预警监测：后台自动统计一段时间内机架的功率数据，根据用户设定的阈值和一段时间内的机架功率数据进行综合分析，当机架功率满足预警条件时，自动提供超电预警。

② 预警信息呈现：自动汇总机架预警信息并进行展示。用户可以查看超电预警机架的电力数据及机位数据，根据页面内容进行异常判定。

（5）容量规划

首先，需要通过U位管理对数据中心内的每个U位进行信息掌握，快速定位设备位置以及获取设备的相关信息，助力精细化运营与管理数据中心。其次，考量用户数据中心的各种条件，例如，空间、电力、制冷、网络、承重等因素。最后，提供设备类型和机架类型的自定义设置，在适配机房数据中心整体条件和用户的个性化需求之后，自动生成上架方案。

（6）机架锁定与解锁

如果用户为了防止机架超电而预先锁定（屏蔽）了某些机位，系统可以综合机位和电力信息给出机位释放建议，以提升资源的利用率。

10. 能效管理

能效管理是当前数据中心运营的一个热门话题，各地纷纷出台了相关 PUE 的政策。想要打造一个绿色节能的数据中心，除了在规划建设阶段进行合理的设计之外，在运营过程中，也要运用 AI 的相关技术来打造一个更智能的能效运营和管理体系。

（1）能效分析

能效分析提供多维度（时间维度：年、季、月、日；空间维度：数据中心、机楼、机房；子系统及设备维度）的数据展示功能，清晰地展示了数据中心的能耗分布，实时展示各设备及子系统的能耗使用情况。支持从空间、子系统、设备等角度，展示数据中心能耗使用情况，包括与参数对比，便于实时了解数据中心当前的能耗指标水平，对数据中心实时、历史能耗数据进行精细化的分析（历史数据与实时数据的对比分析，不同数据中心之间相同能耗指标的横向对比，通过对数据中心历史能耗数据的分析统计，提供能耗使用趋势预测）等功能。

（2）能效因子分析

能效因子分析支持打通能源相关的多个子系统，例如，楼宇自控、动环监控等数据，实现数据中心能效状况分层、分级的能耗评估。基于当前数据中心基础设施的运行情况，分析出影响 PUE 的影响因子以及它们的权重值，包括但不限于分析得到数据中心、房间、微模块等不同颗粒度的能效因子。

（3）PUE 预测

PUE 管理支持打通与能源相关的多个子系统，例如，楼宇自控、动环监控等数据，实现数据中心能效状况从整体到局部的数字化可视，管理数据中心能效 PUE，并结合当前基础设施的运营情况，预测并绘制未来 1 小时、4 小时、12 小时内的 PUE 曲线，辅助运维人员监控数据中心的能源消耗，并及时调整运营策略，达到节能降耗的目的，包括具有图表、曲线等多种图标展示（总能耗、IT 能耗、PUE）、分机房、总体的 PUE 可统计、可视化等功能。

（4）节能方案

节能方案通过对整体楼宇的用电、子系统用电成本统计和分析，可以自动生成节能优化方案，包含操作性非常强的优化建议，通过图文的方式展示，并可预测采取优化建议之后的 PUE 走势。

11. 设备管理

设备管理是指对数据中心所有运营中的设备进行相应的配置管理，并通过单设备的维度查看相应设备的运行状态。

（1）基础设施设备管理

支持对所有基础设施设备的管理，包括对基础设施设备的查询。用户在基础设施设备管理展示页面可以通过输入关键词进行搜索，得到基础设施设备列表。基础设施设备列表展示的内容包括序号、设备编号、设备类型、设备名称、数量、单位、关联的设备、责任人、联系方式，除此之外，页面还会展示设备的当前状态、巡检记录、维保记录以及历史故障等信息。

（2）MDC 设备管理

支持 MDC 内所有设备的管理，包括以 MDC 为单位的查询。用户在 MDC 设备管理展示页面可以通过输入关键词进行搜索，得到 MDC 设备列表，MDC 设备列表展示的内容包括序号、设备编号、设备类型、设备名称、数量、单位、关联的设备、责任人、联系方式，除此之外，页面还会展示设备的当前状态、巡检记录、维保记录以及历史故障等信息。

（3）便捷监控设备管理

支持对所有便捷监控设备的管理，包括对便捷监控设备的查询。用户在便捷监控设备管理展示页面可以通过输入关键词进行搜索，得到便捷监控设备列表，基础设施设备列表展示的内容包括序号、设备编号、设备类型、设备名称、数量、单位、关联的设备、责任人、联系方式，除此之外，页面还会展示设备的当前状态、巡检记录、维保记录以及历史故障等信息。

（4）机柜设备管理

机柜设备管理可以对机柜内设备进行展示，包括设备信息、设备关联信息等；支持设备管理，包括设备信息修改（使用的功率、重量、尺寸、维保责任人、额定散热量等）；支持设备位置拖拽，包括设备占据机柜的位置与配线位置修改。

系统支持对机柜内设备的 IP 属性进行展示，包括设备 IP 信息、关联设备

IP 信息等，悬浮在上方可直接进行展示；支持对机柜内设备 IP 属性配置，包括设备资产信息、设备 IP 信息、客户、接口人修改等。

（5）资产 U 位管理

资产 U 位自动识别技术可以实现机架内的设备及其 U 位信息的自动化管理，并支持通过移动资产盘点对列头柜、UPS 等基础设施资产进行管理资产 U 位管理。包括但不限于通过资产标签与 U 位检测条之间的通信；自动读取资产信息与所在的机柜 U 位；实现资产位置自动识别、资产定位和查询；实时查看资产 U 位信息，便于查找可用 U 位；在远端系统提供 UI 界面，显示各个机柜内的 U 位占用情况；当运维活动（例如，上架、下架、故障处理）执行完毕后，告知上层平台工作已完成，并记录操作完成的时间点，上传至平台等功能。

（6）机器人设备管理

支持对所有机器人以及相关设备的管理，包括对相关设备的查询。用户在机器人设备管理展示页面通过输入关键词进行搜索，得到机器人设备列表，机器人设备列表展示的内容包括序号、设备编号、设备类型、设备名称、数量、单位、关联的设备、责任人、联系方式，除此之外，页面还会展示设备的当前状态、巡检记录、维保记录以及历史故障等信息。

12. 安全管理

一般情况下，数据中心占地广、人员稀少。如何保障数据中心的安全是行业内愈发重视的一个课题。尤其未来数据中心进一步向无人值守化发展后，需要更加重视安全管理。传统的安全依靠运维人员巡逻以及监控台“7×24”小时查看来解决，这容易使运维人员产生疲劳感或导致疏漏。这就需要系统对数字信息进一步分析和处理，辅助运维人员进行相应的安全管理。

（1）门禁及视频管理

支持与门禁系统对接，实现联动管理包括但不限于与道闸系统对接，实现进出入人员信息推送，以及人员进出入验证时间及人员信息记录等功能。

支持与视频系统对接，实现联动管理，包括但不限于视频采集进行轮播，并且支持 3×3、3×4、4×4 的屏幕布局展示等功能。

（2）处理智能视频

① 跟踪定位：通过 AI 以及海量的摄像头视频数据，在系统上搜索数据中心内的某位访客或参观者，系统自动定位此人所在的位置，并记录此人经过的每个摄像头，在系统页面上形成此人的行动轨迹。

② 区域管控：凭借强大的 AI 以及海量的摄像头视频数据，在系统上针对某个特定区域进行管控，如果发生异常入侵或者突发情况，系统自动产生告警，进而实现释放监控人力的目标。

③ 聚集分析：支持对数据中心内的环境进行实时监控，并捕捉聚集人群，进行分析，如果有异常聚集，系统自动发出告警，减少人群聚集给数据中心的设备造成的风险。

（3）巡逻机器人

巡逻机器人可以根据用户的设定，在园区或数据中心内“7×24”小时进行巡逻，监视数据中心内的安全情况和代替人工巡检，监控数据中心内的设备运行情况，并可识别入侵者，产生告警。巡逻机器人还可以将实时画面和数据传至系统并进行保存；当电量快耗尽时，巡逻机器人会自动回到充电处，自行充电。

（4）进出与参观管理

支持对数据中心出入口通道的外来来访人员及内部人员进行管理，变线下为线上，实现了无纸化来访登记科学管理。通过人员防控和技术防控相结合的方式，用户可以实现数字化登记、网络化办公、安全化管理。

支持线上发起参观流程，摆脱繁杂的邮件申请以及难以管理的纸质文件，并且与机器人系统打通，根据具体的参观需求以及流程，依靠强大的知识库与参观者进行友好互动，并带领参观者走遍整个数据中心或者园区。

17.5 数据中心智能化运维管理

对于数据中心“管人”的部分，我们将其划分为事前、事中、事后 3 个环节。事前主要包含了巡检、维保、演练等功能；事中主要包含了事件变更功能；事后主要聚焦问题管理。除此之外，我们还可以通过工作流引擎来定义更多的流程，

例如，IT 服务流程、资产盘点流程等，并且由统一的运维知识模块来积累运营经验，贯穿在整个运维工作的全流程中。

1. 巡检管理

传统的巡检工作都由巡检人员带着一张纸质的表单，在设备面前抄写相应的读数，既费时费力，又无法对相关的数据进行统计分析，这些数据尘封在文件档案库中无法应用。因此智能化的巡检需要解决数据线上化，并通过系统来辅助巡检人员解决巡检中发生的问题。

（1）巡检任务管理

系统提供巡检任务的相关信息展示，帮助运维团队查看巡检任务详情、巡检任务转单、巡检任务是否超时、是否异常等。

① 巡检任务详情：系统能够查看巡检任务详情，协助运维人员掌握巡检任务的完成情况。

② 巡检任务转单：系统能够将巡检任务转给他人处理，在巡检任务查看页面，每个巡检任务都有对应的转单按钮，点击转单按钮，填写巡检责任人，按下确认按钮，即可转单。巡检任务由 A 转移至 B，相关任务考核由 A 转交至 B。

（2）巡检计划管理

系统提供巡检计划信息展示功能以及支持巡检计划自由制订，针对巡检任务设定周期性计划，自动生成巡检任务。可以提前制订巡检计划并在系统上查看权限范围内的巡检计划，管控巡检进度，保证巡检质量。

（3）巡检模板管理

不同的基础设施配套需要制订不一样的巡检模板，以适配各种场景下的巡检，系统应提供巡检模板管理功能来保证巡检的内容项，确保巡检内容的完整性和适配性。

（4）巡检逻辑区域管理

巡检逻辑区域主要为了解决巡检人员的效率问题，巡检中不再需要逐个扫描设备区 RFID 芯片，而是一次扫描就能完整制订该逻辑区域的巡检路线。系统支持用户自定义巡检的逻辑区域，并对逻辑区域范围进行管理，以此提升巡检的工作效率，在巡检逻辑区域管理页面提供的展示信息。

（5）巡检点管理

巡检点是将设备的巡检项目细颗粒化，这种细颗粒化巡检点能灵活地设计更合理的巡检模板，并针对不同时期的数据中心的运行情况进行快速便捷的调整，以优化巡检模板和巡检计划。

（6）巡检视图管理

系统提供巡检视图，包括巡检及时率、巡检完成率等视图，帮助用户快速统计分析巡检工作情况，具体的展示数据和视图包括展示巡检设备数据、巡检完成率、巡检准时率、日常巡检异常统计（按系统、设备类型、厂商分类）、高危巡检异常统计（按系统、设备类型、厂商分类）、日常巡检排行榜等。

2. 维保管理

系统能够帮助运维团队构建周期性或临时性的维保任务，并通过维保模板指导维保工程师如何对设备进行维保工作，统计维保工作的完成情况，保障设施能够准确及时地进行维保，防范故障发生。

（1）维保作业任务管理

维保作业任务管理是指按照条件预设的维保计划，通过计划进行周期性的维保作业任务，或是临时制订一次性维保作业任务。通过维保作业任务设定能够指导维保工程师何时进行相应的维保工作，并最终验收管理相应维保工作的完成情况。系统支持用户实时查看维保任务安排及完成情况。

（2）维保模板管理

维保模板管理是指一个维保作业任务需要采用的工作模板，该模板能指引维保工程师如何完成此次维保作业，包括但不限于相关的维保操作、维保所需要的耗材、维保预计消耗的人力情况等。系统支持用户实时查看维保模板及其管理情况。

（3）维保作业项管理

维保作业项管理是指将维保工作拆分成细颗粒度，对设备的每个独立维保动作都可以设定为维保作业项。通过维保作业项可以灵活地构筑维保模板来指导维保工作。在运营过程中，若运维人员发现需要对维保模板进行修改，通过

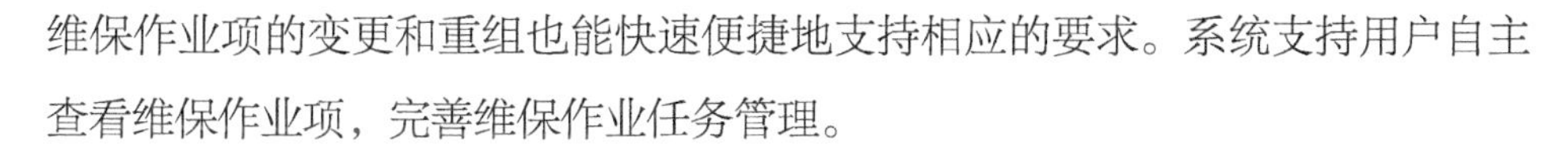

维保作业项的变更和重组也能快速便捷地支持相应的要求。系统支持用户自主查看维保作业项，完善维保作业任务管理。

（4）维保计划配置

系统支持用户自主对不同的模组配置维保时间计划，用户为每个模组配置维保计划时，需要考虑和输入的信息包括维保工程师人数、每人每天工时、每日平均工时、每日总工时可偏移、校正值、维保周期可偏移天数，完成输入后，生成新的维保计划，这可以进一步完善维保工作的管理体系。

（5）维保统计管理

系统应提供维保视图，方便用户快捷地统计分析维保工作的情况，用户点击维保统计管理页面中的维保视图，系统可展示的内容包括维保设备数据、维保作业完成率、维保作业准时率、维保作业成功率等。

3. 演练管理

系统能够帮助运维团队构建演练方案，安排演练团队分工，并制订相应的演练计划。最终对演练情况进行分析，通过演练来发现运维过程中需要优化完善的不足之处。

（1）演练方案管理

系统支持用户实时查看演练方案及其管理情况，在演练方案管理页面可支持用户对现有演练方案进行搜索、创建、编辑、删除等操作。

（2）演练计划管理

系统支持用户实时查看演练计划并对其进行管理，通过设定的演练计划和完成情况来综合评判演练效果是否有需要改进之处。

（3）演练团队管理

系统支持对演练计划设定相应的演练团队，演练团队的各个对应角色在演练的流程中对应各环节应有的操作，来推进整个演练工作的完成。

（4）演练流程管理

系统能够允许用户自定义演练流程，并对数据中心已有的演练流程进行全面管理。用户可以创建演练流程，也可以对已有的演练流程进行修改和删除，还可以在演练流程中添加或删减流程节点。

4. 变更管理

系统能够创建变更工单，并保存在系统中，使用户可以保持持续关注。该功能支持变更工单的申请、终止与查询。变更工单可以囊括数据中心的各个方面。

（1）变更类型管理

系统能够涵盖数据中心所有变更类型，形成子系统—设备类型—变更名称三级变更类型管理 。

（2）变更流程管理

系统能够允许用户自定义变更流程，并对数据中心已有的变更流程进行全面管理。用户可以发起变更申请，对已有的变更申请进行修改和删除，也可以在变更流程中添加或删减流程节点。

（3）变更时间管理

系统支持用户自定义和管理变更时间，从而有效规范变更发起的时间，规避有重大风险的变更，保障数据中心安全运营。

5. 事件管理

系统可以对当前的事件工单进行查询并处理，用户可以输入事件工单的解决方案和业务恢复方案等，等待责任人和业务审核完成之后，结束工单。

（1）事件转问题

遇到不能马上解决的事件工单，系统需要转成问题工单并保持持续跟进，用户在核对工单信息和现场实际情况之后，可以进行事件工单结单或转单操作，转单时需要填写转单备注和转单责任人，确保事件流程正常进行。

（2）告警转事件

遇到无法即刻消除的告警时，系统需要将告警转成事件工单并自动发送待办和提醒给相关责任人，相关责任人在核对事件工单信息和现场实际情况之后，可对告警信息进行管理，然后处理事件工单。

6. 资产管理

（1）综合视图

综合视图可以展示与查询数据中心内的各类基础设施设备及 IT 设备，包括机架、服务器、存储、网络设备、UPS、PDU、列头柜、空调等设备，并呈

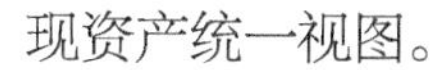

现资产统一视图。

（2）资产盘点

① 资产自动盘点：资产管理支持定期进行资产盘点，及时发现资产的情况，防止资产损失。资产盘点包括但不限于自动盘点输出资产盘点结果、非自动盘点的人为现场确认操作等功能。

② 盘点任务设置：支持盘点任务，包括时间、区域、处理人等内容进行设置；包括但不限于创建、跟踪、关闭资产盘点任务等功能。

③ 盘点报告：支持在线盘点资产，输出资产盘点报告，及时发现资产情况，防止资产损失。盘点报告包括但不限于输出资产盘点报告（盘盈 / 盘亏 / 一致的设备），并输出明细，支持盘点报告文件导出等功能。

（3）备件管理

备件管理支持管理当前在库的各类资产与备份，跟踪各类备品备件的进出库过程。备件管理包括但不限于备品备件 / 耗材的库存信息总览、按照类型查询备品备件 / 耗材库存量、库存位置等信息，并关联备件领用等流程、相关的备品备件出入库过程，提供出入库工单，记录整个过程。备件管理支持当某个类型的备品备件低于设置的阈值，将对库存进行告警，提醒运维人员及时补充备品备件。

7. 运维知识管理

系统应建立丰富的运营经验智库，包括巡检智库、维保智库、演练智库、告警智库、故障处理智库，方便对积累的运营经验进行管理。

（1）知识创建

支持创建新的知识条目以丰富运营经验库，方便对积累的运营经验进行管理，通过输入知识的相关信息，方便用户快速地新建知识条目并进行管理。

（2）知识审批

支持针对数据中心的知识条目进行审批。点击审批同意完成知识条目认证，点击驳回由提交人重新提交。通过审批，完成授权。以此审批创建或更新知识，审批通过后即可发布。

（3）知识查看

支持对已创建的知识条目进行查看，方便用户对知识库信息进行更好地管理，通过输入知识库的相关信息，方便用户快速地对知识库进行管理。

8. 运维概览

提供关键性的运营数据视图来直观呈现数据中心的运营情况，例如，巡检及时率、维保及时率、事件处理 SLA、告警处理 SLA 等，通过这些关键性的指标综合评判数据中心的运营情况，如果有多个数据中心，还可以进行横向比较。

（1）关键运营指标的呈现

例如，问题单数据、问题单 SLA、变更单数据、变更成功率、日常巡检异常统计、高危设备巡检异常统计、巡检及时率、巡检完成率、维保作业完成率、维保作业及时率等。

（2）跨时间段运营指标查询

用户可以输入起始时间和截止时间来查询不同时间段数据中心的运营情况，以饼状图的方式展现，帮助用户直观查看该时间段数据中心的运营情况，以及进行阶段性运营总结。

17.6 数据中心智能化服务管理

“服务”作为数据中心对外的窗口，主要包含信息展示和服务管理两个部分，这两个部分可以对租户进行有力的服务支撑与保障，给租户以透明化的服务体验。除此之外，还需要站在数据中心业主的视角分析租户的相关情况，全面掌握数据中心的经营情况。

1. 信息服务

（1）资源信息

① 设备列表：设备列表主要对租户租用的所有服务器、网络设备等设备资源进行整理汇总展示，方便管理员查看。设备列表由服务器使用情况和设备列表情况两个部分组成。

② 机架 / 机位查看：资源列表主要对租户租用的所有机架和机位资源进行整理汇总展示，方便客户查看。资源列表由机架机位使用情况和机位资源列表情况两个部分组成。

③ 资源分布：资源分布主要展示租户租用机架机位资源的分布信息，通过

视图的形式让客户直观了解到机架机位的位置、当前状态等基本信息。

④ 容量查看：整体容量视图支持租户查看租用机架的容量视图，包括每个机架的机位可用数量、机架额定功率、机架实际最高功率等。单机架容量视图支持租户查看机架的实时功率曲线视图、机架可用机位、已上架的服务器信息等。

（2）安防信息

租户可以查看租赁机架范围的实时视频和历史视频服务。

① 实时视频服务支持单摄像头的视频播放、多摄像头的视频播放。播放的视频可以展示视频时间、摄像头所属位置等。

② 历史视频服务支持单摄像头的视频播放、多摄像头的视频播放；支持选择日期和时段进行播放。播放的视频可以展示视频时间、摄像头所属位置等。

2. 租户管理

（1）租户信息

租户信息支持对数据中心内所有租户的相关信息进行管理，包括租户名称、联系方式、托管设备类型、托管设备数量等，便于用户全局掌握租户信息、管理租户。

（2）账务管理

系统支持定期给租户发送对账月报和资源月报，让租户透明清晰地了解数据中心运营中设备消耗的详细情况，有利于租户结合自身的发展规划，尽早做出调整优化的计划。

3. 服务管理

（1）服务申请

支持租户通过自助方式提交维保服务申请，以满足用户提起服务申请的需要。

（2）服务审批

在收到用户服务申请发起之后，对已经申请的维保服务工单进行快速响应处理。响应方式包括系统内响应或记录后转发给 DCOM 的服务工单模块进行相应的流程处理。

（3）服务信息查看

支持用户自主查看已经提交的维保服务工单的情况，并根据已经提交的服务工单进度进行评估。

4. 业务视图

业务视图支持数据中心业主查看当前租户的使用情况，包括租户的分布、租户使用机架和设备的情况等，帮助业主全面分析各个租户之间的差异，以及重点租户的使用率情况，以便更好地为租户进行服务。

17.7 数据中心智能化资源管理

“资源”作为IDC运营者的主要售卖产品，我们需要对其进行全生命周期管理，包括从立项新建、投产运营到最终裁撤。这样 IDC 运营者才能充分地掌握当前有多少可利用机架，未来 6 个月会有多少可利用机架等，确保市场正常运行。另外，还可以对机房资源构建数字化的模型以辅助运营，使其更高效地开展。

1. 机房资源管理

（1）机房新建流程管理

系统能够让用户管理新建机房的流程，包括立项审批、选址确定、机房规模，以及当前项目进展管理等。

（2）基础设施设备采购

系统支持管理基础设施设备的供应商名录，并对设备的采购进行全流程管理。采购的设备相关合同维保信息可以支持贯穿在运维阶段，与 DCIM、DCOM 系统进行复用。

（3）机房合同管理

系统支持对于合建机房进行机房合同的管理，合同发起、审批、签订以及合同到期的相关提醒，确保业务开展不受合同的制约与影响。

（4）机房裁撤流程管理

系统支持对于机房退役发起裁撤流程，裁撤后资源数量发生相应变化，确保业务的准确性。

2. 机房管理

（1）机房属性管理

机房属性管理为管理人员提供自定义绘制、修改；添加机房属性、编辑、修改机房监控连接对象以及机房属性表现样式，为数据中心实际工程管理提供较高的灵活性。实现项目资源重利用，快速实现场景仿真以及直观化快速部署。

（2）机柜属性管理

机柜属性管理为管理人员提供自定义绘制机柜模型；修改、添加机柜属性，编辑、修改机柜监控连接对象以及机柜属性表现样式，为数据中心实际工程管理提供较高的灵活性。

（3）配线信息管理

机柜内部的配线繁多，结构复杂，系统利用 3D 可视化快速实现场景仿真以及直观化快速部署，减轻工作人员的压力。

3. 模型库管理

（1）模型管理

根据用户输入的设备型号信息，包括设备的功率、高度、电力 / 网络端口数量等条件，模型管理支持对输入的设备信息进行建模分析并进行存档后，调出系统已有的基本模型（设备模型库），匹配生成一个针对某一特定设备的设备模型，其中，设备模型库包含 IT 设备型号库，内置 2D 和 3D 模型。

（2）模型复制

随着信息化的高速发展，IT 设备与基础设施设备更新变化速度都非常快，针对这一情况，对于市场上新出现的一些型号设备进行模型复制，通过现有设备资产模板进行复制，以简化资产模板的制作过程。

（3）机房模型管理

机房模型管理为管理人员提供自定义绘制机房模型、修改机房户型结构，为数据中心实际工程管理提供较高的灵活性，实现项目资源重利用，快速实现场景仿真以及直观化快速部署。支持对机房以及机房内设施布局的自定义组态设计，并生成 3D 模型。

附　录

Appendix

附录一　国家新型工业化示范基地（数据中心）

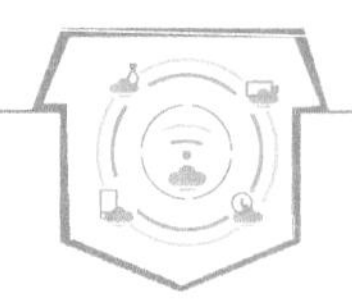

1．2017 年第一批国家示范基地（数据中心）

2017 年，工业和信息化部首次将数据中心纳入国家新型工业化产业示范基地创建的范畴，并提出优先支持数据中心等新兴产业示范基地的创建。河北张北云计算产业基地、江苏南通国际数据中心产业园、贵州贵安综合保税区（贵安电子信息产业园）3 个园区作为首批国家示范基地（数据中心）获得评选。2017 年国家新型工业化产业示范基地（数据中心）评选结果见附表 1 。

附表 1　2017 年国家新型工业化产业示范基地（数据中心）评选结果

主管单位	园区名称	申报系列
河北省通管局	大型数据中心（大数据类）·河北张北云计算产业基地	特色
江苏省通管局	大型数据中心（实时应用类）·江苏南通国际数据中心产业园	特色
贵州省通管局	南方数据中心（大数据类）·贵州贵安综合保税区（贵安电子信息产业园）	特色

河北张北云计算产业基地如附图 1 所示，江苏南通国际数据中心产业园如附图 2 所示，贵州贵安综合保税区（贵安电子信息产业园）如附图 3 所示。

附图 1　河北张北云计算产业基地

附图 2　江苏南通国际数据中心产业园

附图 3　贵州贵安综合保税区（贵安电子信息产业园）

2. 2019 年第二批国家示范基地（数据中心）

根据《国家新型工业化产业示范基地管理办法》（工信部规〔2017〕1 号）及《关于组织申报 2019 年度国家新型工业化产业示范基地的通知》（工信厅规函〔2019〕145 号）的要求，经评审和公示，河北怀来、上海外高桥自贸区、江苏昆山花桥经济开发区、江西抚州高新技术产业开发区、山东枣庄高新技术产业开发区 5 个园区作为第二批国家示范基地（数据中心）予以公布。2019 年国家新型工业化产业示范基地（数据中心）名单见附表 2 。数据中心 · 河北怀来如附图 4 所示，数据中心 · 上海外高桥自贸区如附图 5 所示，数据中心 · 江苏昆山花桥经济开发区如附图 6 所示，数据中心 · 江西抚州高新技术产业开发区如附图 7 所示，数据中心 · 山东枣庄高新技术产业开发区如附图 8 所示。

附表 2　2019 年国家新型工业化产业示范基地（数据中心）名单

上报单位	公示名称	申报系列
河北省通管局	数据中心 · 河北怀来	特色
上海市通管局	数据中心 · 上海外高桥自贸区	特色
江苏省通管局	数据中心 · 江苏昆山花桥经济开发区	特色
江西省通管局	数据中心 · 江西抚州高新技术产业开发区	特色
山东省通管局	数据中心 · 山东枣庄高新技术产业开发区	特色

注：申报系列中的“特色”是指“专业化细分领域竞争力强的特色产业示范基地”

附图 4　数据中心 · 河北怀来

附图 5　数据中心 · 上海外高桥自贸区

附图 6　数据中心 · 江苏昆山花桥经济开发区

附图 7　数据中心 · 江西抚州高新技术产业开发区

附图 8　数据中心 · 山东枣庄高新技术产业开发区

附录二 部分 AAAA 及以上数据中心绿色等级评估名录

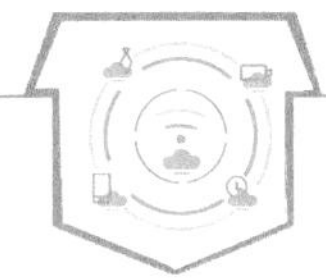

1. 运行类 AAAAA

1.1 百度云计算（阳泉）中心 2# 模组

绿色评级：运行 AAAAA

百度云计算（阳泉）中心位于山西省阳泉市经济开发区，规划用地面积 24 万平方米，建筑面积达 12 万平方米，由 8 个模块组成，服务器总装机能力超过 16 万台。百度云计算（阳泉）中心 2# 模组如附图 1 所示，它于 2014 年 9 月正式投入运营。在供配电节能方面，采用市电直供等方式优化供电系统架构，通过优化供配电设备布局缩短供电路由，选用低损高效的变压器、UPS 等设备，合理配置电气设备数量，配置能源管理及电力监控系统，大幅提高供电效率。在制冷节能方面，通过精密空调 + 送风夹道的方式优化气流组织，采用水侧自然冷却技术、OCU（顶置冷却单元）、提高冷冻水供回水温度和服务器进风温度，采用楼宇节能技术等方式降低供电系统的耗电。在 IT 设备节能方面，通过软件架构优化、网络传输优化、自研网络设备、整机柜服务器等方式实现高效、绿色、节能，同时通过百度人工智能技术实现供电、制冷、IT 设备等系统的高效运转。此外，数据中心充分利用清洁

附图 1 百度云计算（阳泉）中心 2# 模组

能源，楼顶布置太阳能光伏，为当地输送风电。

1.2 腾讯青浦上海电信 / 新奥泛能三联供数据中心 1# 楼

绿色评级：运行 AAAAA

腾讯青浦上海电信 / 新奥泛能三联供数据中心位于上海青浦经济技术开发区，占地面积 6.7 万平方米，建筑面积 5.7 万平方米，园区由 4 栋数据中心楼、1 栋配套业务楼、1 座 35kV 变电站组成。园区建设有三联供能源站一座，通过“并网不上网”方式补充变电站容量，给整个数据中心园区供电；园区还建设有屋顶光伏系统，给办公楼以及数据中心等供电，实现更多绿色能源供给。青浦数据中心采用腾讯自主研发的第三代数据中心“模块化数据中心（TMDC）”技术，采用结合离心式水冷系统的自由冷却技术、行间制冷技术、HVDC 供电技术，再加上腾讯自研的管控平台，保障 IT 设备、基础设施设备高效运行。此外，该数据中心还有一个超高效率的磁悬浮冷机及高效供冷系统的实验室，可大幅降低数据中心的局部 PUE。腾讯青浦上海电信 / 新奥泛能三联供数据中心 1# 楼如附图 2 所示。

附图 2　腾讯青浦上海电信 / 新奥泛能三联供数据中心 1# 楼

1.3 阿里巴巴 / 张北云联数据中心

绿色评级：运行 AAAAA

阿里巴巴 / 张北云联数据中心如附图 3 所示，它位于河北省张家口市张北县庙滩工业园，占地面积约为 4 万平方米，建筑面积 2.85 万平方米，包括一栋数据中心楼、一栋制冷站以及一栋综合办公楼，从 2016 年 9 月开始启用，承担“双 11”、云计算等各项核心业务。IT 设备使用了阿里云自主研发的飞天操作系统，针对不同业务模式，采用电能限制管理等方式，提高 IT 设备的效率。

制冷系统采用无架空地板弥散送风、热通道密闭吊顶回风、预制热通道密闭框架、自然冷源最大化利用等技术。供配电采用一路市电 + 一路 240V 直流的供电方式，结合预制模块化，在确保低压配电系统安装工艺的同时大大加快了施工交付的进度，高效供电架构的设计减少了配电环节的能源消耗，提升了能源效率。数据中心建设有完善的监控系统，可实现数据中心从风火水电基础设施到 IT 设施的全方位监控，建立了全面智能化的运营体系。

附图 3 阿里巴巴 / 张北云联数据中心

1.4 字节跳动官厅湖大数据产业基地一期

绿色评级：运行 AAAAA

字节跳动官厅湖大数据产业基地一期如附图 4 所示，它位于怀来京北新区东花园新兴产业示范区数据中心产业园内，基地园区总占地 13 万余平方米，分 4 期建设。一期于 2017 年 11 月 30 日交付运营，数据中心建筑面积为 1.6 万平方米，建设规模为 2500 机柜，单柜功率 7.2kW。针对当地的气候条件，制冷系统采用间接蒸发冷却技术，充分利用室外自然冷源，延长自然冷却时间。机架采用面对面、背对背方式布置，自行设计的一体化热通道封闭高密计算模块，优化气流组织。供配电设备采用模块化设计建设，配电柜等系统提前进行标准化预制，减少了人工组装错误，同时采用高效节能的变压器、UPS，设置集中静电电容补偿装置、谐波治理装置提高供电效率。在管理方面，成立能耗管理小组，建立完善的运维

附图 4 字节跳动官厅湖大数据产业基地一期

管理制度，将绿色节能纳入各级人员的考核指标。

1.5 腾讯光明·中国移动·万国数据中心二期

绿色评级：运行 AAAAA

附图 5 腾讯光明·中国移动·万国数据中心二期

腾讯光明·中国移动·万国数据中心二期如附图 5 所示，它位于深圳市光明区，占地面积为 2.98 万平方米。冷源系统采用变频控制技术（冷机、水泵等），利用诺曼底模型对负载与设备进行优化匹配，采用高温冷冻水，优化交直流双模变频列间空调，部分模块采用间接蒸发冷自然冷系统（T-block 试点）等节能技术。供电系统优化平面布置缩短传输距离，中压采用 20kV 电压等级，IT 设备采用一路高压直流 + 一路市电的方式，数据中心部分模块采用腾讯定制的末端母线供电方案，简化末端母线设计；部分模块采用微储能技术，实现电力削峰填谷。在节能管理方面成立能效精益化治理组，定期分析能效数据并在不断的改进中。

2. 设计类 AAAAA

2.1 百度云计算（阳泉）中心 1# 模组

绿色评级：设计 AAAAA

附图 6 百度云计算（阳泉）中心 1# 模组

百度云计算（阳泉）中心位于山西省阳泉市经济开发区，规划用地面积 24 万平方米，建筑面积达 12 万平方米，由 8 个模块组成，服务器总装机能力超过 16 万台。百度云计算（阳泉）中心 1# 模组如附图 6 所示，它于 2015

年 9 月投产，在供配电节能方面，采用市电直供等方式优化供电系统架构，通过优化供配电设备布局缩短供电路由，选用低损高效的变压器、UPS 等设备，合理配置电气设备数量，配置能源管理及电力监控系统，大幅提高供电效率。在制冷节能方面，通过精密空调 + 送风夹道的方式优化气流组织，采用水侧自然冷却技术、OCU（顶置冷却单元）、提高冷冻水供回水温度和服务器进风温度，采用楼宇节能技术等方式降低供电系统的耗电。在 IT 设备方面，通过软件架构优化、网络传输优化、自研网络设备、整机柜服务器等方式实现高效、绿色、节能，同时通过百度人工智能技术实现供电、制冷、IT 设备等系统的高效运转。此外，数据中心充分利用当地太阳能、风能，楼顶布置太阳能光伏，为当地输送风电。

2.2 阿里巴巴 / 华通千岛湖数据中心

绿色评级：设计 AAAAA

阿里巴巴 / 华通千岛湖数据中心位于浙江省淳安县珍珠半岛华数科研基地内，处于国家 5A 级千岛湖风景区，2015 年 4 月一期投入运行，数据中心建筑 11 层，可容纳超过 5 万台服务器。阿里巴巴 / 华通千岛湖数据中心如附图 7 所示。数据中心的空调系统冷源主用为千岛湖低温湖水，取湖底的低温水物理处理后直接进入机房的空调末端，冬季利用冷却塔 + 冷却水泵 + 板式换热器模式，实现完全自然冷却，大幅降低制冷系统的能耗。供配电系统为各楼层 IT 设备合理规划用电量，选用高效的变压器、UPS 设备，将变压器及低配系统布置在距离 IT 负荷中心较近的位置，缩短导线传输距离，并且采用高压直流供电技术，与市电一同为 IT 设备供电，提高电源的利用效率。此外，千岛湖数据中心屋顶部署了光伏太阳能电池板，能够直接为微模块服务器设备进行供电，光照不足时，切换至市电和高压直流，保障设备的正常运行。

附图 7　阿里巴巴 / 华通千岛湖数据中心

3. 运行类 AAAA

3.1 百度 M1 数据中心

附图 8 百度 M1 数据中心

绿色评级：运行 AAAA

百度 M1 数据中心如附图 8 所示，它位于北京市朝阳区，机房面积约为 7000 平方米，IT 机架功率密度为 7kW/ 架，最大功率密度为 15kW/ 架。采用一路市电直供、一路高效 UPS 作为冗余备份的供电架构，减少电源转换的损耗，将供电系统的可靠性由 T3 提升为 T3+，并选用低损耗、低噪声的节能型变压器。制冷系统采用水冷冷冻水系统 + 水侧液冷架构，全年超过一半的时间实现自然冷却，通过提高冷冻水运行水温，采用变频冷水机组、计算流体动力学（Computational Fluid Dynamics，CFD）优化气流组织、高架地板及冷通道封闭等技术降低能耗。此外，通过基础设施、IT 设备及软件协同，运用跨机房流量调度系统，灵活、适时地把数据中心流量调度到本地集群或其他机房集群服务，大幅减少了在线服务器冗余数量，采用定制的 ARM 低功耗服务器等多项绿色节能技术实现了数据中心的高效运行。

3.2 腾讯天津数据中心 303 机房单元

绿色评级：运行 AAAA

腾讯天津数据中心位于天津市滨海开发区，总建筑面积为 9 万余平方米，于 2011 年投产。腾讯天津数据中心 303 机房单元如附图 9 所示。该数据中心从园区规划到建筑内部平面均采用模块化布局，并采用冷热通道封闭技术、水侧及风侧自然冷却技术、蓄冷罐技术、设备变频技术、低能耗设备选型等多项绿色节能技术。在制冷设备方面，采用了精

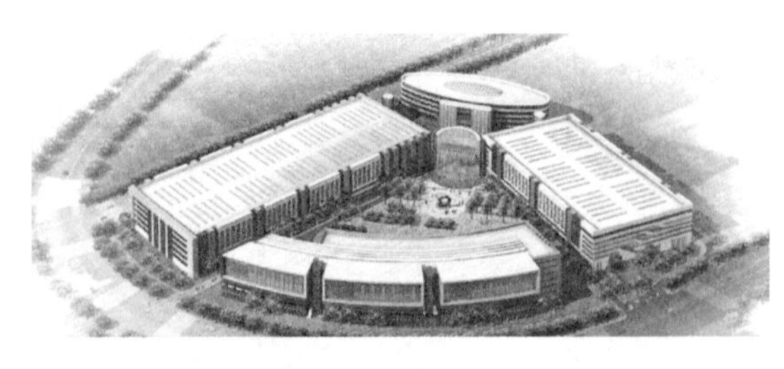
附图 9 腾讯天津数据中心 303 机房单元

密空调嵌入式控制器（Embedded Controller，EC）风机自动静压调速和智能温控，同一机房模块空调全部采用 EC 节能风机，同时进行并机配置，实现转速的统一调节。在换季和夏季，夜晚温度低，蓄冷罐晚上充冷；当白天温度高时，蓄冷罐进行放冷，达到错峰用电，节省能耗。冬季可以在不开启冷水机组的条件下，充分利用外侧空气的天然冷源，实现水侧自然冷却。在 IT 设备方面，采用天蝎服务器方案，实现集中供电、集中散热技术，较传统服务器设备节约大量能耗。此外，该数据中心全面使用水消防，建设成本低廉、无容积限制、占用空间少且维护成本低。

3.3 中国电信北京永丰国际数据中心

绿色评级：运行 AAAA

中国电信北京永丰国际数据中心如附图 10 所示，它位于北京市海淀区，于 2010 年建成投入使用，机楼建筑面积约为 4.5 万平方米，通过冰蓄冷、水冷自然冷源、高压供电、分布式供电和太阳能等节能技术，实现数据中心的高效节能。在供配电系统方面，该数据中心采用高压 10kV 分层直接供电方式，同时配备高压 10kV 柴油发电机设备，有效减少电缆的投资，降低输电损耗，并通过分布式供电系统为每个机架单独提供后备电源，同时采用高压直流电池直接作为服务器后备电源，分布式供电系统使用磷酸铁锂电池，比传统的铅酸蓄电池转换效率高，且可以实现绿色环保的目标。在制冷系统方面，通过高压 10kV 供电的蓄冰冷水冷机组，充分利用峰谷电价差异（峰值电价是谷值电价的 4～5 倍），夜间制冰作为白天冷源，减少用电高峰期间的空调用电量，并在每年 11 月至次年 3 月实施水冷自然冷源系统供冷，节省了大量的能源消耗。此外，利用建筑物屋顶面积以光伏发电系统钢结构取代原设计钢结构遮阳棚，建立并网电站，为数据中心走廊照明等生活用电提供绿色环保的能源。

附图 10　中国电信北京永丰国际数据中心

3.4 阿里巴巴东冠机房（二层）

绿色评级：运行 AAAA

阿里巴巴东冠机房如附图 11 所示，它位于杭州市滨江区，距离西湖约 10 千米，建筑面积约为 2 万平方米，安装约 2000 个机架，于 2010 年 10 月投入运营。该机房采用阿里巴巴设计研发的 12V 市电直供机架式不间断电源，将市电直接接入机架，将传统的集中 UPS 功能分散到每个机架（电池充、放电功能仍保留集中管理的模式），减少了交流 UPS 配电架构中的变换环节，使供电效率得到大幅提升；定制设计高密度交换机可以实现在相同的功耗下，比商用交换机端口密度大一倍；定制设计无电源 12V 直流服务器技术，降低单台服务器能耗。此外，该数据中心还采用阿里巴巴设计研制的 240V 转 12V 高效机架式电源、新风自然冷技术与机房精密空调结合制冷方式、冷通道密封 + 盲板密封 + 精密空调 EC 风机下沉式安装、240V 直流供电等绿色节能技术。

附图 11 阿里巴巴东冠机房

3.5 腾讯宝安数据中心微模块机房

绿色评级：运行 AAAA

腾讯宝安数据中心微模块机房如附图 12 所示，它位于深圳市宝安区，该数据中心在成熟的工业厂房基础上改造，于 2012 年建设完成。该数据中心 4 期采用腾讯自主研发的微模块（以下简称“MDC”）建设模式，MDC 内部含有结构单元、配

附图 12 腾讯宝安数据中心微模块机房

电单元、不间断电源单元、制冷单元、机柜单元、弱电单元等，当外界提供水、电接口时，MDC 可以独立运行。数据中心内部基础设施建设非常简单，仅需要完成市电接入、冷机系统及主管道施工、主体消防施工、主要桥架建设，机房模块内不需要建设地板，预留好 MDC 位置即可。该数据中心还采用了冷热通道隔离技术、空调末端行间制冷技术、高压直流与市电直供结合技术、配电架构优化等，以实现数据中心的绿色节能。

3.6 万国数据昆山花桥数据中心

绿色评级：运行 AAAA

万国数据昆山花桥数据中心如附图 13 所示，它位于江苏省昆山市花桥经济技术开发区花桥镇金中路 189 号，建筑面积为 2.4 万平方米，2010 年 11 月投入运营。供配电系统采用 400kVA 高频的 UPS 设备、“*N*+1”和“2*N*”模式混合。运行中，在确保系统安全的前提下，根据 UPS 的实时负载率，适时调整 UPS 的运行数量和冗余系数，降低无功损耗，并有效提升综合效率。在使用免费冷源时期，关停部分变压器，实现运维节能。在制冷系统方面，采用具备液冷运行模式的闭式冷却塔代替传统的开式冷却塔，不需要板式换热器，减少换热损失，延长免费制冷时间；综合利用消防水池进行水蓄冷措施改造，削峰填谷降低成本。

附图 13 万国数据昆山花桥数据中心

3.7 中国电信亦庄数据中心

绿色评级：运行 AAAA

中国电信亦庄数据中心如附图 14 所示，它位于北京市通州区光机电一体化产业基地，处于通州和亦庄交会处，机架数量为 1200 个左右，于 2010 年投入使用。该数据中心应用飞轮储能 UPS 系统，UPS 在市电出现波动时，由于飞轮的惯性能补偿短时间的电压突变，保证输出电压的稳定，且飞轮储能 UPS

附图 14 中国电信亦庄数据中心

系统可靠、高效、环保，可以实时、精确地监控储存能量。采用分散式供电系统，有效减少传统 UPS 的空间占有率，同时 DPS 的电池采用效率更高的铁锂电池，而不是传统的铅酸电池，环境危害较小。在制冷系统方面，该数据中心应用水冷自然冷源系统在每年 11 月至次年 3 月实施供冷，可节省大量能耗。在 IT 设备方面，采用节能机柜，集普通的网络机柜与多功能理线架为一体，真正做到强电、弱电，交、直流线完全分离，应用热成像技术进行气流组织分析，合理设计机柜内部冷热通道，提高散热效率。

3.8 万国数据广州一号数据中心

绿色评级：运行 AAAA

万国数据广州一号数据中心如附图 15 所示，它位于广州市黄埔区科丰路 31 号华南新材料创新科技园内，建筑面积为 1.5 万平方米，机柜数量为 2000 余个，于 2016 年 6 月投入运行，主要服务于深圳市腾讯计算机系统有限公司等。该数据中心采用微模块数据中心的模式，提高整体电能使用效率，制冷系统采用高效节能的冷却泵、冷冻水泵、冷却塔等设备，空调末端自动调节。供配电设备采用市电 + 高压直流模式，供配电室深入负荷中心，缩短供电线路。此外，根据数据中心的实际情况，开展多次绿色节能改造，优化能效。数据中心配备完善的数据中心绿色管理团队和管理制度，定期开展 PUE 等统计分析，不断优化各类设备和系统的能效。

附图 15 万国数据广州一号数据中心

3.9 万国数据深圳一号数据中心

绿色评级：运行 AAAA

万国数据深圳一号数据中心如附图 16 所示，它位于深圳市福田保税区桃花路 5 号，是独立园区式设计的大型数据中心。该数据中心大楼建筑面积为 1.5 万平方米，机柜数量为 1500 多个，服务于多家银行、证券、保险及互联网公司，于 2014 年 4 月投入运营。数据中心采用 2*N* 供电模式，部分机房采用 HVDC（高压直流）+ 市电直供供电方式，使用高效节能的变压器等设备，并配置完善的监控系统，实时监测各类设备的运行参数。制冷系统采用高效节能的冷却泵、冷冻水泵、冷却塔等设备，空调末端自动调节。数据中心成立了节能小组，从电气、暖通、数据统计等方面开展数据中心的节能降耗工作，并向其他数据中心进行推广。

附图 16　万国数据深圳一号数据中心

3.10 万国数据北京一号数据中心

绿色评级：运行 AAAA

万国数据北京一号数据中心如附图 17 所示，它位于北京大兴区亦庄经济技术开发区，建筑面积为 9461 平方米，于 2015 年 6 月 19 日开始运营。部分区域采用 UPS 2*N* 配置，其他区域市电结合高压直流供电的方式，合理配置电气设备容量，变配电、UPS 等电

附图 17　万国数据北京一号数据中心

气设备靠近 IT 设备布置，优化供电电缆路由，并选用低损耗、低噪声的节能型变压器。空调系统采用地板下送风 + 冷通道封闭的气流组织方案，采用水侧自然冷却系统设计，提高冷冻水供回水温度，楼宇自控系统等方式提高制冷系统效率。IT 设备采用高功率机柜，提高机架使用率。根据机房的运维特点，组建节能降耗管理小组，制订运营成本及 PUE 等考核指标，确保绿色节能管理制度的落实。

3.11 中国电信云计算内蒙古信息园 A6 数据中心

绿色评级：运行 AAAA

中国电信云计算内蒙古信息园 A6 数据中心如附图 18 所示，它位于内蒙古自治区呼和浩特市和林格尔县盛乐现代服务集聚区，总建筑面积为 1.82 万平方米，于 2014 年 2 月开始投产运营。以封闭式冷通道机房、微模块机房为主，包含近 2000 个机柜，单机柜设计容量以 4.4kW、8kW 为主。供电模式以一路市电 + 一路高压直流为主，采用非晶合金变压器、高效的 UPS 设备等，供电设备合理布局，整流模块精细化管理，提高各模块负载率。在制冷系统方面，通过提高冷水机组冷冻水出水温度、调节水泵频率节能、优化空调末端运行、利用板换实现自然冷却等方式降低能耗。在运维方面，建立容量管理、变更管理、机房出入管理、巡视检查管理、运行质量管理、能耗管理等方面的规章制度。

附图 18 中国电信云计算内蒙古信息园 A6 数据中心

3.12 万国数据上海三号数据中心

绿色评级：运行 AAAA

万国数据上海三号数据中心如附图 19 所示，它位于上海市浦东新区，占地面积为 1.1 万平方米，总建筑面积为 2.75 万平方米，数据中心所在楼宇共有 6 层，为国内多家大型互联网公司、金融机构提供云服务。制冷系统采用高效变频设备，包括冷机、冷塔、水泵、末端精密空调等，利用自动液冷模式、在线实时水处理系统、EC 风机控制优化等措施降低制冷系统 PUE 因子。供配电设备采用一路市电 + 一路高压直流的模式，变压器及低压配电系统布置在距离 IT 负荷中心较近的范围之内，提高供电效率。同时，建立实时能耗监测管理平台以及综合运维管理平台，优化能效管理。

附图 19 万国数据上海三号数据中心

3.13 抚州创世纪科技绿色数据中心

绿色评级：运行 AAAA

抚州创世纪科技绿色数据中心如附图 20 所示，它位于抚州市高新开发区，作为超算中心，机房面积为 75000 平方米，2017 年 12 月 31 日一期工程 5 栋数据中心已经全面完工，而且 6 万台服务器已经投入运营。制冷系统主要采用直接蒸发自然冷技术以及高效率轴流风机，能耗较低。供电系统主要采用 SCB11 高效变压器，10kV 高压电直达机房楼宇，配电路径较短。在运维管理方面，采用节能分类动态监督管理方式，节能工作的管理和具体实施指

附图 20 抚州创世纪科技绿色数据中心

定节能减排工作负责人，负责部门节能减排工作的组织管理和监督指导。

4. 设计类 AAAA

4.1 中国移动哈尔滨新型绿色数据中心

绿色评级：设计 AAAA

中国移动哈尔滨新型绿色数据中心如附图 21 所示，它位于哈尔滨香坊区，于 2013 年 8 月开始试运行，总建筑面积为 900 平方米，共由 4 个模块化机房组成，该数据中心采用了多种新技术降低数据中心的整体能耗，包括采用仓储式的建设模式，充分利用自然冷源，采用创新供电方式等。在制冷系统方面，将自行研发的顶置式热管空调安装在冷通道顶部，就近供冷，冷媒在冷热温差作用下通过相变实现冷热交换，依靠重力实现工质循环，输送能耗较低；直接利用室外新风为机房制冷，无中间换热环节，制冷效率较高；同时充分利用自然冷源、轮转空调、水冷前门等技术降低能耗。在供电系统方面，部分模组选用 336V 高压直流、锂电池、全分散布置方式等先进的供电技术，提高供电效率。

附图 21 中国移动哈尔滨新型绿色数据中心

4.2 中国电信 - 百度内蒙古信息园 A3 楼云数据中心

绿色评级：设计 AAAA

中国电信 - 百度内蒙古信息园 A3 楼云数据中心如附图 22 所示，它位于呼和浩特市和林格尔县现代服务业集聚区，占地面积为 103 平方米，规划面积 100.6 万平方米，于 2013 年投入运营。园区内 A3 楼云数据中心采用 240V 直流供电，解决后备蓄电池逆变供电单点瓶颈问题，同时提高供电效率；变压器及配电设备深入负荷核心，减少线缆消耗，并且园区道路照明采用风力发电方式供电。采用建筑外墙封闭风道自然冷却技术，解决了室外冷源大颗粒灰尘及有害气体进入机房的问题，充分利用呼和浩特地区冬季漫长、冷源充足的自然

优势；冷冻主机、水泵、冷却塔风机、EC 风机均采用变频技术，实现负荷柔性调度和切换，减少制冷环节的能耗。通过空调冷凝水回收再利用，有效节约水系统空调对水资源的使用，减少对水资源的消耗。此外，百度在此数据中心中，部署了定制通用服务器、GPU 服务器、共享架构的整机柜服务器及低功耗万兆自研交换机等各种节能设备，显著降低了数据中心的能耗。

附图 22　中国电信 - 百度内蒙古信息园 A3 楼云数据中心

4.3　中国联通黄村数据中心

绿色评级：设计 AAAA

中国联通黄村数据中心如附图 23 所示，它位于北京市大兴区黄村镇林校南路，是利用现有货品仓库改造的仓储式 IDC 机房，于 2014 年 3 月开始正式运营。现有仓库建筑面积共 5600 平方米，IDC 标准机架达 1900 架以上。该数据中心采用开放式结构布置仓储

附图 23　中国联通黄村数据中心

式IDC机房方案，IT设备双层布置。微模块内置采用直联EC电机的列间空调，建立封闭的冷、热气流通道，通过柜内导管将机架排放的热能直接与冷冻水交换，带走服务器排放的热量，提高空调冷风的利用效率。在电气设备方面，通过平面合理布局缩短供电路径、采用低压就近无功补偿、选用更低功率损耗的节能型干式变压器、IGBT整流型UPS主机等方式，达到降低配电系统功耗的目的。在制冷系统方面，采用大制冷量、高能效比的冷水机组，冷却塔、空调水泵均采用变频技术，冬季利用冷却塔和节能换热器的间接方式实现自由冷却，节省大量制冷设备的电能消耗。

4.4 中国联通（贵安）云数据中心仓储式微模块机房

绿色评级：设计AAAA

中国联通（贵安）云数据中心仓储式微模块机房如附图24所示，它位于贵州省贵安新区黔中路电子信息产业园内，贵安云数据中心一期工程已完成A-1机房楼、B-1运维楼、C-1动力楼、D-1数据厂房的主体工程\园区内市政道路管网、绿化景观等配套设施的建设。该数据中心采用先进的微模块技术，采用封闭机柜可将冷通道的空调冷风及暖通道的热风全部约束到相关的通道内，使全部冷空气完全用于冷却服务器，减少室内风机的送风量来实现数据中心的节能，冷水机组、冷冻泵、冷却泵采用变频调速法来减少电机轻载和空载运行能耗，提高设备运行效率。在供配电方面，优化供电系统，缩短供电距离，10kV供电电缆和变压器深入负荷中心，降低线损，采用新型非晶合金变压器、转换效率高的节能型模块化UPS等高效电气设备，降低损耗。

附图24 中国联通（贵安）云数据中心仓储式微模块机房

4.5 腾讯光明 · 中国移动 · 万国数据中心三期

绿色评级：设计 AAAA

腾讯光明 · 中国移动 · 万国数据中心三期如附图 25 所示，它位于深圳市光明区，占地面积为 1.2 万平方米。冷源系统采用变频控制技术（冷机、水泵等），利用诺曼底模型对负载与设备进行优化匹配，优化交直流双模变频列间空调，采用高温冷冻水等节能技术。供电系统优化平面布置缩短传输距离，中压采用 20kV 电压等级，400V 升压 20kV 柴发系统，IT 设备采用一路高压直流 + 一路市电的方式，数据中心部分模块采用腾讯定制的末端母线供电方案，简化末端母线设计；部分模块采用微储能技术，实现电力削峰填谷。在节能管理方面，成立能效精益化治理组，定期分析能效数据，并在不断的改进中。

附图 25　腾讯光明 · 中国移动 · 万国数据中心三期

[1] Satyanarayanan M, Bahl P, Caceres R, et al. The case for vm-based cloudlets in mobile computing[J]. IEEE pervasive Computing, 2009, 8(4): 14-23.

[2] Nawab F, Agrawal D, El Abbadi A. Nomadic Datacenters at the Network Edge: Data Management Challenges for the Cloud with Mobile Infrastructure[C]//EDBT. 2018: 497-500.

[3] 郭亮 . 边缘数据中心关键技术和发展趋势 [J]. 信息通信技术与政策，2019(12):55-58.

[4] 李丹，陈贵海，任丰原，等 . 数据中心网络的研究进展与趋势 [J]. 计算机学报，2014(2):3-18.

[5] 邓罡，龚正虎，王宏 . 现代数据中心网络特征研究 [J]. 计算机研究与发展，2014(2):161-173.

[6] 罗萱，叶通，金耀辉 . 云计算数据中心网络研究综述 [J]. 电信科学，2014，030(2):99-104.

[7] 林克卫 . 现代数据中心网络特征研究 [J]. 电子世界，2017(16).

[8] 杨旭，周烨，李勇 . 软件定义数据中心网络研究 [J]. 中兴通讯技术，2014(5):50-54.

[9] 中国数据中心能耗与可再生能源使用潜力研究：点亮绿色云端 - 绿色和平 + 华北电力大学，2019.9.

[10] Belkhir L, Elmeligi A. Assessing ICT global emissions footprint: Trends to 2040 & recommendations [J].Journal of cleaner production, 2018, 177: 448-463.

[11] Cisco. Cisco Annual Internet Report2018-2023. 2018.

[12] IEEE 802.3ba Local and metropolitan area networks Specific

requirements Part 3: Carrier sense multiple access with collision detection (CSMA/CD) access method and physical specifications Local Area Network(LAN) protocols[S/OL].2013.1.12.

[13] PLATT J. Fast training of support vector machines using sequential minimal optimization [M] .Advances in Kernel Methods-SupportVector Learning. Cambridge，MA：MIT Press，1998.

[14] 张晨 . 云数据中心网络与 SDN 技术架构与实现 [M]. 北京：机械工业出版社，2018.

[15] 郭亮等 . 数据中心热点技术剖析 [M]. 北京：人民邮电出版社，2019.

[16] 顾戎，王瑞雪，李晨，等 . 云数据中心 SDN/NFV 组网方案、测试及问题分析 [J]. 电信科学，2016，32(1):126-130.

[17] 王瑞雪，熊学涛，翁思俊，中国移动数据中心 SDN 网络架构及关键技术 [J]. 移动通信，2019.

[18] 郭亮，钱声攀 . 数据中心架构及集成优化研究和发展分析 [J]. 信息通信技术与政策，2019(2):1-5.

[19] 郭成 . 机器学习算法比较 [J]. 信息与电脑，2019(5):49-50.

[20] 李航 . 统计学习方法 [M]. 北京：清华大学出版社，2017.

[21] 孙亮，黄倩 . 实用机器学习 [M]. 北京：人民邮电出版社 ,2017.

[22] T. Zuo et al.,“Single Lane 150-Gb/s, 100-Gb/s and 70-Gb/s 4-PAM Transmission over 100-m，300-m and 500-m MMF Using 25-G Class 850nm VCSEL”. Proc. ECOC，Th1C.2，Dusseldorf，2016.

[23] F. Karinou，N. Stojanovic，C. Prodaniuc，Z. Qiang and T. Dippon，“112 Gb/s PAM-4 Optical Signal Transmission over 100-m OM4 Multimode Fiber for High-Capacity Data-Center Interconnects” .ECOC 2016; 42nd European Conference on Optical Communication，Dusseldorf，Germany，2016：1-3.

[24] Chenyu Liang，Wenjia Zhang，Ling Ge，and Zuyuan He，“Mode partition noise mitigation for VCSEL-MMF links by using wavefront shaping technique” .Opt. Express 26，28641-28650 (2018).